中原工学院学术专著出版基金资助

二维结构纳米摩擦及调控的理论计算

王建军　著

郑州大学出版社

图书在版编目(CIP)数据

二维结构纳米摩擦及调控的理论计算 / 王建军著 .
—郑州:郑州大学出版社, 2022.8(2024.6 重印)
ISBN 978-7-5645-8897-7

Ⅰ. ①二… Ⅱ. ①王… Ⅲ. ①纳米材料-摩擦-调控-计算-研究 Ⅳ. ①TB383

中国版本图书馆 CIP 数据核字(2022)第 122493 号

二维结构纳米摩擦及调控的理论计算
ERWEI JIEGOU NAMI MOCA JI TIAOKONG DE LILUN JISUAN

策划编辑	袁翠红	封面设计	苏韵舟
责任编辑	杨飞飞	版式设计	凌　青
责任校对	李　香	责任监制	李瑞卿
出版发行	郑州大学出版社	地　　址	郑州市大学路 40 号(450052)
出 版 人	孙保营	网　　址	http://www.zzup.cn
经　　销	全国新华书店	发行电话	0371-66966070
印　　刷	廊坊市印艺阁数字科技有限公司		
开　　本	787 mm×1 092 mm　1 / 16		
印　　张	12	字　　数	286 千字
版　　次	2022 年 8 月第 1 版	印　　次	2024 年 6 月第 2 次印刷
书　　号	ISBN 978-7-5645-8897-7	定　　价	68.00 元

前　言

随着材料与器件尺寸的不断减小,其比表面积不断增大,与表面密切相关的摩擦力也愈发重要,甚至直接决定着材料与器件的功能表现与寿命。但在纳米尺度下,量子尺寸效应、表面效应和量子隧穿效应开始显现,连续介质力学逐渐失效,经典摩擦学规律不再适用,一些纳米体系呈现出了超滑、负摩擦、摩擦在超导转变温度附近突变等经典摩擦理论不能解释的现象。因此理解纳米尺度上的摩擦现象,建立纳米摩擦理论,进而实现对纳米摩擦的调控不仅能够丰富摩擦学的基本理论,还对纳米科学技术的发展具有重要推动作用。

凭借良好的润滑性质,以石墨、六方氮化硼和二硫化钼为代表的二维层状材料作为固体润滑剂在机械领域得到了广泛应用。松散的范德瓦耳斯层间结合以及牢固的层内共价键是上述材料良好润滑性能的内在机制。随着纳米科学技术的发展,以石墨烯、单层六方氮化硼和单层二硫化钼为代表的二维材料已先后制备出来。一方面,这些材料保留着其对应块体材料的特性,同时具有原子层厚度的尺寸优势,是研究纳米摩擦性质的理想平台。另一方面,这些材料还可作为组成单元或者纳米润滑剂在纳米器件中得以应用。因此二维材料的摩擦性质及其调控已成为纳米摩擦学研究的热点与重点。

本书以作者自己的研究成果为主,结合当今二维材料摩擦的研究热点与前沿,着重阐述二维结构纳米摩擦及调控在理论计算方面的进展。全书共分为 12 章。第 1、2 章详细介绍二维结构纳米摩擦性质及理论计算方法;第 3、4 章重点阐述纳米摩擦的电荷分布粗糙度机制以及电负性摩擦的概念;第 5 章介绍纳米摩擦的边缘效应;第 6、7 章介绍金刚石薄膜的摩擦性质及调制;第 8 章介绍分子与石墨烯之间的摩擦性质;第 9 章介绍电场对二维结构纳米摩擦的调控;第 10 章介绍磁性系统的自旋摩擦;第 11 章和第 12 章介绍柱/板界面的接触和摩擦现象及其机制。

由于作者水平有限,书中可能尚有不足之处,恳请广大读者对本书的疏漏及不当之处予以指正。

作　者

2022 年 6 月

目 录

第 1 章　摩擦学的发展历程及研究意义

1.1　摩擦学研究的范畴和意义

摩擦力是阻碍相互接触的一对物体发生相对运动的阻力。有关统计表明，世界上每年多达1/3~1/2的能源用于克服摩擦，约80%的机械零部件失效由接触摩擦磨损造成，因摩擦磨损造成的经济损失占到整个国家GDP的7%。以中国为例，2021年因摩擦磨损造成的经济损失约为7.7万亿元[1,2]。除了经济效益之外，控制摩擦对现代工业技术的发展也至关重要。运动机器部件的摩擦、磨损直接决定着整个系统的工作状况，在一些情况下甚至能够引起整个系统的瘫痪，是威胁工业系统安全工作的重要因素。纳米器件具有较大的比表面积，发生在表面上的摩擦更是直接决定着纳米器件的功能表现及其寿命[3]。另一方面，人类又离不开摩擦，橡胶轮胎及传送装置等都是靠增大摩擦完成货物的输送及传输的，离开摩擦人类将寸步难行。因此，认识摩擦、合理地调控摩擦对于人类的可持续发展、建立资源节约型社会具有重要的经济价值和社会意义。

对摩擦的研究与调控贯穿于人类文明发展的全过程，从原始社会人类钻木取火到奴隶社会埃及金字塔的修建，从工业社会齿轮、轴承的出现，到信息时代计算机信息存储磁盘的应用，再到微机电、纳机电系统的发明，都与摩擦的认识、应用与控制紧密相关[4]。但即使这样，人们对于摩擦的认识也仅限于表面现象，对于摩擦起源本质的认识仍非常有限。因此，深入研究摩擦的起源及其本质，合理控制和利用摩擦对于人类认识和改造自然具有重要的科学意义，也是推动人类社会文明发展的基础。

摩擦学是研究一对相对运动及有相对运动趋势表面之间的摩擦、磨损、润滑及三者之间相互影响、相互联系的一门重要的理论和应用技术科学[6,7]。广泛地讲，摩擦学包括与接触物体相互运动有关的所有现象的研究。在自然界以及科学实验中摩擦现象随处可见，直接影响着人类生产生活的方方面面，从这一角度来讲摩擦学是一门普通的科学。摩擦学涉及物理学、固体力学、化学、接触科学、材料科学与工程等诸多学科。在接触界面间，压力、温度、界面环境、电磁场等都对摩擦有直接影响。在摩擦的热、电，量子涨落等形式的能量耗散过程中还伴随着弹性、塑性形变、相变、裂纹的传播等物理过程，如图1.1所示[5]。所以从科学研究的角度讲，摩擦学又是一门极其复杂的科学[6]。

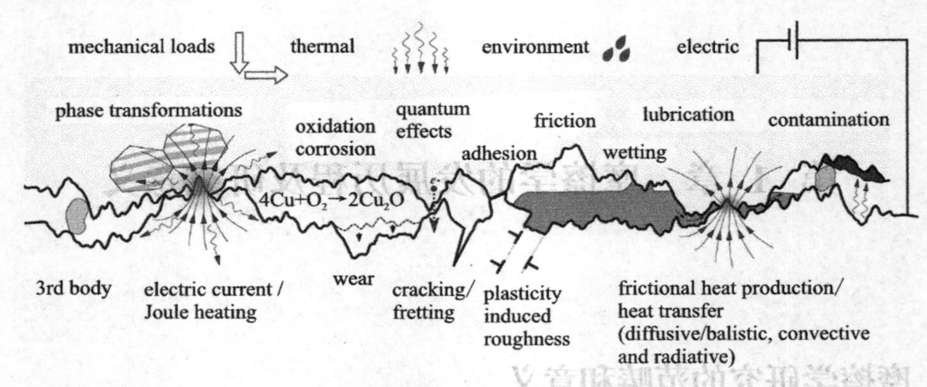

图 1.1 摩擦中的多物理问题[5]

摩擦现象存在于很宽的尺度空间内,摩擦学系统具有很宽的尺度范围。地壳的地质层是一个很大的摩擦学系统,当地质层间的摩擦力被地球内部的压力所克服时,地层间发生相对滑动,形成地震。两个材料界面上原子的相对运动可以构成一个微观的摩擦学系统,在这个系统中,摩擦主要由原子间的相互作用决定。尺度不同的系统,施加于滑动系统的外压力和速度也不相同:宏观尺度摩擦学系统的载荷和相对运动速度较大,而微/纳米系统的压力和速度较低。特别地,宏观尺度上突出的惯性效应在微观/纳米尺度上可能是微不足道的。相反,纳米系统中对于整体摩擦贡献极为重要的边缘和尺寸效应在宏观系统中常常可以忽略。更为重要的是,随着尺寸的减小,量子尺寸效应、表面效应和量子隧穿效应愈发显现,这使纳米尺度上的摩擦变得异常复杂[8]。上述因素预示着不同尺度的系统将呈现出不同的摩擦特征,现有研究发现一些纳米体系呈现出了超滑、负摩擦、摩擦在超导转变温度附近突变等经典摩擦理论不能解释的现象。相应地,区别于宏观摩擦,人们在纳米系统中提出了电子摩擦、自旋摩擦和量子摩擦等摩擦理论[9]。

理解摩擦机制的最终目的是实现在特定条件下对摩擦的控制,从而提高能源的利用效率,减少摩擦磨损造成的经济损失。不同时期,人们都在为控制摩擦持续不断地做出努力。从早期文明开始,人类已经能够利用钻木取火及磨制石器改善生活质量、提高生产效率。而像制造车轮,用滚动摩擦代替滑动摩擦从而减小运送载荷的动力就是人类有目的地调制摩擦的开始。使用液体或者固体润滑剂减小摩擦和磨损是人类调控摩擦标志性的进步,直到今天,油和石墨作为润滑剂仍被广泛使用。这些都是在摩擦未形成科学的条件下人类依靠常识对于摩擦的利用。随着系统的摩擦科学的形成以及精密实验仪器的出现,人类对于摩擦的认识达到了一个新的高度,已经实现了在原子尺度上对摩擦的设计与调控,如:通过施加电场在-100%~100%范围内对双层石墨烯层间摩擦进行调控[10],通过选择层厚实现摩擦的尺寸调控[11],通过构建石墨烯/二硫化钼二维异质结构实现大尺寸的结构超滑等[12]。但现有摩擦调控的研究还处于理论研究的探索阶段,离实际工程应用还有很长一段距离。

因此理解宏观摩擦的微观机制,建立宏观摩擦与微观摩擦之间的联系,实现在原子尺度上对摩擦的调控仍然是摩擦学研究的核心问题。

1.2　宏观摩擦定律

现代摩擦学理论的建立始于 15 世纪,意大利人 Leonardo da Vinci 通过长木块在平面上滑动的实验研究,首次提出了滑动摩擦的摩擦规律。但遗憾的是直到去世他的理论并没有公开发表,因此也未产生很大的影响。直到 300 年后,法国科学家 Amontons 通过实验研究又独立地发现了 Leonardo da Vinci 提出的摩擦规律。这就是著名的摩擦学定律 Amontons 法则[13]。

$$F_{\mathrm{f}} = \mu F_{\mathrm{N}} \tag{1.1}$$

Amontons 法则包括两个方面的内容:①摩擦力正比于施加于接触面的正压力,定义摩擦力与正压力的比值为摩擦因数;②摩擦力与界面之间的接触面积无关,即相同质量,不同体积的木块所受摩擦力相同。后来法国物理学家 Coulomb 于 1781 年证明了 Amontons 法则。同时补充提出:当接触的物体开始运动之后,摩擦力与接触物体的相对运动速度无关,并对动摩擦和静摩擦做了明确区别[13]。这与 Amontons 法则共同构成了经典摩擦学的三大定律。令人惊奇的是:长期的实践证明对于包括木头、陶瓷、金属在内的各种宏观系统的干摩擦(界面之间不添加润滑剂的摩擦),都遵守形式上如此简单的摩擦定律。

宏观摩擦定律可通过表面粗糙度机制进行解释,该机制认为相互接触的固体表面非常粗糙,在重力作用下,粗糙表面之间形成了机械啮合,系统若要发生相对运动必须分离机械啮合,从而形成摩擦,该机制的原理如图 1.2 所示[8]。深入来讲,表面粗糙度机制涉及粗糙峰的啮合、变形、黏着、剪切和犁沟等效应。Coulomb 的机械啮合理论、英国学者 Desaguliers 的黏附理论、苏联物理学家 Крагельский 的分子-机械摩擦理论以及 Bowden 和 Tabor 的黏着摩擦理论等,从不同角度阐述了宏观摩擦现象,丰富了表面粗糙度机制,形成了经典摩擦学理论的基本框架[14]。1965 年英国政府发表 Jost 报告并正式提出“摩擦学”(Tribology)这一概念,定义为“研究相对运动的接触表面间相互作用的科学和相关技术”,包括摩擦、磨损和润滑等几大分支。此后,摩擦学受到工业界和科学界的普遍重视,进入了新的发展时期。

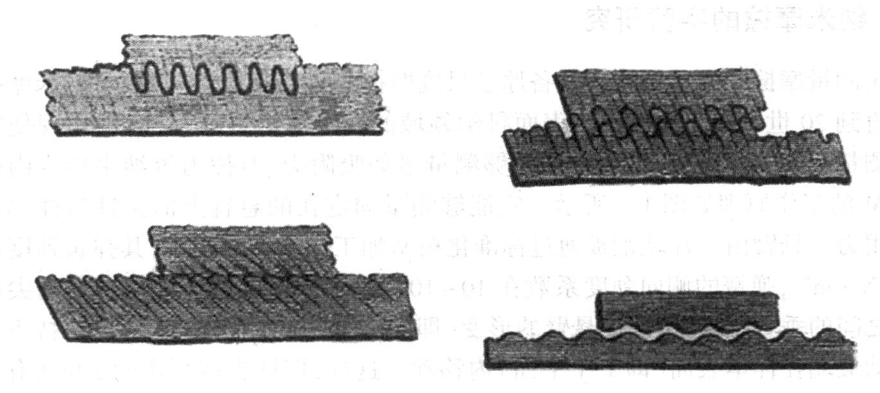

图 1.2　摩擦表面粗糙度机制示意图[8]

摩擦定律虽然能够成功应用于各种宏观系统,但到目前为止仍不能从第一性原理推导出来。另外,表面粗糙度机制能够解释静摩擦的起源问题,但由于重力是保守力,该机制的最大缺陷就是不能解释动摩擦的能量耗散问题。更加糟糕的是,由于大多数的宏观和微观摩擦效应受磨损、塑性变形、润滑、表面粗糙度以及表面凸起等因素的影响，因此宏观摩擦实验很难用一个统一的理论进行分析。这一现象的复杂性使得人们在很多年内一直无法观察到无损摩擦。宏观摩擦是微观摩擦的统计，研究微观摩擦是理解宏观摩擦现象的重要基础。因此，近年来，人们开始在分子和原子尺度上研究摩擦，分析摩擦起源，尝试建立宏观摩擦与微观摩擦之间的联系。

1.3 纳米摩擦研究现状

20 世纪 90 年代兴起的纳米科学技术推动了精密机械设备的快速发展，原子力显微镜(atomic force microscope, AFM)、摩擦力显微镜(friction force microscope, FFM)的出现使人们可以在纳米尺度上对力学现象及其机制进行研究。1990 年，美国著名摩擦学学者 Winer 教授在欧洲摩擦学国际学术会议上所作的题为“摩擦学发展趋势”特邀报告中指出：微观或原子尺度摩擦学是未来摩擦学亟待发展的新领域[1]。顺应这一科技发展潮流，人们对摩擦学的研究进入了原子尺度，诞生了纳米摩擦学这一新兴学科。

随着尺度减小，器件的比表面积不断增加。因此对于尺寸在 100 nm~1 mm 的微/纳机电系统(micro/nanoelectromechanical systems, MEMS/NEMS)，诸如吸附、摩擦、表面张力和黏滞作用等表面力变得至关重要，它们直接决定了 MEMS/NEMS 的性能表现及运行状况[15]。因此在微/纳米尺度上研究摩擦及其相关机制对于纳米技术的发展具有一定的推动作用。寻找理想的纳米润滑剂进而实现对摩擦的调控对 MEMS/NEMS 的发展具有重要意义。20 世纪 80 年代以来，尽管已有许多关于纳米摩擦的实验和理论方面的报道，但是人们对于纳米摩擦的机制还不清楚。一个最主要的原因就是纳米摩擦对环境极其敏感，一些结果的可重复性及可靠性值得怀疑。这一点限制了纳米摩擦学在纳米技术中的应用。从 20 世纪 90 年代开始，人们逐渐开始在实验、理论和计算模拟方面展开对纳米摩擦的研究。

1.3.1 纳米摩擦的实验研究

传统测量摩擦的实验仪器不具备原子尺度摩擦测量的精度，这限制了纳米摩擦学的发展。直到 20 世纪 80 年代，作为表面科学领域的一个重要突破，AFM 的出现使在原子尺度上测量摩擦成为可能[16]。AFM 能够测量诸如吸附力、摩擦力等纳牛精度内的表面力。AFM 的工作原理如图 1.3 所示。它能够测量固定在的悬臂上的探针与样本表面之间的作用力。悬臂由一片软钢板通过标准化精密加工技术制造而成，其弹簧劲度系数在 0.01~1 $N \cdot m^{-1}$，弹簧的侧向劲度系数在 10~100 $N \cdot m^{-1}$。反馈系统用来控制尖端与样本表面之间的垂直距离，可以使悬臂的形变(即尖端与样本之间的正压力)保持不变。驱动器驱动尖端在样本表面(即 x-y 平面)内移动。这样，探针尖端真实的 z 位置作为 x-y 位置的函数就能够被精确记录下来，测量数据的精度可以达到亚埃级。测到的数据即为等力下的探针滑动图谱，它能通过可视化程序还原成表面的实际形貌。另外，AFM 也能测量悬臂侧向的扭曲，然后可以通过胡克定律(Hooke's law)把悬臂的形变转化为正压力和侧向力。由于 AFM 能够同时测得悬臂的正压力和侧向力，因此也叫作 FFM。

如前所述，系统的摩擦受压力、温度、外场、界面环境等因素的影响，因此精确分析宏观摩擦实验非常复杂和困难。但是,FFM 是近似点接触的尖端,可为精确测量各种环境下的摩擦以及确定各种因素对于摩擦的影响提供强有力的条件。另外,由于 FFM 可以施加非常小的正压力,所以宏观上大多数情况下的磨损级塑性变形可以避免。这些特点使得 FFM 成了研究纳米摩擦的有力工具。

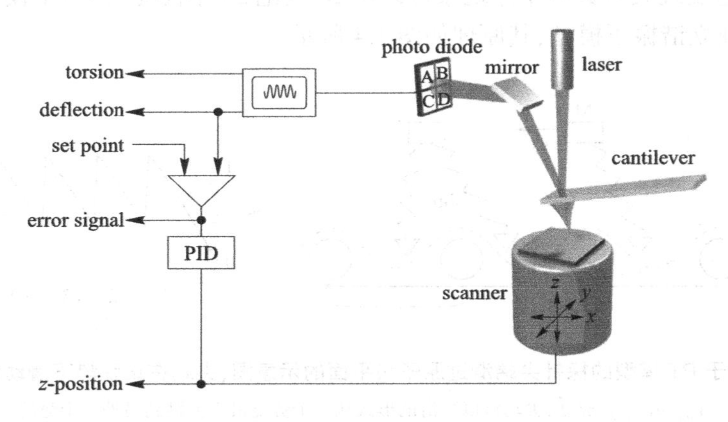

图 1.3　基于激光反射方法的 AFM/FFM 实验装置示意图

当探针扫描过样本时,通过测量侧向及垂直方向激光束的反射,可以同时得到悬臂垂直方向的形变及水平方向的弯曲数据。

1987 年,Mate 等人最早使用原子力显微镜研究了钨探针尖端与石墨之间的摩擦相互作用,该研究发现在非常小的负载($<10^{-4}$ N)下,石墨的平均摩擦系数为 0.012[17]。更重要的是,该实验还清楚地显示出原子尺度摩擦的黏滑行为与石墨的晶格常数相对应,这与普朗克-汤姆林森(Prandtl-Tomlinson,P-T)原子摩擦模型相一致。在此之后,研究者进行了大量的实验工作,以研究原子尺度摩擦的性质。Ruan 和 Bhushan 利用原子力显微镜研究表面粗糙度对石墨摩擦学特性的影响。研究发现:摩擦因数随衬底的粗糙度改变而变化,当粗糙度为 10 nm 和 140 nm 时,摩擦系数分别为 0.01 和 0.03[18]。近年来,使用原子力和摩擦力显微镜,研究者还发现了摩擦力随层厚改变而变化的厚度效应,超滑以及负摩擦等性质,本书后边章节将详细介绍。

伴随着实验在纳米摩擦研究上的成功开展,纳米摩擦的理论和计算模拟研究也取得了很大的进展。随着计算机计算能力的提升,分子动力学方法和第一性原理方法已经成功用于纳米摩擦的模拟与预测。结合实验和理论计算,人们研究了微观尺度下摩擦的尺寸效应、边缘效应、表面修饰效应以及摩擦随压力的变化关系等,对纳米尺度的独特摩擦现象进行了深入的研究,相继提出了许多原子尺度的摩擦理论和模型。目前人们对纳米摩擦的研究正在不断深入,人们对纳米摩擦的精确调控正在逐步实现。

1.3.2　纳米摩擦的研究理论

纳米摩擦的研究是理解宏观摩擦现象的重要基础。自从宏观摩擦定律提出之后,许多科学家相继提出了多种理解宏观摩擦现象的微观摩擦模型及相应的摩擦机制。无论这些模型与机制正确与否,都对宏观摩擦学的理解以及纳米摩擦学的发展起到了重要的推动作用。在多种摩擦机制中,最著名的是以下三种。

1.3.2.1 普朗特-汤姆林森(Prandtl-Tomlinson,PT)模型

最近20年,人们对于摩擦起源的认识有了很大进展。在不断出现的新的摩擦现象中,人们惊奇地发现大多数的摩擦现象可以用20世纪20年代提出的PT模型来理解[19]。PT模型也叫独立谐振子模型,其原理如图1.4所示。

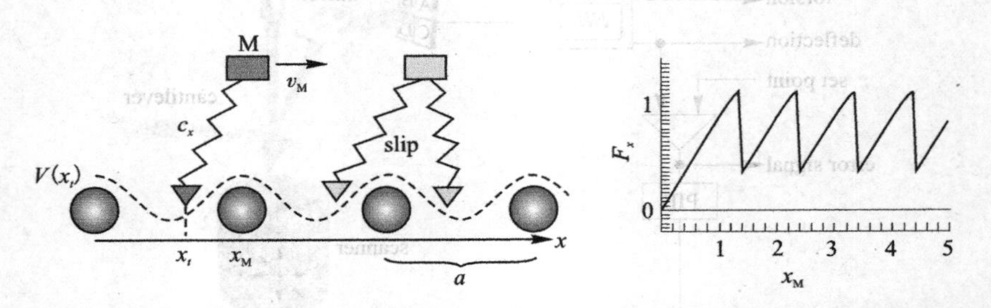

图1.4 基于PT模型的探针尖端滑过原子级平面的示意图、尖端在正弦势下滑动示意图[20]

如果 $c_x < -[\partial^2 V_{int}/\partial x_t^2]_{min}$ 成立,尖端将以黏滑的形式从一个势能最小值跳到另外一个势能最小值。如果黏滑发生,摩擦力就会呈现出如图所示的锯齿形状。

一个点状尖端通过一根在 x 方向弹性系数为 c_x 的弹簧与主体M相连,尖端与样本表面的相互作用势为 $V_{int}(x_t)$,x_t 为尖端的真实位置。在滑动的过程中,主体M在 x 方向以速度 v_M 运动。在作用势下,尖端的运动方程可以写为

$$m_x \ddot{x}_t = c_x(x_M - x_t) - \partial V_{int}(x_t)/\partial x_t - \gamma_x \dot{x}_t \tag{1.2}$$

其中,m_x 是系统的有效质量,$x_M = v_M t$ 是弹簧在时间 t 时刻的平衡位置。方程的最后一项是与速度有关的能量耗散衰减相,衰减系数为 γ_x,但是这一相并不是能量耗散的物理本质过程(声子、电子激发等)。二阶微分方程的解 $x_t(t)$ 就是尖端的滑动位置。在 x 方向移动尖端所需要的侧向力 F_x 可以通过尖端的运动方程求得

$$F_x = c_x(x_M - x_t) \tag{1.3}$$

定义平均侧向力 $\langle F_x \rangle$ 即为摩擦力 F_f。

滑动速度较小时,假设尖端总是处于稳定位置(相应于总能最小值),可以得到方程的解析解。

$$E_{tot} = 1/2\,(x_t - x_M)^2 + V_{int}(x_t) \tag{1.4}$$

为简明表达,在图1.5中,采用正弦势来描述衬底与尖端之间的作用。在图1.5(a)中,尖端限阈于一个局部能量最小值处,能量势垒 ΔE 阻止尖端到达右方的下一个局部能量最小值。随着主体M沿着 x 方向运动,势垒逐渐减小并在 $x_M = x_{M,jump}$ 处消失,此时尖端跳到了下一个势能局部最小值,并被这一局部最小势垒重新限阈起来,如图1.5(b)所示。小球跳出局部势垒时弹簧的临界弹力取决于尖端样本间的相互作用势 $V_{int}(x_t)$ 、弹簧的弹性系数 c_x 以及衬底表面晶格常数 a。由于相互作用势是周期势,随着主体滑过样本表面,这种黏滞-滑动现象会一直重复下去,体现出周期性的黏滑运动。

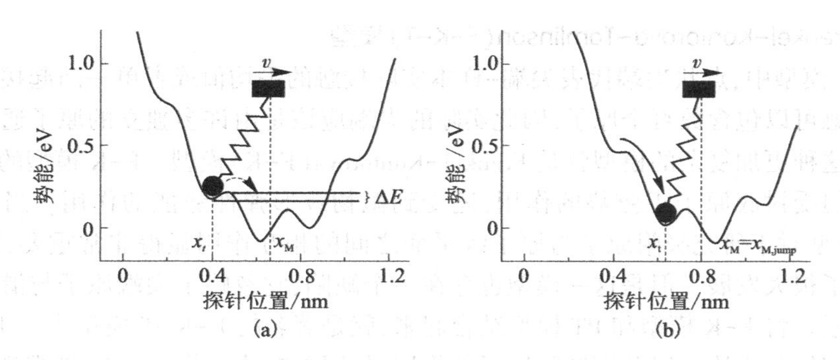

图 1.5　零温下 PT 模型示意图[20]

图中所示的势能包括正弦相互作用势和弹簧的抛物线势能。弹簧的最小势能在 x_M 处，主块体自左向右运动。图(a)尖端限阈在局部最小势能处，尖端只有跨过势垒 ΔE 后才能到达下一个局部最小势能。图(b)随着主块体的向右运动，能量势垒消失，尖端跳到了下一个势能局部最小处。可以证明：在非零温下，由于热激发的原因，甚至在图(a)处尖端也有一定的概率跳过势垒。

进一步对两个极端条件进行分析。当 $\partial E_{tot}/\partial x_t = 0$；$\partial^2 E_{tot}/\partial x_t^2 > 0$ 时，可以由

$$c_x(x_M - x_t) = \partial V_{int}(x_t)/\partial x_t \tag{1.5}$$

求解 $x_t(x_M)$。对于硬弹簧，所有的 x_M 仅有一个解。相应于尖端无摩擦的连续运动，此时平均侧向力 $\langle F_x \rangle$ 为 0。

如果满足条件

$$c_x < -[\partial^2 V_{int}/\partial x_t^2]_{min} \tag{1.6}$$

尖端的运动形式将显著改变。这时尖端将以黏滑运动形式不连续地滑过样本表面，尖端呈现出图 1.4 所示的侧向力与滑动距离成锯齿状的函数关系。因为侧向平均力不为 0，在 x 方向移动块体 M 就必须要克服摩擦力 F_f。这种黏滑运动形式在纳米尺度下的摩擦实验中会经常遇到。

上述模型是理想的一维模型，与真实表面相对应的二维 PT 模型也已建立起来[22]，这里不再介绍。相对于粗糙模型，PT 模型的最大优势在于解释了滑动过程中能量的耗散机制，如图 1.6 所示。

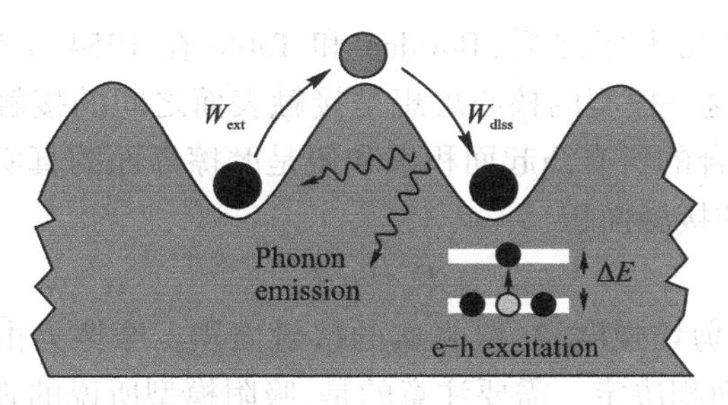

图 1.6　滑动摩擦中两种基本能量耗散机制示意图[21]

首先外力做功转化为势能，然后势能以声子或电声耦合激发的方式耗散到衬底中去。

1.3.2.2 Frenkel-Kontorova-Tomlinson(F-K-T)模型

在PT模型中,点状尖端代表尖端-样本实际接触的平均值或者单一凸起接触。而单一凸起接触可以包含数百个原子,因此实际的尖端应该是由许多独立的原子通过弹簧连接组成。这种更加复杂的模型就是Frenkel-Kontorova(F-K)模型。F-K模型的特点是尖端原子不但受衬底原子正弦势的作用,还受到抛物线形弹性势能的作用。当摩擦存在时,这一模型对于研究吸附原子与原子级平面之间的相互作用显得非常重要,因此F-K模型得到了很大发展。但是这一模型也存在一个缺陷,它忽略了尖端原子与滑动主块体之间的联系。将F-K模型和PT模型结合起来,就是著名的F-K-T模型[23]。F-K-T模型兼顾了探针与主块体以及探针间原子的作用,如图1.7所示[24]。F-K-T模型还能给出公度效应对于纳米摩擦影响的图像。当两个滑动层公度的时候,上层和下层原子在空间上是匹配的,在这种情况下整个系统的摩擦力最大;反之,当滑动原子层间非公度的时候,一对原子间的作用力或许能被另外一对原子之间的作用力抵消,整个系统将会表现出很低的摩擦甚至超滑现象。

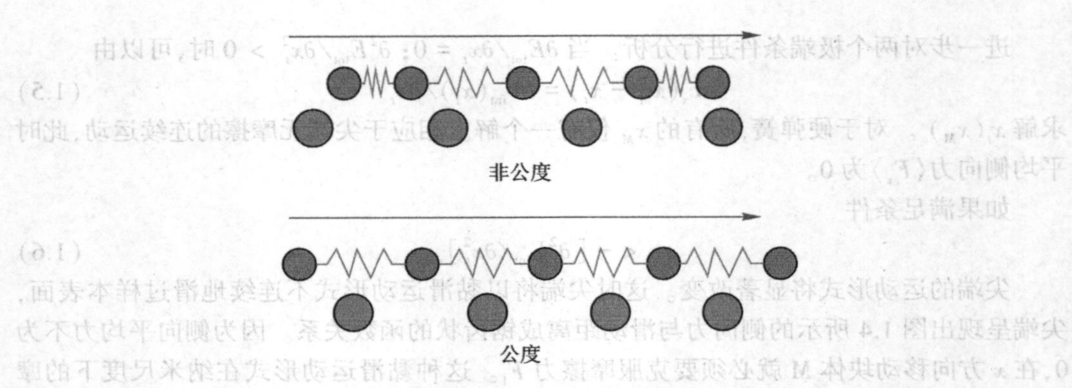

图1.7 F-K-T模型示意图[23]

尖端原子除了受到衬底原子的周期势作用之外,还受到相邻尖端原子的弹性势能的作用。图中给出了公度与非公度两种情况下的示意图,在非公度条件下,系统能够出现结构超滑现象。

1.3.2.3 接触摩擦模型

F-K-T模型提出几十年之后,Bowden和Table在1954年提出一种新的摩擦模型——吸附模型[25]。这一模型的核心思想是接触表面之间的接触压强能够使表面之间的突起相互结合,对结合的所有凸起面积求和便是摩擦界面的真实接触面积。该模型指出摩擦力正比于真实的接触面积

$$F_r = \sigma A_r \tag{1.7}$$

其中,σ为接触面间的剪切强度,A_r是真实的接触面积。摩擦力由接触界面的固有剪切强度σ和真实的接触面积决定。需要注意的是,吸附模型所说的真实接触面积与名义接触面积存在很大的差别,一般情况下,真实接触面积约为实际接触面积的1%,如图1.8所示。这一模型的能量耗散机制为:施加的压力可以形成凸起之间的接触,在滑动过程中凸起的塑性形变造成了能量的耗散。

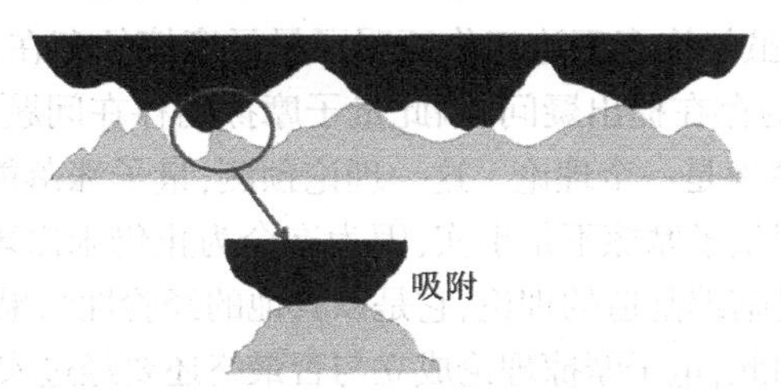

图 1.8　吸附模型示意图[25]

名义接触面积远大于真实接触面积。真实接触实际上是由许多小的凸起之间的吸附组成，滑动时接触界面处凸起结合的断裂形成了摩擦。

吸附模型与 Amontons 法则也不矛盾。其他理论研究表明：表面之间的真实接触面积与正压力成正比，即摩擦力与正压力成正比，这正是 Amontons 法则的内容。

1.3.2.4　量子摩擦理论

量子摩擦是一种由量子效应造成能量耗散的摩擦现象。由于量子涨落，在平行未接触的两个介电表面上会出现瞬时电荷。如果两个表面发生水平方向的相对运动，处于相对表面上的瞬时电荷将相互拖拽。这一侧向动力学涨落诱导的电磁场相互作用将在两个非常光滑的介电平板之间产生非接触摩擦力。在这个过程中，材料的电场阻力耗散成摩擦功。这一侧向摩擦就是量子摩擦。英国科学家 Pendry 在 1997 年第一次对量子摩擦进行了详细的研究[26]，并给出了量子摩擦的图像，如图 1.9 所示。

Pendry 量子摩擦理论主要包括以下内容：在绝对零度下，量子涨落使相对剪切滑动的超光滑电解质表面之间产生摩擦；如果界面之间存在物理接触，且这些表面具有 GHz 量级高的电磁场强度，则量子摩擦力与日常中常见的其他机制引起的摩擦力大小相当。量子摩擦力与层间距以及滑动速度之间的关系与材料的种类有关。可以肯定的是：在大的层间距下，量子摩擦占绝对优势，范德瓦耳斯(van der Waals, vdW)作用就是这一距离下的一个典型例子。量子涨落引起的量子摩擦与电子-空穴对引起的摩擦在机制上是不同的，虽然表面间的电子隧穿也能引起大的摩擦，由于电子波函数指数级的衰减，因此该机制引起的摩擦是短程的。

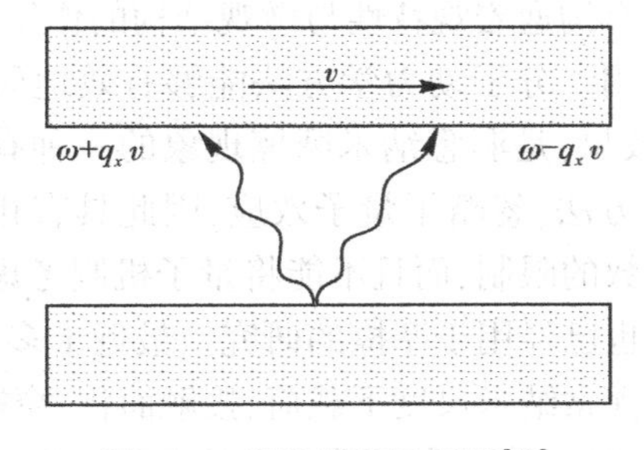

图 1.9　量子摩擦示意图[27]

将上表面作为参考坐标系，从下表面发射的方向相反的电磁波将经历相反的多普勒频移。由于反射振幅频率的散射，这些电磁波将受到来自上表面不同的反射。从而引起动量在上下表面之间的传递，这一动量的传递就是量子摩擦的起源。

继 Pendry 之后，Volokitin 和 Persson 进一步研究了平面之间以及小球沿平面平行运动时的量子摩擦现象[27]。虽然许多理论工作证明了量子摩擦的存在，但是至今仍有一些研究对绝对零度下量子摩擦的存在提出疑问，因此量子摩擦的存在问题仍然是一个争论热点。

可以肯定的是量子摩擦是一个理论。这一理论预测，量子涨落能使相对运动的电介质平面间的相对运动减速。但量子摩擦不是事实，因为迄今为止仍未出现支持或反对这一理论的实验。但量子摩擦也不是瞎编乱造的理论，它是以其他的经验性结果为基础，并经过严格数学推导的一个新的理论。因此，量子摩擦理论成立与否最终还要经过实验检验。但无论如何，涨落诱导的电磁场力仍是主导纳米结构的主要因素之一，必将对 MEMS/NEMS 的运行造成影响。因此，涨落诱导的电磁力的研究将是微观摩擦学研究的主要内容之一[27]。

1.3.3 纳米摩擦的计算方法

随着计算机计算能力的增长，作为沟通实验与理论的桥梁，模拟计算已成为科学研究的主要方法之一。材料的计算研究方法严格依赖于空间和时间尺度，不同的空间和时间尺度有不同的计算理论和模拟方法[5]。在材料微/纳米尺度力学性质的研究中，主要有连续介质力学方法、分子动力学方法和量子力学方法。连续介质力学方法适用于纳秒以上的时间尺度和微/纳米以上的空间尺度。需要注意的是，在用经典的连续介质理论计算微纳尺度力学性质时，还必须引入各种微观作用量的影响[28]。分子动力学方法适用于 10^9 个粒子以内的系统和纳秒以下的尺度。由于涉及求解大量电子的薛定谔方程，量子力学方法的计算系统规模有限，仍限制在 1000 个原子以内。目前纳米摩擦的计算模拟主要采用第一性原理方法和分子动力学方法。

1.3.3.1 分子动力学方法

分子动力学模拟（molecular dynamics simulation，MD）是一种描述微观现象的有效方法。其基本思想是建立一个粒子系统来模拟所研究的微观现象。分子动力学模拟将连续介质看成许多原子或者分子组成的粒子系统，在具体的时间步长、边界条件、初始位置和初始速度下，运用经典力学方程如哈密顿方程、拉格朗日方程、牛顿力学方程等，求解每个粒子的运动轨迹，最后通过统计力学方法求其微观量的统计平均得出该系统相应的宏观、动静态特性。

由于分子动力学模拟具有沟通宏观特性与微观结构的作用，因此在物理、化学、材料等各个领域都得到了广泛的应用。分子动力学方法能够有效地研究多种材料界面的纳米摩擦性质，能够提供可视化的效果，是洞悉纳米摩擦现象的一种有力工具。经典分子动力学方法是一种基于经典力学的方法，忽略了量子效应，因此具有相对快的计算速度。但该方法依然受模拟尺寸以及势函数的限制，而且不能将量子机制考虑进去。目前嵌入了量子力学的第一性原理分子动力学也已经用于摩擦的研究。最近十多年，越来越多的研究者通过使用分子动力学模拟方法去探索纳米尺度下载荷、接触面积、摩擦力三者之间的关系[29]。

进行分子动力学模拟研究时，建立合理模型至关重要。摩擦的分子动力学模拟必须与原子力显微镜的实验测量相结合，因此设计与实验尽可能接近的模型对推进原子尺度的分子动力学摩擦研究至关重要。另外，材料的种类、表面特征、接触面积、负载、温度和速度都显著影响着纳米摩擦，为了能够定量地将 MD 模拟结果与 AFM 实验进行比较，在模拟摩擦的过程中,影响材料摩擦性质的这些因素都必须被仔细考虑并引入到模型中。

分子动力学模拟的可靠性主要取决于经验势的准确性。因此,开发以表面能和力学性质为重点的经验势对于原子分子尺度的摩擦模拟极其重要。随着研究材料的种类不断增加和研究范围的不断扩展,必须开发更灵活和更广泛的经验势函数,以进行新的实验研究。例如,近来人们已经开始研究通过对衬底表面的化学改性来控制摩擦,当用分子动力学模拟进行此类摩擦性质的研究时,必须发展一个能计算异质原子之间化学键的有效势场。此外,经验势只考虑原子核之间的相互作用,而在大多数情况下,电子及其相关效应是隐式包含的。因此,MD 模拟适合于研究反映原子核运动的声子摩擦,而不能研究与电子的激发有关的电子摩擦和量子摩擦。量子力学理论的引入可以丰富我们对这些问题的理解,密度泛函理论(density functional theory,DFT)计算可以为纳米摩擦的研究提供另一种途径。DFT 既可以作为一种为分子动力学研究提供经验势的手段,也可以独立用于探索摩擦机制,在摩擦研究中将发挥越来越重要的作用。

对于任何依赖于时间的物理过程,限制分子动力学模拟的一个最重要的条件就是模拟的时间长度。由于受计算机计算能力的限制,分子动力学的模拟持续时间通常小于 1 μs,因此典型分子动力学的模拟中探针的滑动速度在 1 m/s 的量级上,这远大于原子力显微镜的扫描速度。模拟与实验速度上的差异排除了使用实验数据对模拟结果的直接验证,还限制了分子动力学在一些纳米摩擦性质研究中的应用,比如只有长时间才能表现出的纳米摩擦现象就很难用分子动力学方法进行研究。对此,人们常常通过提高 AFM 扫描速度和降低 MD 的计算速度来解决这一问题。另外加速分子动力学也是一种从计算的角度出发弥补速度差别的有效方法。

与时间尺度相似,空间尺度也限制了分子动力学模拟的有效性。在模拟探针扫描样本的实验中,只能准确地捕获了到 AFM 尖端一些原子的信息,不能获得探针主体和悬臂的刚度对摩擦的贡献。而事实上,探针主体和悬臂的刚度对摩擦具有重要的影响。目前主要通过多尺度方法或降阶建模方法来解决分子动力学模拟中的空间尺度问题。

1.3.3.2　第一性原理方法

密度泛函理论是量子力学研究纳米材料几何结构和电子性质的最强大和最常用的方法,它具有高精度、无参数的特征,并且可以在原子和电子水平上对结构物性进行预测。基于密度泛函理论的第一性原理方法,根据 Kohn-Sham 方程的电子波函数的解,揭示基态能量、静态构型、电子转移和其他电子结构的信息,是研究表界面相互作用、化学反应、结合能和原子尺度摩擦势能表面的一种有效方法。相对于分子动力学方法,第一性原理方法解的是电子的薛定谔方程,需要很大的计算量,因此只能计算一些较小的原子系统,而且不能考虑温度以及速度对于摩擦的影响。但是,第一性原理计算考虑了量子效应,可以得到界面处的电子结构信息,从而能够对摩擦现象给出电子层次的理解。

Zhong 等人最早采用第一性原理方法计算了原子尺度的摩擦现象,他们通过计算单层钯原子在石墨衬底上的滑动摩擦,第一次实现了原子尺度摩擦的密度泛函理论计算[30,31],如图 1.10 所示。本书中关于摩擦的第一性原理计算采用的就是这种方法,下面对该方法做一简单介绍。

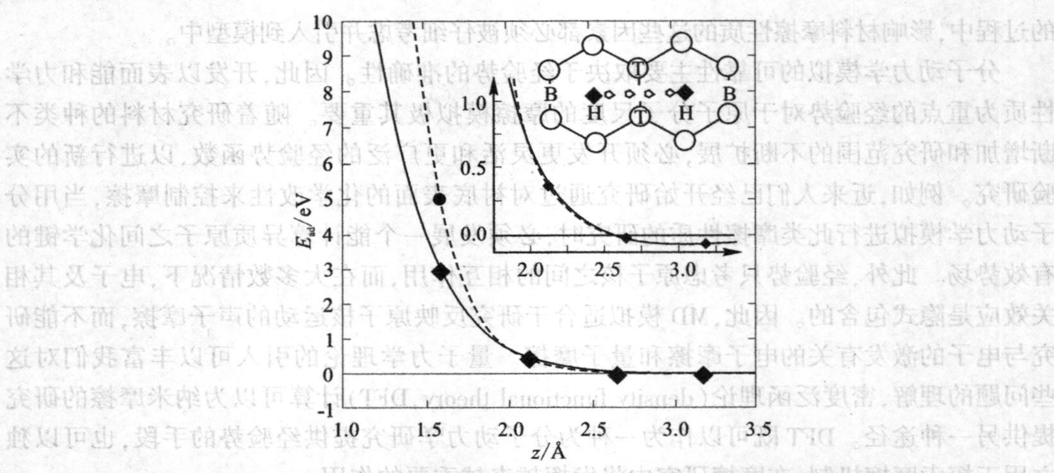

图 1.10　钯原子与衬底石墨层之间的相互作用能随层间距的变化关系[30]

图中的实线和虚线分别表示六角空位和顶位。图为平衡位置附近的放大曲线。上图描述了钯原子层从空位到顶位的滑动轨迹。

Zhong 等人运用第一性原理方法通过计算无缺陷的钯原子在石墨衬底上的相互作用能得到了层间摩擦因数,并研究了摩擦因数与粗糙度及外压力之间的函数关系[30],其研究模型如图 1.10 所示。该方法首先分别计算顶位和空位处相互作用能随层间距变化的函数曲线。相互作用能定义为

$$E_{ad} = E_{total} - E_{graphite} - E_{Pd} \tag{1.8}$$

通过吸附能对层间距求倒数,可以拟合出不同层间距相对应的正压力

$$f_{ext} = -\partial E_{ad}(z)/\partial z \tag{1.9}$$

沿着图 1.11 中所示的滑动方向,两个空位置或顶位置之间的间隔距离为 Δx,则系统的摩擦力取决于两个位置之间的势垒差别。Zhong 指出:与位置有关的势能包括两个部分,一部分为吸附键能的变化,另一部分为抵抗外力压缩层间距所做的功,即

$$V(x,f_{ext}) = E_{ad}(x,z(x,f_{ext})) + f_{ext}z(x,f_{ext}) - V_0(f_{ext}) \tag{1.10}$$

其中,$V(x,f_{ext})$ 为滑动路径上不同位置不同压力下的势能,$E_{ad}(x,z(x,f_{ext}))$ 表示沿滑动路径不同位置处在外力作用下的吸附能,$f_{ext}z(x,f_{ext})$ 表示正压力在压力方向上对系统所做的功,定义式中最后一项为滑动路径上的最小势能,计算得到的势能为相对滑动势能,即滑动势垒。

滑动势垒对滑动位移求微分得到阻碍滑动的摩擦力

$$f_x(x,f_{ext}) = \partial V(x,f_{ext})/\partial x \tag{1.11}$$

令 ΔV_{max} 取滑动路径上的最大势垒,即

$$\Delta V_{max}(f_{ext}) = V_{max}(f_{ext}) - V_{min}(f_{ext}) \tag{1.12}$$

系统若要发生相对滑动,外力做功必须克服这一最大势垒 ΔV_{max}。最后对摩擦力做功求平均值,除以正压力得到了沿滑动路径的平均摩擦因数。

$$\mu = \frac{\langle f_f \rangle}{f_{ext}} = \frac{\Delta V_{max}}{f_{ext}\Delta x} \tag{1.13}$$

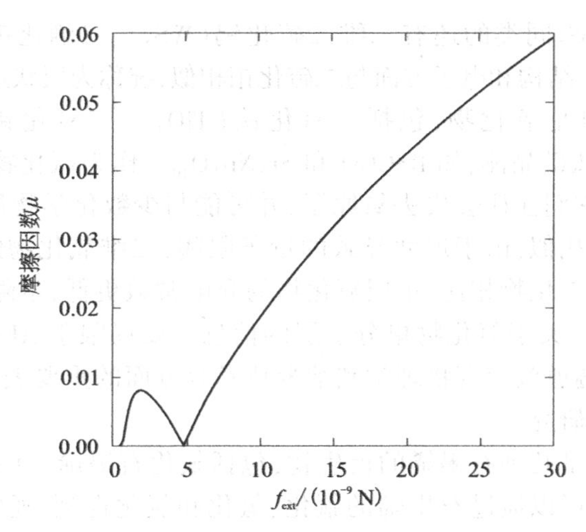

图 1.11　摩擦因数随压力变化的函数关系[30]

该研究是密度泛函理论计算原子尺度摩擦的第一份工作。Zhong 等人随后又对粗糙度对摩擦的影响做了进一步分析，完善了这种方法[32]。

在 Zhong 方法的基础上，Righi 等人提出了构造势能面(potential energy surface，PES)的方法研究摩擦，目前该方法已广泛用于各种二维材料的摩擦研究[33,34]。当两片材料相对滑过时，计算出各个堆栈位置处稳定吸附高度的相互作用能 $v(r) = E_{total} - E_a - E_b$，这里 E_{total} 为相互作用系统的能量，E_a 和 E_b 为无相互作用的两片材料的能量，当两个表面滑过时，各个位置处的相互做用能就构成了势能面。沿滑动 α 方向的切向力为 $f_\alpha = -\nabla_\alpha v$，剪切强度 $\tau_\alpha = f_\alpha/A$，注意这里的剪切强度为静剪切强度。通过势能面可以得到系统整体的滑动信息。但是相对于 Zhong 的方法，该方法只能得到零压下的滑动信息，不能考虑摩擦的压力效应。

由以上讨论可知，分子动力学方法可以考虑滑动速度，温度情况，可以研究系统的动力学性质。但分子动力学方法受经验势的影响，且不能从电荷、电子结构上分析摩擦的性质。第一性原理方法能够从电荷分布的角度研究材料的摩擦性质，但计算的是基态的能量，不能考虑温度和速度效应，且计算体系的尺度有限。因此，结合了两种方法优势的第一性原理分子动力学方法已经开始用于摩擦的研究，但这种方法同样受制于计算能力[35]。

1.4　二维结构材料简介

2004 年 Novoselov 等人成功通过机械剥离方法制备出了单层石墨烯(graphene)，证明了单层材料可以稳定存在，掀起了二维材料(two dimension，2D)的研究热潮[36]。二维材料是由单层或几层原子组成的晶体材料，具有独特的机械、电、热和化学性质，已成为物理、材料、化学等学科的研究热点和前沿。随着研究的不断扩展，二维材料家族不断壮大，目前在自然环境下已经制备出十几种不同的二维晶体材料，大致可以分为以下 3 类(如表 1.1)：

第一类二维材料是石墨、h-BN 和 MoS_2 的单层，它们已经被广泛研究。这些材料具有较高的热和化学稳定性，以及很强的面内共价键和很弱层间范德瓦耳斯结合作用，是一类优良的纳米固体润滑剂。同时他们的几何结构简单，但电子结构丰富，是模拟计算纳米摩擦的理想模型。与 MoS_2 同类的还有二维二硫化钨(WS_2)、二硒化钨(WSe_2)和二硒化钼($MoSe_2$),它们在化学、结构和电子方面与二硫化钼相似,统称为层状过渡金属硫族化合物。

第二类二维材料是氧化物,包括二氧化钛(TiO_2)、三氧化钼(MoO_3)、三氧化钨(WO_3)、云母和类钙钛矿晶体,如 BSCCO 和 $Sr_2Nb_3O_{10}$。作为氧化物,这些晶体不太容易受到空气的影响,但它们往往会失去氧原子,并可能与少数化学物质(如水和氢)发生反应。与其他单层材料相似,由于尺寸导致的量子限阈,二维氧化物的性质与其对应的块体有所不同。与三维氧化物相比,单层氧化物的介电常数更低,带隙更大,并能表现出电荷密度波。不幸的是,关于氧化物单分子层的信息主要局限于 AFM 的观察,电场效应、拉曼光谱和光谱学、隧道效应等物理学和纳米技术等方面的重要表征方法还未能应用于孤立的二维氧化物的研究。

第三类二维材料是几种石墨烯的衍生物,包括氟化石墨烯、氢化石墨烯(石墨烷)和氧化石墨烯等。他们可以通过石墨烯的氟化、氢化和氧化得到,通常是具有一定宽度带隙的绝缘体,也通常比二维晶体本身更加稳定。这些石墨烯的衍生物具有和石墨烯不同的几何和电子结构,通过与石墨烯摩擦性质的对比,可以揭示一些独特的摩擦机制。

表 1.1　二维材料家族谱[37]

graphene family	graphene	h-BN "white graphene"	BCN	fluorographene	graphene oxide
2D chalcogenldes	MoS_2, WS_2, $MoSe_2$, WSe_2	Semiconducting dichalcogenides: $MoTe_2$, WTe_2, ZrS_2, $ZrSe_2$ and so on	Metallic dichalcogenides: $NbSe_2$, NbS_2, TaS_2, TiS_2, $NiSe_2$ and so on; Layered semiconductors: GaSe, GaTe, InSe, Bi_2Se_3 and so on		
2D oxides	Micas, BSCCO	MoO_3, WO_3	Perovskite-type: $LaNb_2O_7$, $(Ca,Sr)_2Nb_3O_{10}$, $Bi_4Ti_3O_{12}$, $Ca_2Ta_2TiO_{10}$ and so on		Hydroxides: $Ni(OH)_2$, $Eu(OH)_2$ and so on
	Layered Cu oxides	TiO_2, MnO_2, V_2O_5, TaO_3, RuO_2 and so on			Others

近年来,通过可控手段将不同种类的二维单层材料堆垛起来构成新的二维结构以丰富和调制其性质已成为二维材料研究的新热点[37]。这些二维结构主要通过层间范德瓦耳斯作用结合,因此又叫作垂直二维范德瓦耳斯异质结构(two-dimensional van der Waals heterostructures, 2D-vdW-Heter),如图 1.12 所示。目前实验上已能通过诸如机械转移、气相沉积和静电组装等方法精确构造 2D-vdW-Heter。当前 2D-vdW-Heter 的研究主要集中于 graphene/h-BN、MoS_2/h-BN、MoS_2/graphene 等典型系统的电、磁性质的调制上。研究发现,这些 2D-vdW-Heter 具有单一结构所不具备的物理、化学性质,这在很大程度上扩展了二维材料的应用范围。相对于单种材料,2D-vdW-Heter 不同组分间的晶格失配以及由此引起的面内外应力变化、界面间复杂的电磁相互作用等因素使其摩擦性质变得更加复杂。但从理论上来讲,2D-vdW-Heter 具备松散的层间结合特征,是一类潜在的纳米润滑剂。虽然人们已广泛研究了二维材料的摩擦性质,但对 2D-vdW-Heter 层间摩擦性质的研究却很有限,对其机制更不清楚。所以,研究 2D-vdW-Heter 的摩擦性质及其

调制对其作为组成单元或者是纳米润滑剂在纳米器件中的应用具有重要意义;同时可以丰富人们对纳米摩擦的认识。

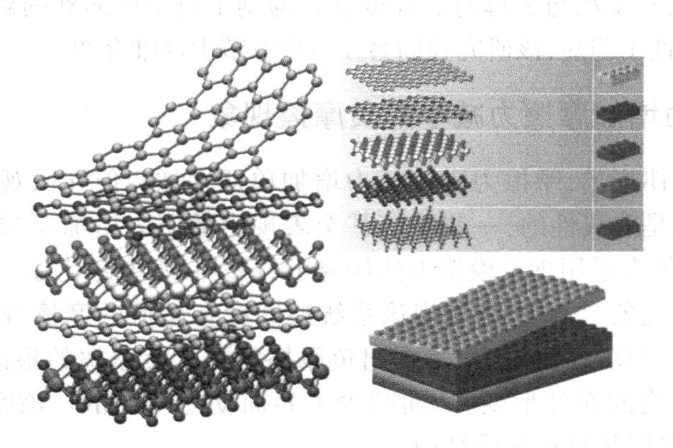

图1.12　二维垂直范德瓦耳斯异质结构示意图[37]

1.5　二维结构的纳米摩擦研究现状

凭借良好的润滑性质,以石墨、六方氮化硼和二硫化钼为代表的层状材料作为固体润滑剂在机械领域得到了广泛应用。松散的范德瓦耳斯层间结合以及牢固的层内共价键是上述材料良好润滑性能的内在机制。随着纳米科学技术的发展,以石墨烯、单层六方氮化硼和单层二硫化钼为代表的二维材料已先后制备出来。一方面,这些材料保留着其对应块体材料的特性,同时具有原子厚度的尺寸优势,是研究纳米摩擦性质的理想平台。另一方面,这些材料还可作为组成单元或者是纳米润滑剂在纳米器件中得以应用。因此二维材料的摩擦性质及其调控成了摩擦学研究的热点与重点。同时应该强调,不同单层二维材料的几何、电子结构差别很大。如:石墨烯是由碳原子通过 sp^2 杂化结合而成的零带隙的半金属平面结构;MoS_2 是由 S—Mo—S 三个原子层组成的带隙为 1.8 eV 的半导体材料;而 h-BN 是由硼、氮两种原子组成的平面极性结构,是一种带隙约为 6 eV 的绝缘体。与结构相对应的摩擦性质也有差别,如低维硼氮系统具有数倍于低维碳系统的摩擦因数。这些差别为设计具有不同润滑性能的纳米器件提供了条件。下面介绍几种基于二维材料研究得到的一些特殊的纳米摩擦现象及其机制。

1.5.1　随二维材料层厚减小摩擦增加的现象——摩擦的尺寸效应

Lee 等人使用 AFM 实验结合理论模型研究了在 SiO_2/Si 衬底上生长的 graphene、h-BN、MoS_2 和 $NbSe_2$ 四种二维材料的摩擦性质[11]。研究发现四种材料的摩擦力对材料厚度均存在异常依赖关系:即摩擦力随着层数的增加而减小,并最终收敛到相应材料块体的摩擦值,且该依赖关系与正压力、滑动速度和探针材料无关。该研究进一步指出这种独特的摩擦特性是由纯力学效应引起。当用 AFM 探针滑过松散地吸附在衬底上的二维材料时,这些弯曲强度低的原子片会由于探针和样本之间大的黏附力而起皱并黏在探针上,导致较大的接触面积和摩擦力。随着层数的增加,片状材料的抗弯刚度增加,面外褶皱能被有效抑制,材料表现出较小的接触面积和摩擦力。为了验证这种机制,他们还测量了生长在云母衬底上的石墨烯的摩擦性质,石墨烯与云母衬底高度黏合抑制了石墨烯面外的褶皱,因此该系统的摩擦对厚度的依赖性不明显,该研究我们会在后边章节中详细介绍。

1.5.2 随外压力增加摩擦力减小的负摩擦现象

宏观摩擦学定律指出,摩擦力随正压力增加单调增加。但在微观尺度上,摩擦力随正压力的变化往往是非线性的,一些系统甚至表现出随压力增加而减小的现象,即负摩擦因数。Mandelli 等人采用理论模型方法研究了石墨烯/六方氮化硼(graphene/h-BN)异质结构的层间摩擦现象[39]。研究发现该系统层间存在超低的摩擦现象,且在较低压力下,摩擦力随着正压力增加而减少,呈现出负摩擦特征。负摩擦的根源在于法向负载抑制了摩尔云纹超结构的面外形变,从而减少了界面动力学耗散。该摩擦机制具有普适性,有望出现在许多层状材料异质结中。

Li 等人通过第一性原理计算研究了双层的 graphene、h-BN、MoS_2 三种系统的界面摩擦力随正压力的变化关系[38]。研究发现,三种系统的滑动势垒和摩擦力随正压力增加非单调的变化:在较小的压力下,摩擦力随压力增加而增加,达到一定的临界值后,依赖关系反转,摩擦力随压力增加而减小,呈现出了负摩擦现象,如图 1.13 所示。该研究指出,层间范德瓦耳斯和库仑相互作用的相反贡献导致了这种反常的摩擦行为。该研究揭示了二维层状结构的厚度减小到原子极限时的特殊界面摩擦规律,加深了人们对高负载二维层状结构材料高效润滑性能的认识。

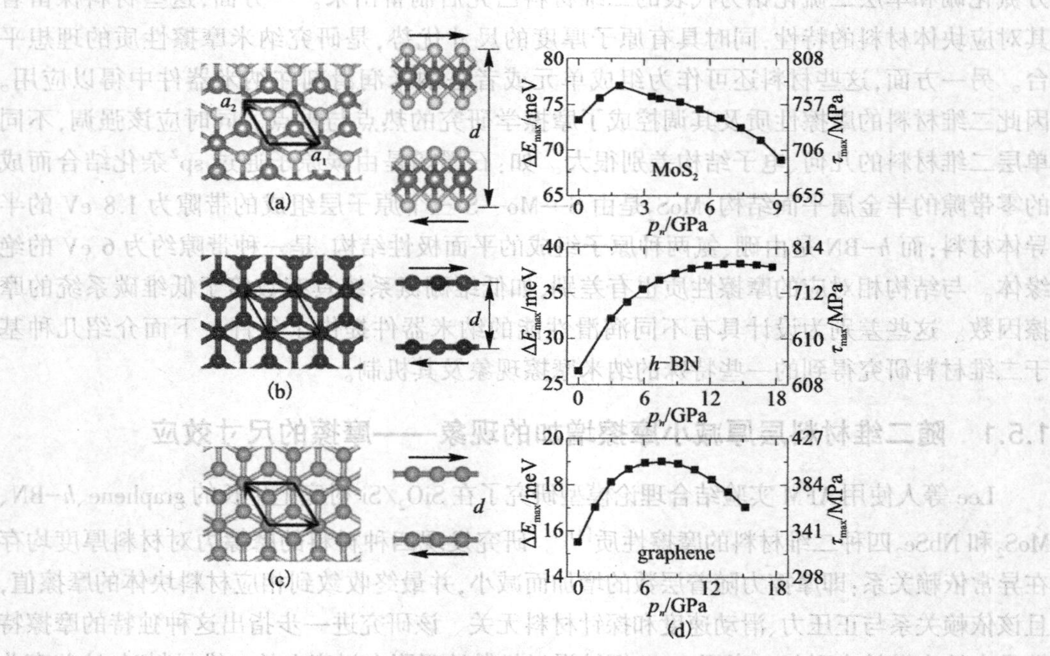

图 1.13 摩擦力随正压力非单调的变化关系[38]

1.5.3 非公度界面的超低摩擦——结构超滑

结构超滑是晶体表面之间的一种超低摩擦和磨损状态，是现代摩擦学中的一种基本现象，其定义了一种新的润滑方法[40]。随着大规模单晶层状材料的制备和超灵敏操纵装置的发展，微尺度结构超润滑的实现和表征成为可能。最近，随着计算和理论模型加入，结构超滑已经成为摩擦学研究的热点和前沿领域，在摩擦学理论和工程应用中具有重要的意义。

接触界面两个表面之间如果存在晶格失配，滑动过程中界面不同位置处的侧向力能够有效抵消，就会发生结构超滑，如图1.14所示。2004年Dienwiebel等人第一次在实验上观测到了界面的非公度性引起的结构超滑[41]。他们操纵一片石墨在另一块石墨衬底上滑动，发现摩擦力随两片石墨相对旋转角度变化而改变，最小值仅为最大值的2.5%，达到了超滑状态。然而，超润滑性在二维同质结构中具有强烈的扭角依赖性，当发生滑动时，两层材料更倾向于旋转和锁定在公度的状态，这将导致超润滑性消失[42]。

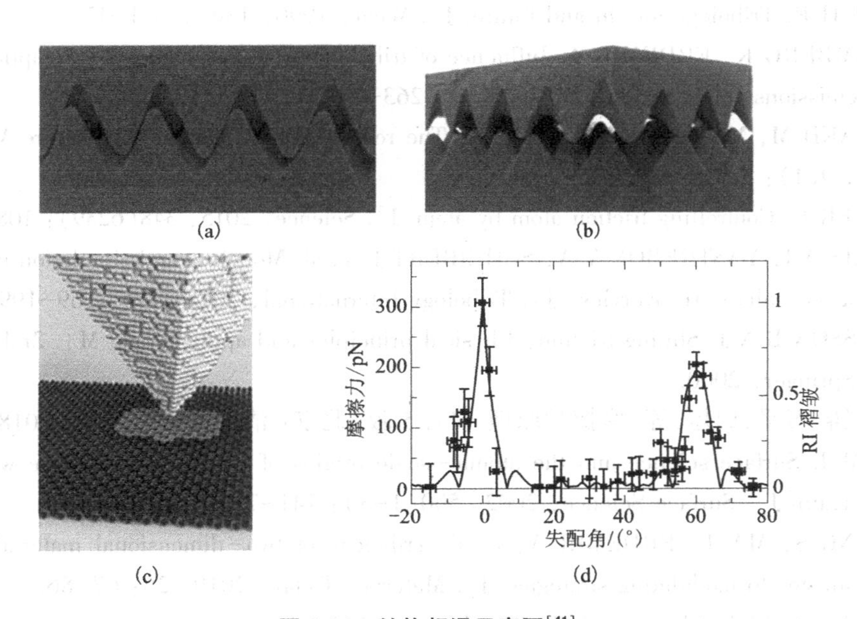

图1.14 结构超滑示意图[41]

(a)公度界面，(b)非公度界面，(c)石墨片段在石墨上滑动时的模型图，(d)上下两层石墨片不同失配角度所对应的摩擦力，符号表示实验结果。

二维垂直范德瓦耳斯异质结构具有较弱的层间相互作用和天然晶格失配，是实现与扭转角无关的超低摩擦的良好平台。由于两种接触材料之间的晶格失配，范德瓦耳斯异质结构可以减少公度性问题。研究发现，h-BN/graphene异质结构中存在微尺度的超润滑性，但仍然存在扭曲角依赖，这可能是由于graphene与h-BN的晶格失配度较小所致[12]。另外，非公度界面的边缘原子对摩擦的贡献也是一个值得研究的问题。最近，Liao等人采用实验和分子动力学方法研究了大晶格失配的MoS_2/graphene和MoS_2/h-BN

异质结界面的摩擦性质。研究表明，这两个系统的摩擦因数均小于 10^{-6}，且不依赖于扭转角。他们证明了这两个系统的摩擦力主要是由边缘原子钉扎和衬底台阶主导，而不是由界面滑动阻力或者势能褶皱决定。相比之下，在晶格失配较小的 h-BN /graphene 中，界面滑动阻力决定着该系统的摩擦力。因此，接触界面的大晶格失配和去除界面台阶是大尺度结构超滑设计的关键。

总之，以 graphene、h-BN、MoS_2为代表的二维材料本身就是优良的纳米润滑剂，由于几何结构简单，物理化学性质丰富，他们又是研究纳米摩擦的理想模型。除了上述一些典型的摩擦特性。基于这些材料，人们还研究了界面环境、表面修饰、外电场对纳米摩擦的影响与调制，提出了一些重要的纳米摩擦机制。在下面几章中我们将结合自己的研究工作，分别对这些内容进行阐述。

参考文献

[1] JOST H P. Tribology-origin and future[J]. Wear, 1990, 136(1): 1-17.

[2] HOLMBERG K, ERDEMIR A. Influence of tribology on global energy consumption, costs and emissions[J]. Friction, 2017, 5(3): 263-284.

[3] URBAKH M, MEYER E. Nanotribology: The renaissance of friction[J]. Nature Materials, 2010, 9(1): 8-10.

[4] MEYER E. Controlling friction atom by atom[J]. Science, 2015, 348(6239): 1089-1089.

[5] VAKIS A I, YASTREBOV V A, SCHEIBERT J, et al. Modeling and simulation in tribology across scales: An overview[J]. Tribology International, 2018, 125: 169-199.

[6] PERSSON B N J. Sliding friction: Physical principles and applications[M]. 2nd ed. Berlin: Springer, 2000.

[7] 温诗铸，黄平，田煜，等. 摩擦学原理[M]. 5 版. 北京：清华大学出版社，2018.

[8] KRIM J. Surface science and the atomic-scale origins of friction: What once was old is new again[J]. Surface Science, 2002, 500(1-3): 741-758.

[9] ZHANG S, MA T, ERDEMIR A, et al. Tribology of two-dimensional materials: From mechanisms to modulating strategies[J]. Materials Today, 2019, 26: 67-86.

[10] WANG J, LI J, LI C, et al. Tuning the nanofriction between two graphene layers by external electric fields: A density functional theory ttudy[J]. Tribology Letters, 2016, 61(1): 4.

[11] LEE C, LI Q, KALB W, et al. Frictional characteristics of atomically thin sheets[J]. Science, 2010, 328(5974): 76-80.

[12] SONG Y, MANDELLI D, HOD O, et al. Robust microscale superlubricity in graphite/hexagonal boron nitride layered heterojunctions[J]. Nature Materials, 2018, 17(10): 894-899.

[13] DOWSON D. History of tribology[M]. London: Addison-Wesley Longman, 1979.

[14] 张红卫，张田忠. 原子尺度摩擦研究进展[J]. 固体力学学报，2014, 35(5): 417-440.

[15]MABOUDIAN R, ASHURST W R, CARRARO C. Tribological challenges in micromechanical systems[J]. Tribology Letters, 2002, 12(2): 95-100.

[16]QUATE G B C F. Atomic force microscope[J]. Physical Review Letters, 1986, 56(9): 930-933.

[17]MATE C M, MCCLELLAND G M, ERLANDSSON R, et al. Atomic-scale friction of a tungsten tip on a graphite surface[J]. Physical Review Letters, 1987, 59(17): 1942-1945.

[18]RUAN J A, BHUSHAN B. Frictional behavior of highly oriented pyrolytic graphite[J]. Journal of Applied Physics, 1994, 76(12): 8117-8120.

[19]TOMLINSON G A. CVI. A molecular theory of friction[J]. The London, Edinburgh, and Dublin Philosophical Magazine and Journal of Science, 1929, 7(46): 905-939.

[20]HÖLSCHER H, SCHIRMEISEN A, SCHWARZ U D. Principles of atomic friction: from sticking atoms to superlubric sliding[J]. Philosophical Transactions of the Royal Society A, 2008, 366(1869): 1383-1404.

[21]SEARCH H, JOURNALS C, CONTACT A, et al. The microscopic origins of sliding friction: a spectroscopic approach[J]. New Journal of Physics, 1998, 1: 1-9.

[22]ROTH R, GLATZEL T, STEINER P, et al. Multiple slips in atomic-scale friction: An indicator for the lateral contact damping[J]. Tribology Letters, 2010, 39(1): 63-69.

[23]WEISS M, ELMER F J. Dry friction in the Frenkel-Kontorova-Tomlinson model: Static properties[J]. Physical Review B, 1996, 53(11): 7539-7549.

[24]FRENKEL T, KONTOROVA I. On the theory of the plastic deformation and twinning[J]. Phys. Z., 1939, 1: 13.

[25]BOWDEN F P, TABOR D. The friction and lubrication of solids[M]. New York: Oxford University, 1950.

[26]PENDRY J B. Shearing the vacuum-quantum friction[J]. Journal of Physics Condensed Matter, 1997, 9(47): 10301-10320.

[27]VOLOKITIN A I, PERSSON B N J. Quantum friction[J]. Physical Review Letters, 2011, 106: 094502.

[28]刘更,刘天祥,温诗铸. 微/纳尺度接触问题计算方法研究进展[J]. 力学学报, 2008, 38(5): 521.

[29]TA H T T, TRAN N V, TIEU A K, et al. Computational tribochemistry: A review from classical and quantum mechanics studies[J]. Journal of Physical Chemistry C, 2021, 125(31): 16875-16891.

[30]ZHONG W, TOMÁNEK D. First-Principles theory of atomic-scale friction[J]. Physical Review Letters, 1990, 64: 3054.

[31]TOMÁNEK D, ZHONG W, THOMAS H. Calculation of an atomically modulated friction force in atomic-force microscopy[J]. Europhys Letter, 1991, 15(8): 887-892.

[32]TOMÁNEK D, ZHONG W. Palladium-graphite interaction potentials based on first-principles calculations[J]. Physical Review B, 1991, 43(15): 12623-12625.

[33] RESTUCCIA P, LEVITA G, WOLLOCH M, et al. Ideal adhesive and shear strengths of solid interfaces: A high throughput ab initio approach[J]. Computational Materials Science, 2018, 154: 517-529.
[34] ZILIBOTTI G, RIGHI M C. Ab initio calculation of the adhesion and ideal shear strength of planar diamond interfaces with different atomic structure and hydrogen coverage[J]. Langmuir, 2011, 27(11): 6862-6867.
[35] KAJITA S, RIGHI M C. A fundamental mechanism for carbon-film lubricity identified by means of ab initio molecular dynamics[J]. Carbon, 2016, 103: 193-199.
[36] NOVOSELOV K S, FAL'KO V I, COLOMBO L, et al. A roadmap for graphene[J]. Nature, 2012, 490(7419): 192-200.
[37] GEIM A K, GRIGORIEVA I V. Van der Waals heterostructures.[J]. Nature, 2013, 499(7459): 419-425.
[38] LI H, SHI W, GUO Y, et al. Nonmonotonic interfacial friction with normal force in two-dimensional crystals[J]. Physical Review B, 2020, 102(8): 085427.
[39] MANDELLI D, OUYANG W, HOD O, et al. Negative friction coefficients in superlubric graphite-hexagonal boron nitride heterojunctions[J]. Physical Review Letters, 2019, 122: 076102.
[40] HOD O, MEYER E, ZHENG Q, et al. Structural superlubricity and ultralow friction across the length scales[J]. Nature, 2018, 563(7732): 485-492.
[41] DIENWIEBEL M, VERHOEVEN G, PRADEEP N, et al. Superlubricity of graphite[J]. Physical Review Letters, 2004, 92(12): 126101.
[42] ZHENG Q, JIANG B, LIU S, et al. Self-retracting motion of graphite microflakes[J]. Physical Review Letters, 2008, 100(6): 1-4.

第 2 章　纳米摩擦性质的理论计算方法

20 世纪末,随着 AFM 和 FFM 等扫描工具的发明,人们成功实现了对单粗糙接触面摩擦的测量[1],极大地促进了纳米摩擦学领域的发展。由于经典的连续介质接触模型可能在纳米尺度的接触摩擦中失效,原子层次的计算机模拟在实验分析和摩擦特性的预测方面显得愈发重要。经典分子动力学(MD)方法是研究摩擦的有效方法,该方法能够获得滑动界面处纳米摩擦的动力学过程,是洞悉纳米摩擦现象的一种有力工具。但分子动力学方法严格依赖于模拟中选取的经验势,且受制于模拟的时间长度与空间尺度。近年来,随着计算机计算能力的不断增强,基于密度泛函理论(density functional theory, DFT)的第一性原理方法在模拟发生在界面的化学过程和计算固体表面的黏附和静摩擦性能方面发挥着越来越重要的作用。由于该方法不包含经验参数,所得势能面精度远高于分子动力学的模拟结果。虽然第一性原理方法计算的大多是无限大平坦的周期性晶型界面,但该方法能够提供电子层次的信息,通过对理想表面相互作用的研究得到的结果实际上与实验结果一致,可以解释实验观察的结果。

摩擦的核心问题是能量的耗散。在经典的 MD 模拟中,能量通过恒温器耗散到热浴中。但 DFT 计算的是系统的基态能量,并不涉及能量耗散。因此,需要使用合理的方法描述滑动中的能量耗散,预测基于 DFT 计算所得的摩擦因数。这可以通过计算势能面形貌,然后将得到的能垒拟合到 PT 摩擦模型中实现[2]。另一种方法是由 Zhong 等人提出的“最大摩擦势垒”模型方法,该方法根据从头计算的总能量来估计原子尺度的摩擦[3],它假设每次滑移时势能完全耗散,但没有指明特定的能量耗散机制。该模型在 Amontons 和 Coulomb 摩擦基本定律的基础上首次给出了利用基于量子力学定量估算纳米摩擦的思路与方法,已在包括 graphene、h-BN、MoS_2 和金刚石薄膜等低维材料的摩擦性能研究中得到应用,并取得了与实验一致的结果。在此基础上,Righi 等人将 Zhong 的方法中某一滑动路径推广到了整个滑动界面,提出了通过计算整个二维滑动平面上的势能面(potential energy surface, PES)理解摩擦的方法[4]。该方法能够清晰明了地显示出各方向的滑动能垒,也是目前密度泛函理论研究摩擦的常用方法。

本章以石墨烯为例,详细介绍基于密度泛函理论的第一性原理方法计算纳米摩擦性质的基本流程,并初步给出了双层石墨烯层间纳米摩擦性质。

2.1　双层石墨烯层间纳米摩擦性质的第一性原理计算

本节以石墨烯为例,详细介绍 Zhong 的“最大摩擦势垒”模型方法研究纳米摩擦性质的思路与过程[3]。探讨公度和非公度两种情况下双层石墨烯层间沿不同方向的摩擦性质。对于公度的双层石墨烯：层间摩擦沿不同方向同性；摩擦因数依赖于正压力，随正压力增大，摩擦因数的变化曲线分为三个阶段：遵循 Amonton 法则随正压力增大不显著变化阶段，随正压力增大线性增加阶段以及随正压力增大缓慢变化阶段，摩擦因数在 0.05～0.25。对于非公度的双层石墨烯，不同压力下摩擦因数在 0.006 上下波动，摩擦因数较双层公度石墨烯大大降低，进入结构超滑的范畴。

2.1.1 石墨烯层间摩擦性质的研究现状

石墨具有层状结构，层间作用很弱，相对滑动时具有很小的摩擦及磨损，是一种非常重要的固体润滑剂[5]。石墨烯由单层或几层石墨组成，具有良好的热导、电导以及力学性能[6]。目前工业上通过物理及化学方法已经实现了石墨烯的批量生产，可以期待石墨烯能够在新能源以及新材料领域得到广泛应用[6]。在石墨烯的应用过程中，摩擦行为是影响其性能的一个重要因素，因此研究石墨烯的摩擦性质具有重要的现实意义[7]。

长期以来，人们对于摩擦的认识十分有限，对宏观摩擦的微观机制了解很少。直到 AFM 和 FFM 等微观探测工具的出现，人类对于摩擦的认识才逐步深入到了分子、原子层次，相应地产生了纳米摩擦学这一新兴学科。目前，摩擦力、原子力显微镜已经成功应用于金刚石以及石墨等材料的表面摩擦研究，为人们理解原子尺度下的摩擦提供了直接图像[3]。随着实验对于摩擦认识的不断深入，纳米摩擦的理论研究也取得了很大的进展，其中纳米摩擦的谐振子模型得到了普遍认可。具体方法上，经验的分子动力学方法是研究原子尺度下纳米摩擦的一种常用方法，但这种方法依赖于经验势。相对于经验的分子动力学方法，基于量子力学的第一性原理方法能够准确计算滑动路径上的势垒，对摩擦进行定量的预估。基于谐振子模型思想，Zhong 等人通过把谐振子之间的弛豫能量近似等于界面滑动过程中最大和最小势能之间势垒，应用第一性原理方法研究了原子尺度的摩擦，得到了可以与实验比较的结果[3]。此后，该方法逐步应用于其他低维系统纳米摩擦的研究，获得了研究人员的广泛认可。

实验方面，原子力显微镜研究摩擦最早就是在石墨系统上进行的，该实验能够清楚地显示出与石墨的晶格常数相对应的原子尺度摩擦的黏滑行为[8]。此后，一些重要的纳米摩擦特殊现象，如结构超滑、尺寸与边缘效应等也主要是在石墨或者石墨烯系统中研究和发现的。计算方面，经典的分子动力学方法对碳基材料的摩擦性质进行了广泛的研究，具体到石墨及石墨烯，Bonelli 等应用半经验的紧束缚方法研究了界面的公度性对摩擦的影响[9]；Guo 等应用半经验的分子力场方法研究了缺陷对摩擦的影响，发现了超低摩擦现象[10]。经验模型方面，Verhoeven 等基于 Tomlinson 模型应用经验势方法研究了公度对纳米摩擦的影响[11]。量子化学方面，Neitola 等应用量子化学从头算方法（HF）在 3-21G 和 6-31G* 的基组水平上研究了不同大小的片状石墨烯层间摩擦性质[12]；Matsuzawa等应用量子化学从头算方法（MP2）在 6-31G* 的基组水平上计算了氢分子在片状石墨烯上滑动的摩擦性质[13]。上述研究中，经验、半经验方法依赖于经验参数，而量子化学从头算方法对石墨烯的片段化处理忽略了石墨烯的周期性，不能体现周期性对摩擦的影响。基于以上分析，本节介绍运用基于密度泛函理论的第一性原理计算方法，研究周期性的公度以及非公度性石墨烯层间摩擦性质，探讨正压力以及滑动方向与摩擦因数之间的关系[14]。

2.1.2　计算模型与方法

石墨烯由单层或很少几层石墨构成,石墨烯层间纳米摩擦性质主要取决于双层石墨烯沿滑动路径不同位置处的势能差别。计算所取的双层石墨烯模型以及滑动路径如图 2.1 所示。图 2.1(a)表示滑动的起始位置,其中浅色原子为上层碳原子,深色原子为下层碳原子。在起始位置,上层碳原子均处于下层碳原子的顶部,为表述方便,定义滑动的起始位置为叠位,图中虚线箭头表示两条滑动路径。图 2.1(b)为摩擦叠位置的侧视图。图 2.1(c)为路径Ⅰ的末位置,此时上层每一个碳原子均处于下层两个碳原子中间,定义此位置为桥位。图 2.1(d)为路径Ⅱ的末位置,此时上下两层石墨烯均有半数碳原子分别位于相对层的碳环中心,定义为错位。对于Ⅰ路径,从叠位到桥位沿滑动路径均匀取 6 个位置,相邻位置间距离为 0.244 Å。对于Ⅱ路径,从叠位到错位也均匀取 6 个位置,由于Ⅱ路径滑动周期较长,相邻位置间距离为 0.282 Å。对于滑动路径上的每个选取位置,计算出两层石墨烯不同层间高度对应的吸附能,最终计算得到不同滑动路径的摩擦因数。

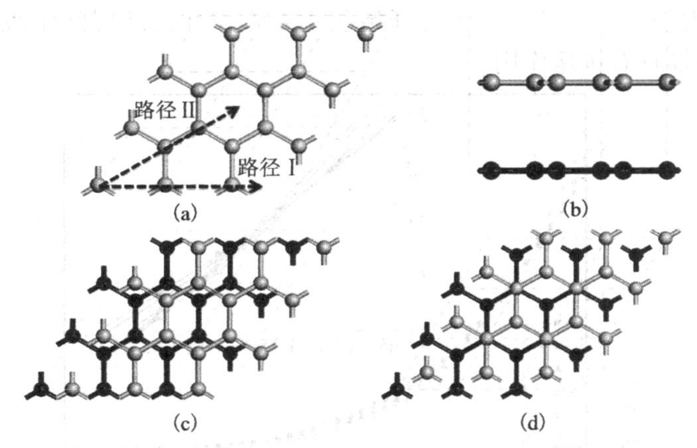

图 2.1　摩擦采用的计算模型及滑动路径[14]

(a)双层石墨烯摩擦起始位置的俯视图,定义为叠位,两条虚线箭头表示两条相对滑动路径;(b)起始位置的侧视图,深色球代表下层碳原子,浅色球代表上层碳原子;(c)Ⅰ路径的末位置,定义为桥位;(d)Ⅱ路径的末位置,定义为错位。

本节采用以 DFT 平面波赝势方法为基础的 VASP 软件包进行计算[15]。对于石墨,层间作用为范德瓦耳斯弱相互作用。虽然 VASP 中的赝势描述范德瓦耳斯相互作用比较困难,但文献表明局域密度近似(LDA)能够很好地描述石墨层间距离以及层间相互作用。另外也有研究指出:当两层石墨的间距小于其相应平衡距离的 1.15 倍时,范德瓦耳斯作用可以忽略。本文研究的是压力作用下的石墨烯层间摩擦性质,考虑到压力作用时石墨烯层间距离小于其平衡距离,因此无须考虑范德瓦耳斯相互作用的修正。计算中选取局域密度近似(LDA)描述电子-电子间的交换关联作用,采用超软赝势(USPP)描述离子实与价电子之间的相互作用。平面波展开的截断能取为 480 eV。倒空间中布里渊区的 K 点由 Monkhorst-Pack 方法产生,对于公度性石墨烯,布里渊区 K

点取样为 21×21×1,对以上所选参数进行了测试,保证了计算的精度。公度性石墨烯采用 1×1 的超原胞,真空层厚度约为 20 Å。

2.1.3 石墨烯层间相互作用

计算得到的石墨烯层内碳-碳键长为 1.22 Å,与理论计算及实验值一致。本节主要考虑原子层间电子作用引起的摩擦力大小,对于晶格振动声子摩擦部分,不作为考虑。石墨烯层间相互作用主要用吸附能来表示,吸附能计算方法为

$$E_{ab} = E_{total} - 2E_{graphene} \tag{2.1}$$

式中,E_{ab}为吸附能,E_{total}为体系总能量,$E_{graphene}$是孤立的单层石墨烯的能量。在每条摩擦路径的 6 个选取位置处,沿石墨烯表面法线方向,以 0.05 Å 为步长间隔,将两层石墨烯的层间距从 3.65 Å 逐步压缩到 1.4 Å,静态计算压缩过程中每一个步点位置的吸附能,如图 2.2 所示,图中 1~6 表示滑动路径上选择的 6 个位置。研究发现:从 3.65 Å 开始压缩,吸附能逐渐减小,在 3.5 Å 附近达到最小值,此时石墨烯层间吸引力最大,这一距离即是两层石墨烯间的平衡距离;接着压缩,引力逐渐减小,斥力逐渐增大,当吸附能达到 0 eV 位置时,引力和斥力平衡;继续压缩,斥力开始起主要作用并且随层间距减小迅速增加,这一阶段两层石墨烯具有排斥作用。

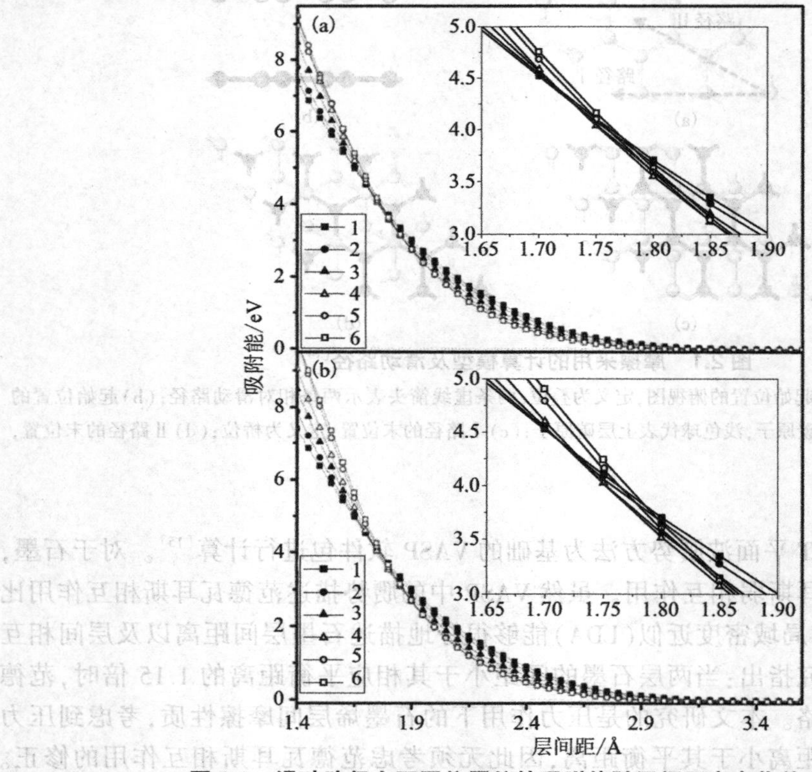

图 2.2 滑动路径上不同位置处的吸附能随层间距离变化关系[14]

1~6 代表滑动路径上均匀选取的 6 个位置,其中 1 代表起始位置叠位置,6 代表滑动路径的末位置桥位(叠位)。(a)表示路径Ⅰ;(b)表示路径Ⅱ。插图表示反转点附近情况。

由图 2.2 中插图可见，滑动路径上不同位置处两层石墨烯之间的吸附能大小随层间距变化出现了一个反转点，压力很小时，石墨烯被轻微压缩，从叠位到桥位（错位），在相同的压缩距离下，吸附能逐渐减小，即叠位置处层间距不容易压缩。在 1.8 Å 附近，吸附能曲线发生反转，叠位置处两层石墨烯之间的吸附能由最大逐渐变为最小，而桥位（错位）则由最小变为最大，即在较大的压缩量下，桥位（错位）相对于叠位不易压缩。吸附能的反转与不同压力下两层石墨烯原子之间的相互作用有关，距离较远时，叠位置处石墨烯层间两对顶原子为最近邻原子，而桥位（错位）置处石墨烯层间最近邻原子距离大于叠位置处的对顶原子间距离，因此叠位置处两层石墨烯之间相互作用较大，比较难压缩。当层间距压缩到反转距离以后，虽然桥位（错位）置最近邻原子距离仍比较远，但是有相互作用的最近邻原子数目桥位（错位）要多于叠位，总体上桥位（错位）处的相互作用开始强于叠位，因此出现了吸附能的反转，吸附能曲线的反转说明不同位置处石墨烯层间的相互作用关系随着压力的变化而变化。

通过吸附能对层间距的微分可以求出不同层间距对应的正压力，即

$$f_N = -\partial E_{ab}(z)/\partial z \tag{2.2}$$

式中，f_N 表示正压力。计算摩擦时正压力的施加就是通过压缩石墨烯之间的层间距等效实现的。由公式(2.2)求出两层石墨烯沿两条路径在不同压力下不同位置处的层间距离，如图 2.3 所示。为了能够完整地显示一个周期内石墨烯层间相对滑动的计算结果，图 2.3 和图 2.4 均是根据对称性补充了另外半个周期后的图形。

由图 2.3 可见，不施加正压力（0 nN）时，叠位处两层石墨烯层间距离最大，桥位（错位）处层间距最小。这由不同位置处石墨烯层间原子排斥力不同所致，在叠位时，上下两层碳原子离得较近，排斥力大，而错位时碳原子离得较远，排斥力小。随着压力增大，两层石墨烯层间距逐渐减小，1～5 nN 压力较小时，层间距变化趋势和平衡吸附（0 nN）时趋势相同，正压力逐渐增大到 6 nN 后，叠位和桥位（错位）压缩难易度发生了反转，桥位（错位）的层间距比叠位的层间距更难压缩，发生反转的原因和吸附能发生反转的原因相同。

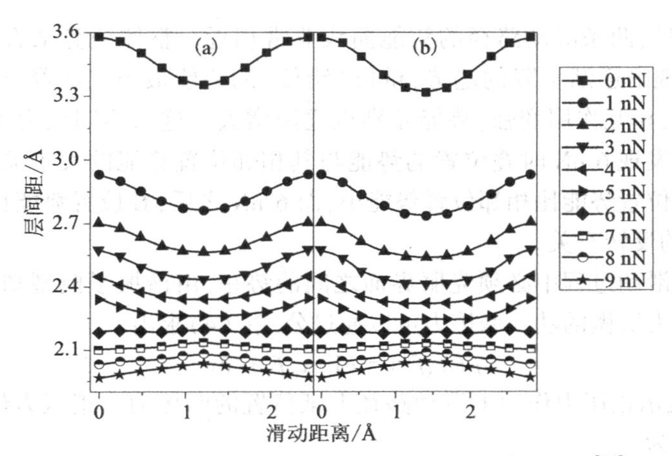

图 2.3　不同压力下双层石墨烯不同位置处的层间距[14]

0 nN 表示平衡吸附位置。(a)表示沿路径Ⅰ；(b)表示沿路径Ⅱ。

2.1.4 双层石墨烯层间的摩擦现象

滑动路径上不同位置处的势能由公式(2.3)可以求出

$$V(x,f_N)=E_{ab}(x,z(x,f_N))+f_N z(x,f_N)-V_0(x,f_N) \tag{2.3}$$

式中，$V(x,f_N)$ 为滑动路径上不同位置处不同压力下的相对势能，$E_{ab}(x,z(x,f_N))$ 表示沿滑动路径不同位置处正压力作用下的吸附能，$f_N z(x,f_N)$ 表示不同位置处正压力压缩石墨烯所做的功，式中最后一项是整个滑动路径上的最小势能，减去这一项是为了求出滑动路径上各位置的相对势能。公式(2.3)表明滑动路径某一点的势能只和此点位置以及正压力有关。由各点势能给出了1~9 nN的势能曲线关系，如图2.4所示。

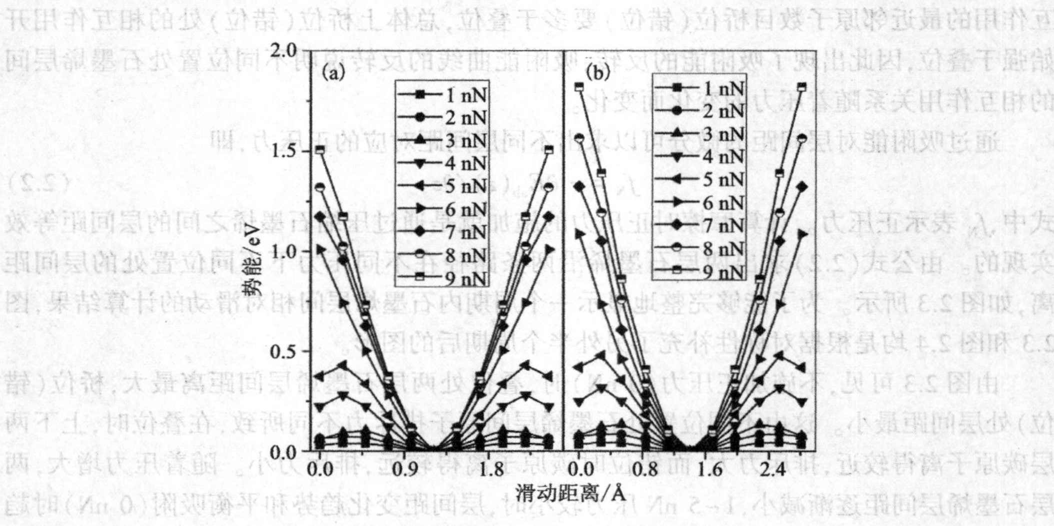

图2.4 不同压力下的相对势能曲线[14]

(a)表示路径Ⅰ；(b)表示路径Ⅱ。

由图2.4可见，两条滑动路径的势能曲线非常相近。整体趋势来看，从叠位到桥位(错位)，势能呈现出逐渐下降的趋势，桥位(错位)的势能最小。随着压力的增加，两层石墨烯逐渐靠近，相互作用变强，势能差别也逐渐增大。这与不同压力下原子间的作用密切相关。同时发现6 nN时叠位置的势能与其相邻位置势能的大小关系发生改变，即在6 nN之前，叠位置势能比相邻位置势能小，而6 nN之后，叠位置势能比相邻位置势能大，这与吸附能的反转有关。

系统在相对滑动过程中必须克服界面之间的势垒，由谐振子模型知道，势垒在数值上等于克服摩擦力所做的功。摩擦力可以通过公式(2.4)求出

$$f_f(x,f_N)=\partial V(x,f_N)/\partial x \tag{2.4}$$

式中，$f_f(x,f_N)$表示正压力作用下滑动路径上某位置的摩擦力。正压力作用下整个滑动路径的最大势垒为

$$\Delta V_{max}(f_N)=V_{max}(f_N)-V_{min}(f_N) \tag{2.5}$$

式中，$V_{max}(f_N)$ 为滑动路径上最大势能，$V_{min}(f_N)$ 为滑动路径上最小势能，则 ΔV_{max} 是两层

石墨烯发生相对滑动时必须克服的势垒。在滑动过程中克服摩擦力做功为

$$\Delta E_{\mathrm{f}} = \langle f_{\mathrm{f}} \rangle \Delta x = \Delta V_{\max} \tag{2.6}$$

式中，ΔE_{f} 为克服摩擦力所做的功，$\langle f_{\mathrm{f}} \rangle$ 为平均摩擦力，Δx 为滑动路径上最大势能位置与最小势能位置间的距离。最后由平均摩擦力求出正压力作用下的平均摩擦因数

$$\mu = \frac{\langle f_{\mathrm{f}} \rangle}{f_{\mathrm{N}}} = \frac{\Delta V_{\max}}{f_{\mathrm{N}} \Delta x} \tag{2.7}$$

依据公式(2.7)计算出沿两条路径不同压力下的摩擦因数，如图 2.5 所示。

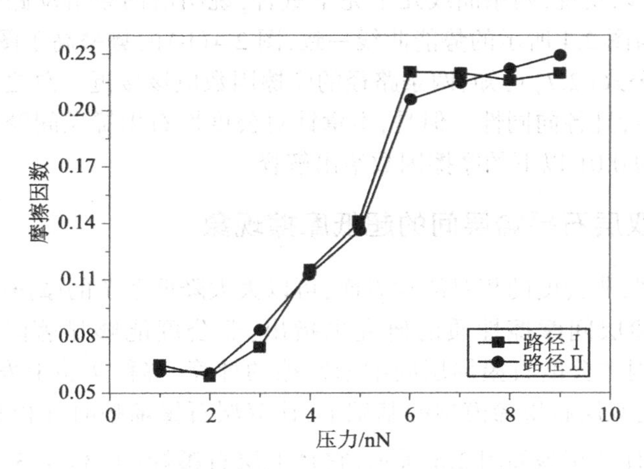

图 2.5　不同压力下的摩擦因数[14]

由图 2.5 可知，整个研究压力范围内石墨烯层间摩擦因数在 0.05～0.25。实验上测得的石墨烯层间摩擦因数并不是一个确定值，因为摩擦因数与表面结构、表面的粗糙程度以及表面所处环境均有关系，各种实验测到的石墨烯的摩擦因数大致在 0.006～0.45。经验分子动力学计算的结果约为 0.1，量子化学从头算方法计算的结果为 0.05～0.16[12]。该文献应用量子化学从头算方法(HF)在 3-21G 和 6-31G* 的基组水平上研究了周围氢钝化的片状石墨烯层间的纳米摩擦，所采用的模型与我们最接近。该文献指出：在较小压力下，随着石墨烯片段增大，石墨烯层间摩擦因数逐渐减小。该文献研究的最大片段为 $C_{150}H_{30}/C_{96}H_{24}$，施加的正压力范围为 120～200 nN(平均每个原子受压力为 1～2 nN)，在 120 nN 正压力下的摩擦因数为 0.06，200 nN 正压力下的摩擦因数为 0.05。

本章计算的周期性石墨烯(可以看作石墨烯片段趋于无穷大的情形)在 2 nN 正压力(平均每个原子受压力为 1 nN)下摩擦因数约为 0.05，4 nN 正压力(平均每个原子受压力为 2 nN)下摩擦因数约为 0.1。对比可见：在 1 nN 较小压力下，两种计算结果一致，但在 2 nN较大压力下两者结果相差较大。这归因于片状石墨烯在不同压力下边界效应的差别，即压力较小时，石墨烯层间距大，边界效应不显著；压力较大时，石墨烯层间距较小，边界效应显著。

由图 2.5 可以发现，石墨烯层间摩擦因数随正压力变化曲线可以划分为三段：1～

2 nN阶段，这一阶段摩擦因数随压力变化不明显，原因是在较小的正压力下，正压力几乎与两层石墨烯之间的引力作用相当，摩擦力主要由层间作用力决定，正压力没有得到体现，因此摩擦因数变化不显著，这一阶段摩擦因数与正压力的关系遵循 Amonton 法则；3~6 nN 阶段，正压力开始大于石墨烯层间相互作用力，这时摩擦因数主要由正压力的决定，摩擦因数随正压力增大线性增加；6~9 nN 阶段，摩擦因数随正压力增加趋于平缓，这是因为当压力达到 6 nN 以后，石墨烯层间距离被压缩到 2 Å 附近，继续增加压力，层间距离已很难压缩，体系势能变化不再显著，因此摩擦因数趋于平缓。

从图 2.5 还可以发现，两条曲线几乎完全重合，说明沿两条滑动路径，石墨烯层间摩擦因数同性。这与图 2.4 所示的势能曲线一致，图 2.4(b) 的势垒高于图 2.4(a)，但图 2.4(b) 路径较长，由公式(2.7) 可知，两条路径的摩擦因数应该接近。总之，石墨烯层间摩擦因数依赖于正压力，且各向同性。但是，本章针对公度性石墨烯层间摩擦的计算，还不能够对实验上测到的 0.01 以下的摩擦因数给出解释。

2.1.5 非公度双层石墨烯层间的超低摩擦现象

实验研究发现，非公度的相对滑动界面，可以大大降低系统的摩擦因数[16]，半经验方法对非公度石墨烯层间摩擦性质的研究也指出：非公度能够显著降低体系的摩擦因数[10]。下面通过对非公度石墨烯层间纳米摩擦的计算，解释实验上发现的超低摩擦因数。在原来公度的双层石墨烯模型的基础上，让双层石墨烯顺时针相对旋转 30° 即为本部分的计算模型，计算超胞如图 2.6 所示，它是上层石墨烯($4\sqrt{3}\times4\sqrt{3}$)表面原胞放置在下层石墨烯(7×7)原胞上构成的超原胞，其失配度很小，约为 1%，上层石墨烯的超原胞边长拉长了约 0.17 Å。超原胞的厚度为 25 Å，其中真空层约为 20 Å。

图 2.6 中虚线箭头为石墨烯层间相对滑动路径。对于非公度石墨烯层间摩擦的计算，由于选取的超胞较大，布里渊区 K 点取样为单 Γ 点。

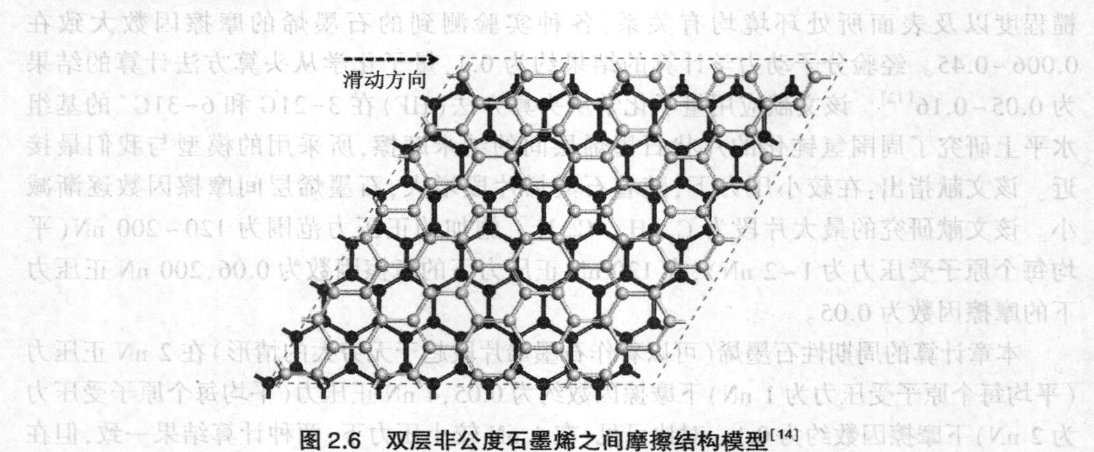

图 2.6 双层非公度石墨烯之间摩擦结构模型[14]

黑色原子表示下层碳原子，浅色原子表示上层碳原子，虚线箭头表示滑动方向。

采用计算公度性石墨烯摩擦因数的计算方法,同样可以对非公度石墨烯层间纳米摩擦进行计算。计算选取的正压力范围为 50~400 nN(每个原子平均受力范围为 0.5~4 nN)。沿石墨烯滑动方向,计算得到不同压力下的势能曲线,如图 2.7(a)所示,滑动路径上的最大势垒约为 4 eV,但平均到每个碳原子仅为 0.04 eV,而公度性系统滑动路径上每个碳原子的最大平均势垒约为 0.8 eV,非公度性石墨烯的最大势垒仅为公度性石墨烯最大势垒的 1/20,由此可见非公度性大大降低了体系的滑动势垒。通过势能曲线求出摩擦因数,如图 2.7(b)所示,发现不同正压力下的摩擦因数基本相同,在 0.006 上下波动,这一摩擦因数不随压力变化遵循 Amonton 法则。可见非公度性可以大大减小石墨烯的层间摩擦因数,这与实验一致。对此现象给出简单的解释,由图 2.6 可知,在滑动路径的不同位置,所有原子不再整体地处于叠位或错位,每个位置的叠位和错位的数量大致相等,因此在滑动路径上,不同位置的势能差别被抹平,体系表现出较低的摩擦因数。非公度性极大降低了石墨烯的层间摩擦因数,说明可以通过旋转,掺杂以及制造缺陷降低体系的公度,从而减小体系的摩擦。

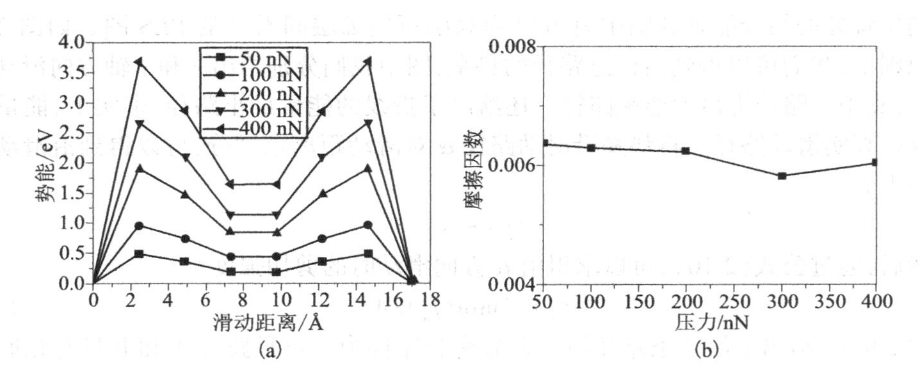

图 2.7　双层非公度石墨烯层间的势能曲线及摩擦因数[14]

(a)滑动路径上不同压力下的势能曲线;(b)不同压力下的摩擦因数。

2.2　双层石墨烯层间纳米摩擦性质的势能面研究方法

构建 PES 是第一性原理计算界面摩擦的另外一种重要方法,通过构造的 PES 可以得到滑动界面间不同方向的剪切强度。该方法具有计算简单、结果清晰明了的特点,已经成功应用于石墨烯、MoS_2、h-BN、金属界面、金刚石薄膜等二维材料的界面摩擦研究[17]。本节将以双层石墨烯为例,介绍 PES 的构造流程,阐述基于 PES 的纳米摩擦分析方法。

PES 的构造流程如下:首先将两层石墨烯对顶叠放在一起,如图 2.8 所示。在此基础上,将上层石墨烯分别沿 x 和 y 轴偏移到不同的位置,然后计算不同偏移位置的双层石墨烯的层间距 $z_i^{\mathrm{eq}} = z^{\mathrm{eq}}(x_i, y_j)$,以及在此层间距下的结合能

$$\gamma_i = \gamma_i(x_i, y_i, z_i^{\mathrm{eq}}) = \frac{1}{A}(E_i^{\mathrm{bilayer}} - E_i^{\mathrm{grap}}) \tag{2.8}$$

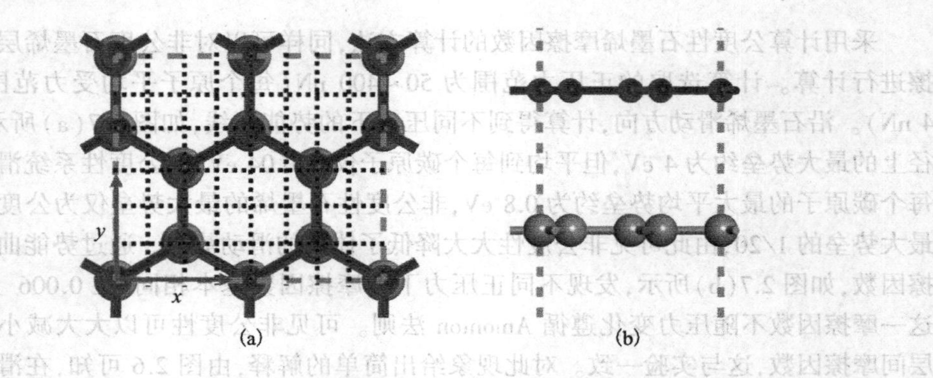

图 2.8　双层石墨烯层间 PES 构造示意图[14]

(a)和(b)分别为双层石墨烯的俯视图和侧视图，其中蓝色和灰色的小球代表上下两层碳原子。

这里，E_i^{bilayer} 为双层石墨烯在 $(x_i, y_i, z_i^{\text{eq}})$ 时的总能，E_i^{grap} 为单层石墨烯的能量。然后将不同位置处的结合能画到图中就可以到双层石墨烯层间滑动的 PES 图。如图 2.9 所示。原则上，我们可以得到沿任意路径的势垒，图中我们分别给出 x 和 y 轴方向滑动的直线路径，其中 y 路径为最大能垒路径。还给出了折线的能量最小路径，事实上，能量最小路径就是真实滑动路径。将势垒沿滑动路径 α 对滑动距离求微分，可以得到沿滑动路径的摩擦力 f_α：

$$f_\alpha = -\nabla_\alpha \gamma \tag{2.9}$$

然后，通过公式(2.10)，可以求得沿 α 方向滑动时的剪切强度

$$\tau_\alpha = |\min(f_\alpha)/A| \tag{2.10}$$

图 2.9(b)给出了沿三条路径的滑动势垒和摩擦力。可见路径Ⅰ和Ⅱ具有相同大小的滑动势垒和摩擦力，这与图 2.5 所示的两个方向的摩擦因数相一致。另外可见，沿真实路径，摩擦势垒和摩擦力很小。必须强调的是：Zhong 的"最大摩擦势垒"模型方法可以通过设定一定的层间距，计算出不同压力载荷下的摩擦力与摩擦因数，但 PES 方法只能给出不施加载荷下的剪切强度，因此不能计算压力对摩擦的影响因素。

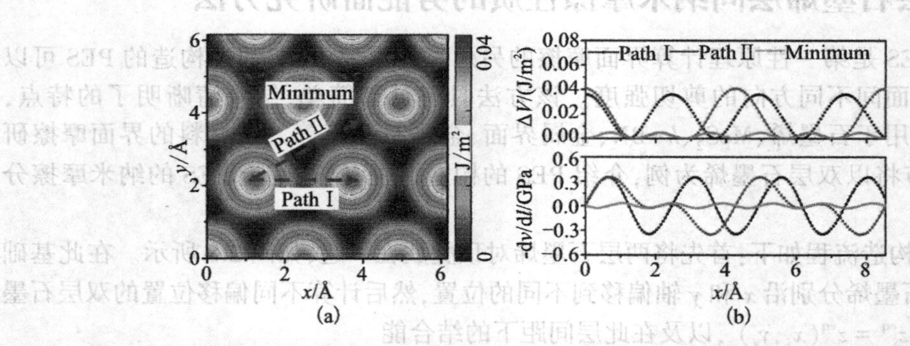

图 2.9　双层石墨烯层间滑动的 PES，沿不同路径的滑动势垒以及相应的剪切强度[14]

本章基于密度泛函理论的第一性原理计算方法,计算了周期性双层石墨烯层间滑动摩擦性质,得到与实验以及其他理论计算相一致的结果。关于摩擦因数与滑动路径之间关系的研究表明:双层石墨烯层间摩擦各向同性。关于摩擦因数与正压力之间关系的研究表明:摩擦因数依赖于外加正压力,公度的双层石墨烯层间摩擦因数随正压力增大可以分为三个阶段,即遵循 Amonton 法则摩擦因数不显著变阶段、随压力增大线性增加阶段以及随压力增大缓慢变化阶段。对非公度石墨烯层间摩擦性质的研究发现:非公度可以降低滑动路径不同位置处的势能差别,从而大大降低体系的摩擦因数。以上研究对于了解纳米摩擦的机制以及从微观上控制摩擦提供了新的认识。另外,本章还介绍了双层石墨烯层间纳米摩擦性质的 PES 研究方法。

参考文献

[1] CARPICK R W, SALMERON M. Scratching the surface: Fundamental investigations of tribology with atomic force microscopy[J]. Chemical Reviews, 1997, 97(4): 1163-1194.

[2] WOLLOCH M, FELDBAUER G, MOHN P, et al. *Ab initio* friction forces on the nanoscale: A density functional theory study of fcc Cu(111)[J]. Physical Review B, 2014, 90(19): 195418.

[3] ZHONG W, TOMÁNEK D. First-Principles theory of atomic-scale friction[J]. Physical Review Letters, 1990, 64: 3054.

[4] ZILIBOTTI G, RIGHI M C, FISICA D, et al. Ab initio calculation of the adhesion and ideal shear strength of planar diamond interfaces with different atomic structure and hydrogen coverage[J]. Langmuir, 2011, 27: 6862-6867.

[5] DIENWIEBEL M, VERHOEVEN G, PRADEEP N, et al. Superlubricity of graphite[J]. Physical Review Letters, 2004, 92(12): 126101.

[6] GEIM A K. Graphene: Status and prospects[J]. Science, 2009, 324: 1530-1534.

[7] BERMAN D, ERDEMIR A, SUMANT A V. Graphene: A new emerging lubricant[J]. Materials Today, 2014, 17(1): 31-42.

[8] MATE C M, MCCLELLAND G M, ERLANDSSON R, et al. Atomic-scale friction of a tungsten tip on a graphite surface[J]. Physical Review Letters, 1987, 59(17): 1942-1945.

[9] BONELLI F, MANINI N, CADELANO E, et al. Atomistic simulations of the sliding friction of graphene flakes[J]. 2009, 459: 449-459.

[10] GUO Y, GUO W, CHEN C. Modifying atomic-scale friction between two graphene sheets: A molecular-force-field study[J]. Physical Review B, 2007, 76: 155429.

[11] VERHOEVEN G, DIENWIEBEL M, FRENKEN J. Model calculations of superlubricity of graphite[J]. Physical Review B, 2004, 70(16): 165418.

[12] NEITOLA R, RUUSKA H, PAKKANEN T A. Ab initio studies on nanoscale friction between graphite layers: Effect of model size and level of theory[J]. Journal of Physical Chemistry C, 2005, 109: 10348-10354.

[13] MATSUZAWA N N, KISHII N. Theoretical calculations of coefficients of friction between weakly interacting surfaces[J]. Journal of Physical Chemistry A, 1997, 101: 10045-10052.
[14] 王建军,王飞,原鹏飞,等. 石墨烯层间纳米摩擦性质的第一性原理研究[J]. 物理学报, 2012, 61(10): 106801.
[15] KRESSE G, FURTHMÜLLER J. Efficient iterative schemes for ab initio total-energy calculations using a plane-wave basis set[J]. Physical Review B, 1996, 54(16): 11169-11186.
[16] HOD O, MEYER E, ZHENG Q, et al. Structural superlubricity and ultralow friction across the length scales[J]. Nature, 2018, 563: 485-492.
[17] RESTUCCIA P, LEVITA G, WOLLOCH M, et al. Ideal adhesive and shear strengths of solid interfaces: A high throughput ab initio approach[J]. Computational Materials Science, 2018, 154: 517-529.

第 3 章　纳米摩擦性质的电荷分布粗糙度机制

摩擦的起源问题是一个人类研究了数百年的古老问题，也是一个前沿与热点问题，更是控制摩擦的理论基础。数百年前，摩擦科学的先驱者 da Vinci 和 Amonton 认为摩擦来源于界面粗糙度引起的咬合。后来 Coulomb 认为，在相对运动中，一个表面的微凸体会沿其相对表面微凸体的斜坡爬升，摩擦力和这种爬升运动中的做功有关。直到 20 世纪 60 年代，Bowden，Tabor 提出黏着摩擦模型，摩擦学的研究进入了现代摩擦学研究阶段，实现了在一定程度上预测材料的表面几何形貌对摩擦行为的影响[1]。近年来，随着 AFM、FFM 等一些精密仪器在摩擦上的使用以及计算能力和计算方法的不断发展，人们相继提出了纳米摩擦、电子摩擦、量子摩擦等摩擦理论，这些理论增进了人们对摩擦机理的认识[2]。但人们对摩擦起源的理解还很有限，建立微观摩擦与宏观摩擦之间的联系仍是当今摩擦学面临的挑战之一。

在原子尺度理解摩擦的物理机制，一个重要的问题是摩擦起源于声子贡献还是电子贡献？晶格振动对摩擦的贡献称为声子摩擦，源于原子相对滑动引起的晶格振动的元激发；电子激发对摩擦的贡献称电子摩擦，源于金属表面的相对滑动诱导的导带电子-空穴对[3]。一般而言，人们通常认为界面间的能量耗散以声子摩擦为主，而电子摩擦是次要的，如 Kr/Au(111) 和 Xe/Ag(111) 等系统[4]。在原子尺度上对声子摩擦的研究是成功的，有些测量可以和理论计算结果直接比较。关于电子摩擦的贡献，很长一段时间被人们忽视，直到近几年才被人们注意到。1997 年 Dayo 和 Kim 等采用石英晶体微天平(quartz crystal microbalance，QCM)技术研究了 N_2 薄膜吸附在 Pb(111) 表面的摩擦现象，研究发现当衬底 Pb 由正常态向超导态转变时，其摩擦力的大小减为原来的一半[5]。在超导转变温度附近，对材料性质影响的主要因素为电子-声子耦合效应，因此上述实验观察到的摩擦力的变化应为电子的贡献。Dayo 的研究引起了人们的很大兴趣，理论工作者也提出各种各样的理论试图解释这一现象，但都不是十分成功。因此，电子摩擦究竟对物体之间滑动摩擦力起多大作用还是一个富有争论的问题。毫无疑问，要理解电子摩擦的作用和贡献大小，还需要更多、更深入的实验去验证。

新的实验以及计算技术的发展对理解摩擦的起源很有帮助[6]。界面处的吸附和摩擦与界面原子结构及界面相互作用密切相关，而界面结构与界面处的电荷分布密切相关，因此研究电子结构、电荷分布与摩擦的关系对于理解摩擦的起源至关重要[7-9]。本章首先综述界面环境对石墨烯摩擦性质的影响规律及其机制，然后详细介绍氢原子钝化石墨烯的摩擦性质，在此基础上提出摩擦的电荷分布粗糙度机制，最后将电荷分布粗糙度机制用于电子化合物 Ca_2N 层间超低摩擦性质的解释。

3.1　表面吸附对石墨烯摩擦性质影响的研究进展

石墨烯面内由碳原子通过共价键组合而成，而不同的石墨烯层通过较弱的范德瓦耳斯作用结合,因此石墨烯具有超低的层间摩擦因数和卓越的润滑性能。但石墨烯的摩擦性质受滑动方向、厚度、缺陷,界面环境等各种因素的制约与影响,因此研究各种因素对石墨烯摩擦性质的影响规律及其内在机制成了石墨烯摩擦性质研究的热点与重点[10]。相对于其他因素,界面环境中存在的水及氢、氧等原子、分子对石墨烯摩擦性质的影响更为直接,不同的研究小组已在该方面开展了详细的研究。本节系统介绍了界面环境对石墨烯摩擦性质的影响规律,并对其内在机制进行了总结。

3.1.1 表面硬度增强机制

Kwon 等人采用理论结合实验的方法对比研究了氟钝化石墨烯与石墨烯的摩擦差别[11]。该研究采用高真空摩擦力显微镜(friction force microscopy, FFM)测量发现氟化后石墨烯的摩擦因数增加了6倍,如图3.1所示。材料的摩擦性质和探针与材料间的吸附作用及材料的弹性性质有关。通过进一步的DFT理论计算,该研究发现探针材料间的吸附作用减小了30%,但氟化石墨烯的法向硬度增加了4倍。因此该研究认为法向硬度增加是氟化石墨烯摩擦增大的主要原因,即不易屈服的氟化石墨烯展现了更大的摩擦因数。他们还分别研究了氢化和氧化的石墨烯的摩擦性质[12]。研究发现:同氟化石墨烯相似,氢化和氧化的石墨烯法向硬度分别增加了2倍和8倍,相应地摩擦增加了2倍和7倍。这些研究进一步验证了面外硬度增加机制。而对于传统的固-固界面之间的摩擦,通常来讲,硬度越大,摩擦越小。因此,该研究表明三维尖端与二维平面之间的摩擦机制与传统的三维-三维之间的摩擦机制存在很大差别。

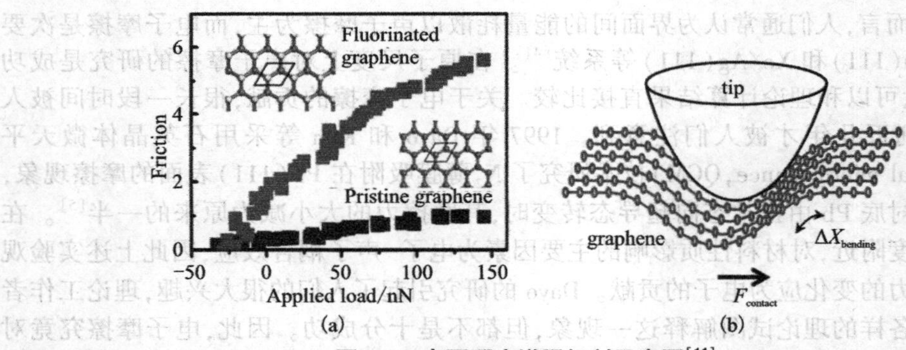

图 3.1 表面硬度增强机制示意图[11]

(a)不同压力下石墨烯与氟化石墨烯之间的摩擦对比,(b)FFM 测量石墨烯摩擦时侧向力诱导的 3D/2D 系统弹性形变示意图。

值得注意的是,Kwon 等人提出的面外硬度增加机制与 Lee 等人的研究存在一些争论。Lee 等人研究了石墨烯、二硫化钼、六角氮化硼和二硒化铌等几种典型二维层状材料的摩擦性质[13]。研究发现这些材料呈现了摩擦因数随层数减小而增加的摩擦特性。该研究小组采用随厚度减小,垂直平面方向硬度减小的机制予以解释,如图3.2所示。即随着薄膜变薄,薄膜的硬度减小。当探针在薄膜上滑过时,在探针滑过的前方产生一个大的褶皱。该褶皱增大了探针与石墨烯的接触面积,因此体现出了较大的摩擦现象。这虽然合理解释了摩擦因数随层数减小而增加的摩擦特性,但和前面 Kwon 等人提出的吸附造成的硬度增加,摩擦增大相矛盾。因此该问题仍值得深入研究。

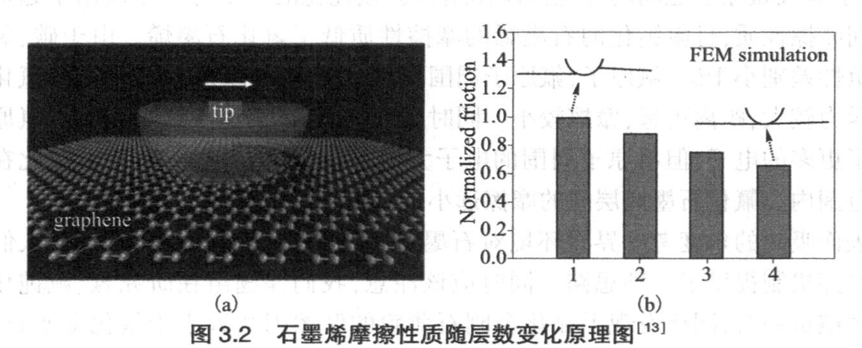

图 3.2　石墨烯摩擦性质随层数变化原理图[13]

(a)褶皱产生的示意图。当探针尖端滑过石墨烯时,尖端与石墨烯之间的吸附作用使石墨烯产生了一个法向形变,该形变造成了尖端与石墨烯之间接触面积及摩擦的增大,彩色原子表示褶皱的位置。(b)FFM 模拟的摩擦与样本层数之间的关系。

3.1.2　表面吸附机制

Wang 等人采用基于 DFT 的第一性原理方法对比研究了不同类型氧化石墨烯原子尺度的摩擦性质[14]。通过构造势能面,该文献计算了不同模型下两层氧化石墨层间的滑动势垒及静态侧向力,研究结果如图 3.3 所示。由图 3.3 可知,各种类型的氧化石墨烯均呈现出了高于石墨烯的摩擦性质。但不同的氧化类型,其摩擦差别很大。当氧基团与—OH基团相对滑动时,势垒及静态侧向力最高;而两个氧基团相对滑动时,势垒及静态侧向力最小。该研究认为摩擦的差别主要由两层氧化石墨烯之间的吸附作用决定。图 3.3(c)中的电荷密度等值面图显示氧基团与—OH 基团之间形成了氢键,在稳定状态下其吸附能可以达到-80.69 meV/cell。远高于石墨烯中的-51.37 meV/cell。不同系统的对比显示,C_8O 和 C_8OH 系统的电子云重叠较少,其层间作用远小于 $C_8O(OH)$系统。该研究强调了氧化石墨烯系统相互作用能与层间摩擦之间的联系。

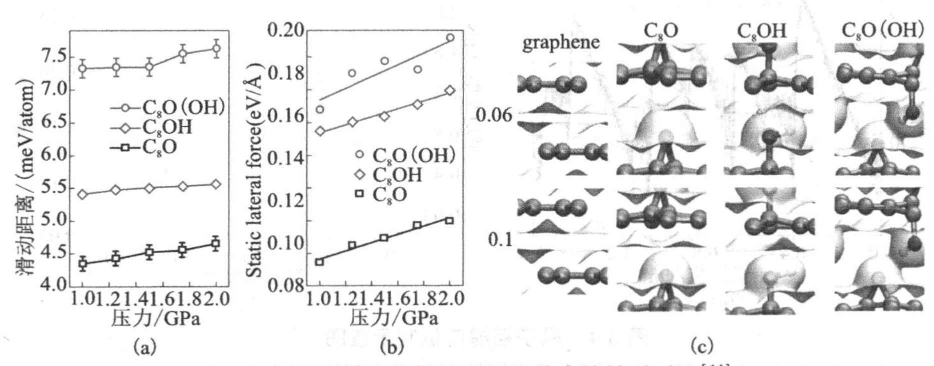

图 3.3　不同基团修饰的石墨烯的摩擦性质对比[14]

C_8O、C_8OH 和 $C_8O(OH)$系统沿 x 方向变化的(a)势垒和(b)最大静态侧向力。(c)为 C_8O、C_8OH 和 $C_8O(OH)$系统的滑动结构及稳态电荷密度等值图。图中蓝、红和白色的小球分别代表碳、氧和氢原子。

该小组采用相同的方法还对比研究了氢、氟钝化的石墨烯之间摩擦的差别[15]。研究发现：由于氢或氟原子之间的静电排斥作用，氢、氟钝化的石墨烯均呈现出了远低于石墨烯的层间摩擦性质，且氟钝化的石墨烯的摩擦性质低于氢化石墨烯。由于碳、氢原子之间的电负性差别小于碳、氟原子，氟原子周围聚集了更多的电子，相应地两层氟化石墨烯层间排斥力较大，距离更远，摩擦较小。同时发现，随着压力的不断增大，氟、氢原子周围都聚集了更多的电子，但氟原子周围的电子大概是氢原子周围的 10 倍。因此在整个研究压力范围内。氟化石墨烯层间的摩擦远小于氢化石墨烯。

从表面吸附的角度考虑界面环境对石墨烯系统纳米摩擦性质的影响为人们理解石墨烯的摩擦机制提供了一种思路。同时应该注意，我们课题组在研究氢、氟钝化的金刚石薄膜摩擦机制时，同样发现了氟化金刚石薄膜的摩擦因数远小于氢化金刚石薄膜，其机理与本文相同，因此吸附机制可以扩展到块体系统[16]。

3.1.3 原子粗糙度机制

Dong 等人使用分子动力学模拟方法研究了氢化石墨烯的摩擦性质[17]。该研究采用半径为 2~4 nm 的半球状金刚石探针滑过氢化的石墨烯来模拟摩擦过程，如图 3.4 所示。

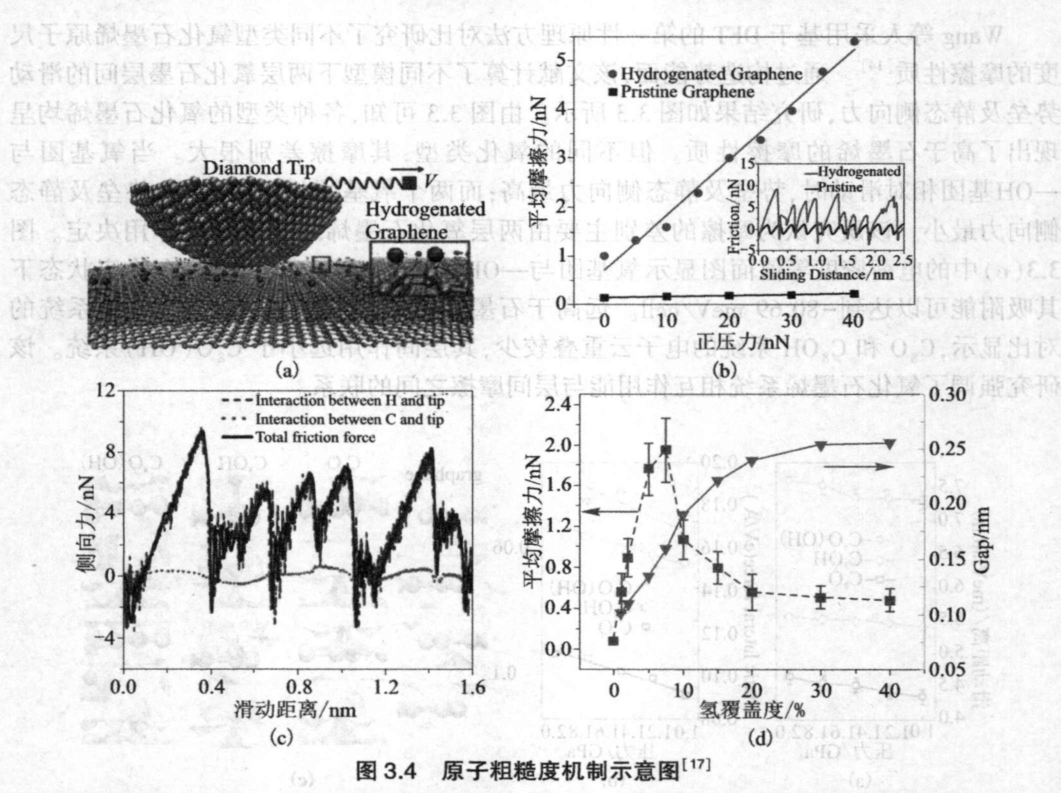

图 3.4 原子粗糙度机制示意图[17]

(a)金刚石探针测量氢化石墨烯摩擦性质的分子动力学模拟模型，插图给出了氢化石墨烯的三维结构。(b)3 nm 直径的金刚石探针测量得到的石墨烯与 10%氢原子覆盖度下的氢化石墨烯平均摩擦力的对比。(c)摩擦力与滑动距离之间的关系以及衬底上的氢、碳原子与探针原子间的相互作用对摩擦的贡献。(d)零压力下系统的摩擦力及探针与氢原子之间的距离随氢覆盖度的变化关系。

研究发现：当石墨烯被氢原子钝化后，石墨烯碳碳原子间的 sp^2 杂化转化为了 sp^3 杂化，其平面结构变成了四面体结构。因此，与石墨烯相比，氢化石墨烯呈现出了较大的原子粗糙度和摩擦。该研究同时指出氢化石墨烯中的氢原子与金刚石探针之间的作用决定着系统的摩擦性质。而氢化石墨烯较大的原子粗糙度能够有效减小氢原子与探针尖端原子之间的距离，使氢原子与金刚石探针之间的作用更强。因此尽管氢化降低了石墨烯与探针之间的相互作用，但是氢原子与探针之间的侧向作用加强，整体体现出了较大的摩擦。此外，该文献还研究了温度以及氢的覆盖度对系统摩擦性质的影响。研究发现，氢原子的覆盖度对其摩擦具有重要影响，8%的氢覆盖度下，摩擦最大。另外，通过理论模型推导，该研究认为硬度机制不是氢化石墨烯摩擦性质变大的主要原因，而原子粗擦度增加是氢化石墨烯摩擦增大的主要机制[17]。

3.1.4　电荷分布粗糙度机制

我们从电荷分布的角度出发，对比研究了两种全氢化石墨烯的摩擦性质。单边全氢化石墨烯是最简单的一种氢化性质，Pujari 教授首先在理论上计算了单边氢化石墨烯的几何、电子结构并预测此结构能在特定条件下制备出来[18]。与单边氢化石墨烯相比，当氢原子交替吸附在石墨烯的两边时就形成了石墨烷。石墨烷是一种稳定的结构，在实验上已经制备出来。两种结构最大的差别就是石墨烷出现了一个 0.47 Å 的几何褶皱。

采用基于 DFT 的第一性原理方法，我们对比研究了石墨烯、单边氢化石墨烯及石墨烷系统的层间摩擦性质[7,9]。研究发现在不同的压力下，单边氢化石墨烯具有最小的吸附能差别，最小的层间起伏和滑动势垒。而双边氢化石墨烯的层间起伏和滑动势垒最大。相应的双边和单边氢化石墨烯分别具有最大和最小的摩擦因数。如图 3.5(a)所示。我们从电子结构的角度对不同钝化形式造成的摩擦差别给予了解释。图3.5(b)~(d)分别给出了三个系统的电荷密度分布。从图中可以看出：单边氢化使石墨烯碳原子平面内的电荷转移到了 C—H 键之间，很大程度上减弱了石墨烯层间的 π 键结合。而双边氢化增大了电荷的褶皱，因此当两片石墨烷相对滑动的时候，层间摩擦大大增加。我们成功解释了氢化石墨烯的摩擦差别。下节我们将对这一机制做详细的阐述。

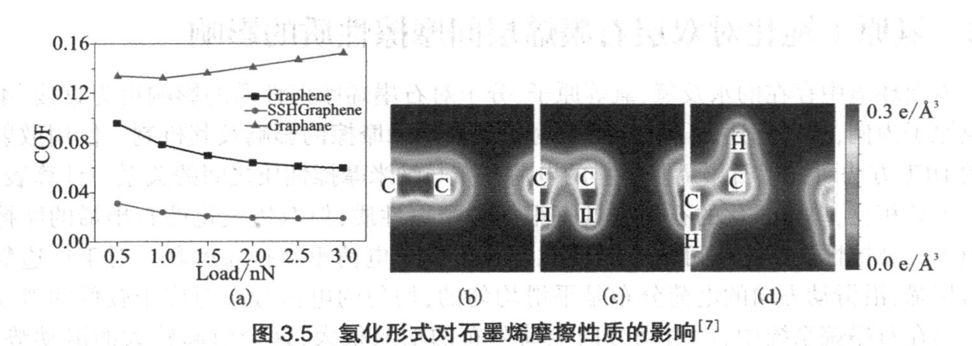

图 3.5　氢化形式对石墨烯摩擦性质的影响[7]

(a)不同压力下石墨烯、单边氢化石墨烯及石墨烷系统的层间摩擦因数。(b)~(d)分别为石墨烯、单边氢化石墨烯及石墨烷系统的电荷密度图。

需要指出的是,单边钝化并没有破坏石墨烯的平面结构,即石墨烯和单边氢化石墨烯具有相同的几何粗糙度,但却有显著差别的摩擦现象。因此这一系统不能用几何粗糙度机制来解释。从这一角度来讲,电子粗糙度相对于几何粗糙度机制在解释氢化石墨烯摩擦现象方面更加普适。

采用 FFM 实验结合分子动力学及第一性原理计算方法,清华大学的李群仰等人研究了氟化石墨烯系统的摩擦性质。研究发现:相对于石墨烯,氟化石墨烯的摩擦因数增加了 5~9 倍,如图 3.6 所示。该研究认为氟原子周围较强的局域电荷引起的界面势能褶皱的增加是氟化石墨烯摩擦增加的主要机制。即氟原子具有较大的电负性,能从碳原子中得到电子。因此在氟原子的周围以及碳原子层的上面聚集一定的负电荷,即电荷分布的不均匀引起了界面势能的变化,进而造成很大的摩擦因数。因此电荷粗糙度机制也适应于该研究。

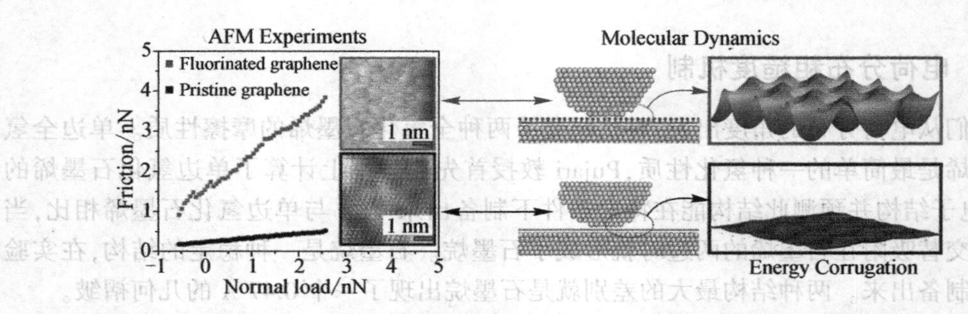

图 3.6 AFM 实验测得的氟钝化和未钝化的石墨烯系统摩擦力随压力的变化关系[7]

3.1.5 小结

本节就界面环境对石墨烯系统纳米摩擦性质的影响与调制进行了介绍,综述了界面环境影响石墨烯摩擦性质的几种主要机制。由于表面修饰的石墨烯的摩擦性质受诸多条件的影响,因此其机制比较复杂。目前主要存在表面硬度、吸附、原子粗糙度和电荷粗糙度等几种机制。但不同机制之间还不统一,甚至存在争论。因此寻找普适的理解界面环境对石墨烯摩擦性质影响的理论仍是纳米摩擦学研究的主要内容。

3.2 氢原子钝化对双层石墨烯层间摩擦性质的影响

界面环境中存在的水及氢、氧等原子、分子对石墨烯摩擦性质的影响更为直接,本节以氢原子为例,主要阐述原子表面修饰对石墨烯纳米摩擦的影响及其机制。使用散射修正的 DFT 方法研究了石墨烯基材料的电荷分布与纳米摩擦性质之间的关系。计算表明:与石墨烯相比,单边氢化的石墨烯具有很低的摩擦性质,但双边氢化的石墨烯的摩擦因数很大。摩擦性质的差别可由不同钝化形式诱导的电荷重新排布解释。对于单边氢化的石墨烯,沿滑动方向的电荷分布是平滑均匀的,均匀的电荷分布对应于较低的滑动势垒。而在石墨烷系统中,沿滑动方向电荷分布的褶皱很大,这会引起较大的滑动势垒。对比研究揭示了电荷的分布能够决定系统的纳米摩擦性质,对于摩擦的调控以及新型纳米润滑剂的设计具有很大帮助。

3.2.1　表面修饰石墨烯摩擦性质的研究现状

石墨具有很强的面内共价以及很弱的层间范德瓦耳斯相互作用，是一种高效的宏观固体润滑剂。石墨烯除具有石墨的优越性质之外，还具有原子层的厚度，被认为是 MEMS/NEMS 中最有前景的纳米润滑剂。更重要的是，石墨烯简单的几何结构和独特的电子结构使其成了研究电子结构与纳米摩擦性质关系的重要模型。诸如杂质、石墨烯纳米带、物理吸附、化学调制等带隙工程方法已先后提出[19-21]。氢原子钝化是一种最简单、有效的调制石墨烯电子结构的方法。目前已提出了两种全氢钝化的石墨烯结构。一种是双边全钝化，即石墨烷(graphane)，其在 2007 年被 Sofo 等人首次提出[21]，并于两年后在实验上制备出来[22]。另一种为完全单面全钝化，由 Subramanyam 等人研究石墨烯氢存储时提出。随后，Pujari 等人计算了单边氢化石墨烯(SSHGraphene)的几何及电子结构[18]。他们指出 SSHGraphene 仍保持平面原子结构，且具有半导体的性质，带隙约为 1.2 eV。更重要的是，该研究小组预测 SSHGraphene 在特定条件下能够制备出来。因此对比研究石墨烯、SSHGraphene 及 graphane 之间的摩擦差异对于阐述电子结构与摩擦性质之间的关系具有重要的帮助。

尽管一些实验和理论工作已经研究了石墨烯与化学修饰石墨烯之间的摩擦差别，但摩擦差别的内在机制仍不清楚[23,24]。最近的实验发现氟化和氢化的石墨烯具有较大的摩擦因数[12]。在该研究中，摩擦的增强归因于了石墨烯表面机械强度的增加，但原子层次的信息仍很缺乏。作为实验的补充工具，原子层次的计算能够对界面化学物理过程提供更深层次的信息。Wang 等人采用基于 DFT 的第一性原理方法对比研究了石墨烯与氟化石墨烯之间的摩擦差别。该研究发现氟化石墨烯的摩擦因数较氢化石墨烯小，并提出了吸附机制来解释这一现象[14]。最近，基于分子动力学计算，Dong 等人认为氢化诱导的原子粗糙度是引起摩擦增大的主要原因，同时排除了吸附机制[17]。我们前期的研究表明，SSHGraphene 具有超低的摩擦因数[9]，但单边氢化石墨烯与石墨烯具有相同的原子粗糙度，因此原子粗糙度机制并不能解释 SSHGraphene 的摩擦现象。所以，石墨烯与氢化石墨烯之间纳米摩擦差别的更加普适的机制仍有待研究。

本节对比研究了石墨烯，单边及双边全氢钝化石墨烯之间的纳米摩擦性质。基于三个系统摩擦性质的对比，我们提出了纳米摩擦的电荷分布粗糙度机制，该机制对于理解纳米摩擦性质及其机制具有重要意义。

3.2.2　滑动模型与计算方法

DFT 是研究界面电子结构及其相互作用的一种有效方法。本计算中选取广义梯度近似(GGA)交换关联来描述系统离子-电子间的作用[25]。芯电子之间的相互作用由超软赝势(US)来描述。本计算采用 DFT-D2 方法处理层间范德瓦耳斯作用[26]。倒空间中布里渊区的 K 点由 Monkhorst-Pack 方法产生[27]，采用 Zhong 等人提出的“最大摩擦势垒”模型方法计算摩擦性质[28]。

图 3.7 给出了氢化石墨烯的几何结构。对于 SSHGraphene[图 3.7(a)]，每个氢原子在同一面与一个碳原子相连，C—H 键长为 1.08 Å。由于氢原子的吸附，石墨烯的晶格常数由 2.42 Å 扩大到 2.82 Å，相应的 C—C 键长从 1.42 Å 增加到 1.63 Å，与其他计算相一

致[18]。与 SSHGraphene 不同,在 graphane 中,氢原子交替连接到碳平面两侧,C—H 键长为 1.11 Å,晶格常数为 2.54 Å。双边钝化破坏了石墨烯的平面结构,平面褶皱为 0.47 Å,结果与先前计算值相一致[21]。

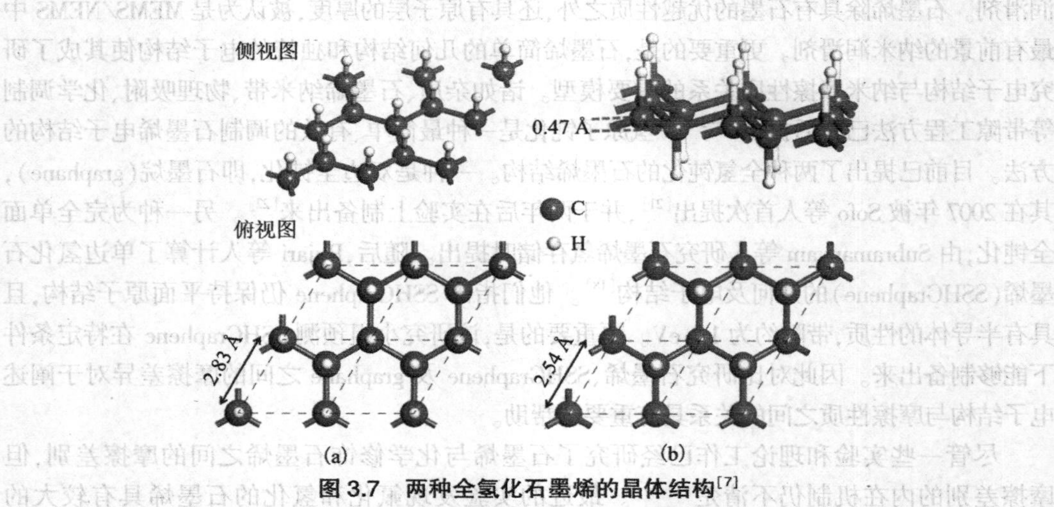

图 3.7　两种全氢化石墨烯的晶体结构[7]

(a)单边氢化石墨烯(SSHGraphene),(b)石墨烷(graphane)。

电荷差分密度能够给出钝化氢原子引起的电荷转移,如图 3.8 所示。正数区域代表电荷的聚集,负数区域代表电荷的减小。两个系统都显示碳原子失去了电子,电子转移到了 C—H 之间,这一特征符合共价键性质。

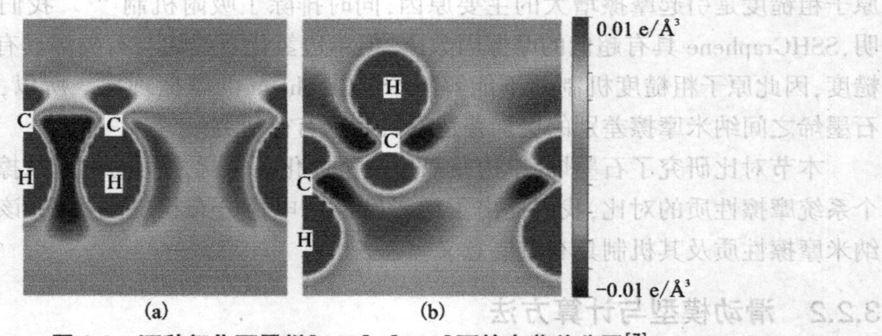

图 3.8　两种氢化石墨烯[110]-[001]面的电荷差分图[7]

(a)SSHGraphene,(b)graphane。

基于优化的几何模型,构造滑动摩擦模型。将两片石墨烯放在一起相互滑动,选择一个基矢方向为滑动方向。滑动路径的初始位置如图 3.9(a)所示,两层石墨烯上的所有原子相互面对,这个位置被定义为顶位。图 3.9(b)表示沿着滑动路径一个滑动周期的最终位置。由于上层(灰球)的所有界面原子位于下层(蓝球)近邻原子的中间,我们定义这个位置为桥位。石墨烯、SSHGraphene 和 graphane 系统均分别通过五步完成从顶位到桥位的移动,步长分别为0.247 Å、0.283 Å 和 0.254 Å。对于双层 SSHGraphene 有三种可能的表面接触结构(上下两层的碳原子对立,上下两层的氢原子对立,一层中的氢与另一层中的碳原子对立)。因为研究的主要目的是检验原子和电荷粗糙度对纳米摩擦的影响,所以我们仅仅计算碳原子接触的界面结构[图 3.9(c)]。在 graphane 系统[图 3.9(d)]中,界面处接触的是氢原子。

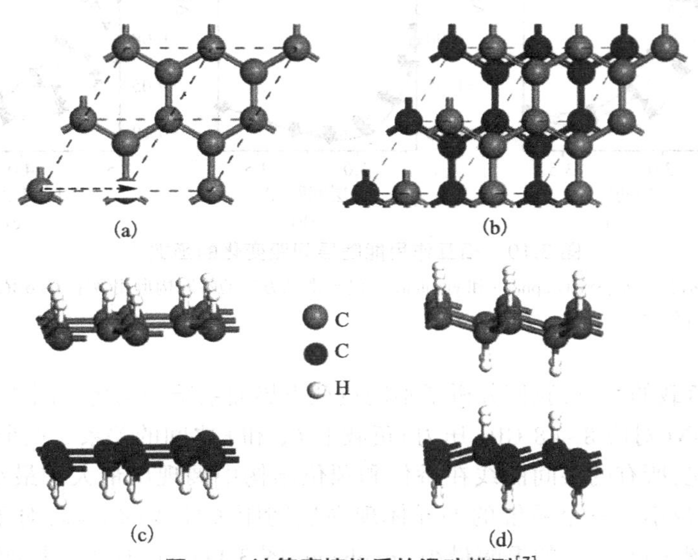

图 3.9　计算摩擦性质的滑动模型[7]

(a)和(b)分别表示一个滑动周期的初始和末位置的俯视图。(c)和(d)分别表示 SSHGraphene 和 graphane 的界面结构。虚线箭头表示相对滑动轨迹,不同层的碳原子标以不同的颜色。

3.2.3　滑动界面层间相互作用能比较

相互作用能通过公式 $\Delta E(r) = E_{AB}(r) - E_A - E_B$ 计算,其中 $E_{AB}(r)$ 是两层薄膜层间距离为 r 处的总能量, $E_A(E_B)$ 是孤立的两层金刚石薄膜的能量。当两层薄膜以步长 0.05 Å接近时,计算其相互作用能量。在计算的过程中,除接触面上的氢原子,所有其他原子固定不动。

石墨烯、SSHGraphene 和 graphane 的相互作用能随层间距 r 的变化关系如图 3.10 所示。三个系统的相互作用能曲线展示了共同特征。首先,对于所有的六个堆积结构,随着距离 r 的减少相互作用能增加,这归因于两层原子间相互排斥作用的增加。第二,对比显示,对于相同 r,从堆栈 1 到堆栈 6 相互作用能逐渐减少,顶位和桥位对应于最大和最小值,因为在桥位结构中界面氢原子有大的空间移动,可以避免排斥力。图 3.10 也展示了三个系统之间相互作用能的显著差异。和石墨烯[图 3.10(a)]比较,对于不同的堆栈结构,SSHGraphene[图3.10(b)]中相互作用能几乎一致。结果表明,SSHGraphene 不同结构处的相互作用能差别比石墨烯小。在相同的层间距 r 下,graphane 中的相互作用能差别最大,这表明双边氢化作用增加了相互作用能的差异。结果表明,不同的氢化作用方式对相互作用能影响也不一样。

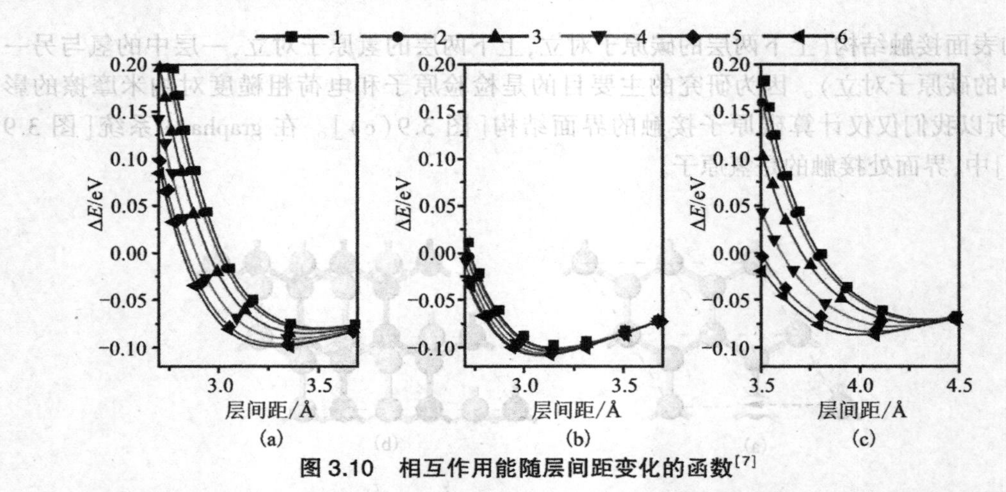

图 3.10　相互作用能随层间距变化的函数[7]

(a)~(c)分别表示石墨烯、SSHGraphene 和 graphane。沿着滑动方向的不同构形用数字 1~6 依次表示。1 和 6 分别表示初始顶位和末位置桥位。

为了反映负载的影响,我们分析了不同负载下界面系统的结构。图 3.11 展示了三个系统在 0.5~3 nN(对应 8~48 GPa 压力)负载下 F_N 和 r 之间的关系。三个系统表现出相同的特点。首先,所有的层间曲线在桥位和顶位结构中展现出最大和最小值。第二,随着 F_N 的增加 r 减小。三个系统的差异体现在层间距离曲线的振幅,对于所有的负载,SSHGraphene[图 3.11(b)]的振幅最小,graphane[图 3.11(c)]最大。振幅由不同结构沿着滑动方向的相互作用能差异决定,因此我们推断在 SSHGraphene 中不同堆积结构的层间相互作用差异减小,而在 graphane 中层间相互作用增强。

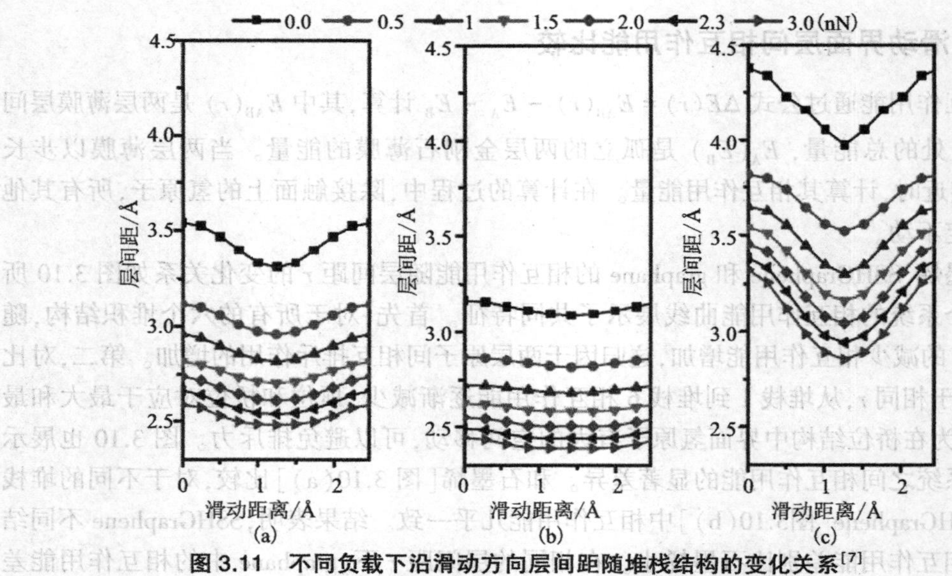

图 3.11　不同负载下沿滑动方向层间距随堆栈结构的变化关系[7]

(a)~(c)分别表示石墨烯、SSHGraphene 和 graphane。

3.2.4　氢化石墨烯纳米摩擦性质

摩擦性质由 Zhong 等人的方法计算[28]。图 3.12 展示了沿滑动方向不同负载下的相对势能曲线,桥式结构的势能设为参考势能零点。三个系统表现出共同的特征。首先,在所有研究的负载下势垒曲线在顶位和桥位处分别是最大和最小的。第二,在小负载下,势垒较小,且势垒曲线光滑;然而,随着负载的增加,势垒增加,曲线变得陡峭,这表明在高负载下相对滑动困难。另一方面,在所有负载下 SSHGraphene 表现出最小的势垒[仅仅是石墨烯系统的1/3,图 3.12(b)],graphane 表现出最大的势垒[约为石墨烯系统的 3 倍,图 3.12(c)]。结果表明 SSHGraphene 相对滑动最容易,graphane 的相对滑动最困难。

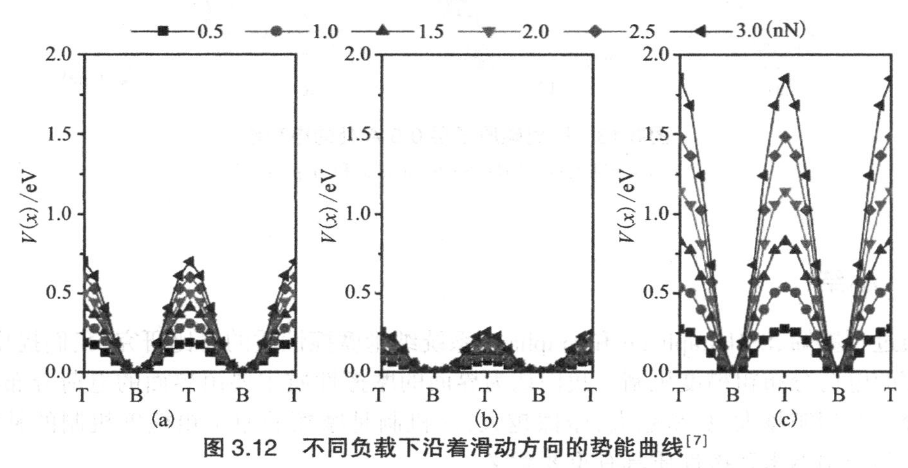

图 3.12　不同负载下沿着滑动方向的势能曲线[7]

(a)~(c)分别表示石墨烯、SSHGraphene 和 graphane 系统。

使用计算得到的相互作用能可以计算出不同负载下的摩擦因数。负载 F_N 由对应的相互作用能函数对层间距离的微分给出:

$$F_N = -\partial E(r)/\partial r \tag{3.1}$$

平均摩擦力可以由最大势垒除以最大势垒与最小势垒之间的距离得到。与压力有关的摩擦因数可以通过平均摩擦力除以正压力求得,如图 3.5 所示。由图 3.5 可知,石墨烯的超低摩擦因数大约是 0.08,这与理论上和实验结果相一致。图 3.5 显示通过不同的氢化作用可以明显调制石墨烯的摩擦因数(石墨烯摩擦因数是 SSHGraphene 的 3 倍,但仅仅是 graphane 的一半),这与实验和其他计算相一致。这些结果证明石墨烯可以在 MEMS/NEMS 中作为可控纳米润滑剂使用。

从电荷分布的角度,可以阐明上述石墨烯、SSHGraphene 和 graphane 系统之间的摩擦差异。所用三个系统在[110]-[001]平面的电荷密度分布如图 3.5 所示。和石墨烯比较,SSHGraphene 和 graphane 系统中碳原子层的部分电子转移到 C 和 H 原子中间。对于 SSHGraphene,电荷转移减少了界面电荷分布的褶皱,进而减小了摩擦力。相比之下,graphane中的电荷转移增加了界面电荷分布的褶皱。因此,当两个相对的 graphane 相互滑动时,C—H 键周围的界面电荷将阻碍相对运动进而增加摩擦,这些结果显示通过调整界面电荷分布可以调控摩擦。

为了确认电荷分布对纳米摩擦的影响，我们进一步做出了距离顶部碳层 0.5 Å 处的静电势，如图 3.13 所示。与石墨烯比较，SSHGraphene 的静电势褶皱最小，而 graphane 电势褶皱最大，这和三个系统之间的摩擦力大小顺序一致。

表面钝化对每个系统的摩擦性质的影响明显不同。虽然原子粗糙度机制能解释 graphane 的摩擦差异，但不能解释 SSHGraphene 的摩擦减小。本节提供的更深层次的电荷分布机制能对氢化石墨烯系统中纳米摩擦的差异提供一个普适的解释。

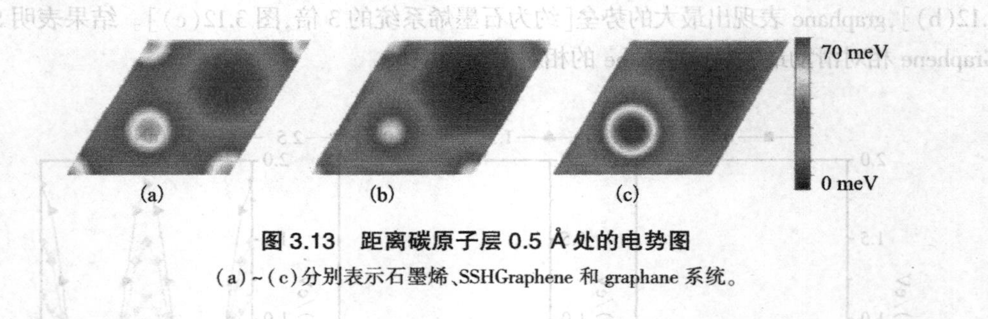

图 3.13　距离碳原子层 0.5 Å 处的电势图

(a)~(c)分别表示石墨烯、SSHGraphene 和 graphane 系统。

3.2.5　小结

通过石墨烯、SSHGraphene 和 graphane 系统纳米摩擦性质的对比研究，我们提出了纳米摩擦的电荷分布粗糙度机制。我们认为界面的摩擦性质主要由界面的电荷分布决定，电荷分布的褶皱越大，势垒越大，摩擦越大，该机制是摩擦的原子粗糙度机制的补充，对于理解和控制纳米摩擦性质具有重要意义。

3.3　二维电子化合物氮化钙层间反常纳米摩擦性质

本节主要介绍二维层状电子化合物材料氮化钙(Ca_2N)的超低摩擦性质及其机制[29]。计算表明 Ca_2N 层间结合虽然很强，但却具有比传统范德瓦耳斯弱结合的层状润滑材料(如 graphene、h-BN 和 MoS_2)更低的层间摩擦。Ca_2N 超低的摩擦性质主要归因于层间二维导电电荷的均匀分布，可以用上节所述的摩擦的电荷分布粗糙度机制进行解释。Ca_2N 的超低摩擦性质及其机制的研究不仅拓宽了二维固体润滑剂的范围，而且也丰富了人们对二维系统超低摩擦机制的理解。

3.3.1　二维层状电子化合物 Ca_2N 简介

了解摩擦的起源并寻找新的高效润滑剂一直是摩擦学界研究的重点[30]。以石墨、六角氮化硼和二硫化钼为代表的层状材料具有优异的摩擦和润滑性能，长期被用于减少机械系统的摩擦和磨损。平面内的强共价键和层间范德瓦耳斯弱相互作用是这些传统固体润滑剂的内在机制。更令人兴奋的是，从这些块体润滑材料中剥离的单层或少数层材料(graphene、h-BN 和 MoS_2)继承了其块体材料的摩擦学性能，可作为保护性涂层或者纳米润滑剂用于 MEMS/NEMS。相对于同质结构，graphene/h-BN 和 graphene/MoS_2 等由不同的二维材料堆叠形成的异质结构具有更低的层间摩擦[31]，接触界面间自然存在的晶格失配是这种超低摩擦现象的主要原因。以上讨论表明，层状材料不仅是从宏观到微观各个尺度上的优良润滑剂，还是研究摩擦机理的理想模型。

最近的研究报道了一种新型的二维层状材料 Ca_2N，该材料属于 $R\bar{3}m$ 空间群，是一种具有高 c/a（a 和 c 分别是晶体原胞在面内和面外的基矢长度）比的六边形层状结构[32-34]。电子结构计算表明 Ca_2N 是一种由 $[Ca_2N]^+e^-$ 构成的二维电子化合物，其中 $[Ca_2N]^+$ 单元充当带正电的离子板，而层间的残留电子充当阴离子。因此，Ca_2N 可以看成是由 $[Ca_2N]^+$ 和 e^- 之间的库仑力结合而成的晶体。需要强调的是相邻的正电离子板间的距离约为 4 Å，比通过范德瓦耳斯作用结合的层状材料间的层间距还要大。

实验和理论研究进一步发现，Ca_2N 具有良好的二维输运特性，电子迁移率高达 520 $cm^2 \cdot V^{-1} \cdot S^{-1}$，平均自由程为 0.12 μm。Lee 等人计算了该结构的力学性能[32]。他们发现该结构的面内刚度足以支撑 Ca_2N 单分子层，因此提出了通过机械剥离获得 Ca_2N 单层的可能性[32]。Zhao 和 Guan 等人分别研究了单层和少数层 Ca_2N 的电子结构和声子结构[31]。他们证实了单层和少数层的 Ca_2N 是稳定的，在纳米技术方面有很大的应用前景。众所周知，对于层状结构，较大的层间距离和面内刚度是二维固体润滑剂的基本要求。考虑到 Ca_2N 具有与传统层状润滑剂石墨相似的层状几何形状、面内力学性能和层间距，可以预测具有良好的摩擦性能。然而，两类层状材料的层间结合强度却相差很大，是否具有理想的剪切强度还不能确定，因此需要研究其摩擦性质，并进一步揭示其特殊的层间摩擦机理。

本节主要介绍我们在 Ca_2N 层间摩擦方面的一些研究进展。第一性原理计算表明：离子晶体 Ca_2N 与通过范德瓦耳斯相互作用结合的传统层状润滑剂具有相当的摩擦力。研究结果有助于理解原子尺度的摩擦，扩大二维润滑剂的应用范围[29]。

3.3.2　计算方法与计算模型

本节同样采用基于 DFT 的 VASP 软件包进行计算。采用 PAW 方法模拟内层电子，用 PBE 方法描述交换关联相互作用，采用 DFT-D2 方法描述层间范德瓦耳斯相互作用，缩放参数采用默认值 0.75[26]。平面波展开的截断能取 600 eV，计算电子结构总能的收敛标准为 10^{-5} eV，倒空间中布里渊区的 K 点由 Monkhorst-Pack 方法产生[27]，Brillouin 区 K 点取样为 25×25×1。垂直于表面方向的真空层厚度约为 15 Å。采用最小展开为 0.05 eV的高斯方法，沿 G(0,0,0)-K(2/3,1/3,0)-M(1/2,0,0)-G(0,0,0)进行能带计算。在计算中，原子的所有内部坐标都允许弛豫，Hellmann-Feynman 力收敛标准为 0.01 eV/Å。我们用 Zhong 等人的方法计算 Ca_2N 体系的层间摩擦特性[28]。值得注意的是该方法仅评估了由化学键强度的变化和沿滑动路径抵抗外力的作用引起的最大能量势垒，而没有考虑能量耗散，因此研究中的摩擦应属于静摩擦。

计算得到 Ca_2N 的面内晶格常数为 3.566 Å，层厚为 2.515 Å，这与实验值和理论计算结果非常接近。基于优化后的 Ca_2N 结构，将两层 Ca_2N 沿两条对称路径相互滑动以模拟摩擦过程，如图 3.14 所示。图 3.14(a)表示双层 Ca_2N 初始位置的侧视图，图 3.14(b)表示双层 Ca_2N 初始位置的俯视图和两条滑动路径，此位置定义为顶位。图 3.14(c)和(e)

分别是滑动路径Ⅰ和Ⅱ的特殊位置，同时也是滑动的最终位置，此位置定义为桥位。图3.14(d)是滑动路径Ⅱ的另一特殊位置，此位置定义为空位。为了更加清晰地显示特殊位置的原子堆垛情况，我们把不同层中的原子用不同的大小标记。由图3.14可以看出，沿路径Ⅰ，两层 Ca_2N 交替地遇到顶位和桥位，而顶位、空位和桥位在路径Ⅱ上周期性出现。因此顶位、空位和桥位是计算 Ca_2N 摩擦性质的三个关键位置。我们分别在滑动路径Ⅰ和Ⅱ上从顶位到桥位均匀地取7个位置（步长分别为0.297 Å和0.515 Å）计算 Ca_2N 的摩擦性质，对于滑动路径中的每一个堆栈位置我们计算出两层 Ca_2N 不同层间高度所对应的相互作用能，最后由Zhong等人的计算方法得到沿不同滑动路径的摩擦因数[28]。

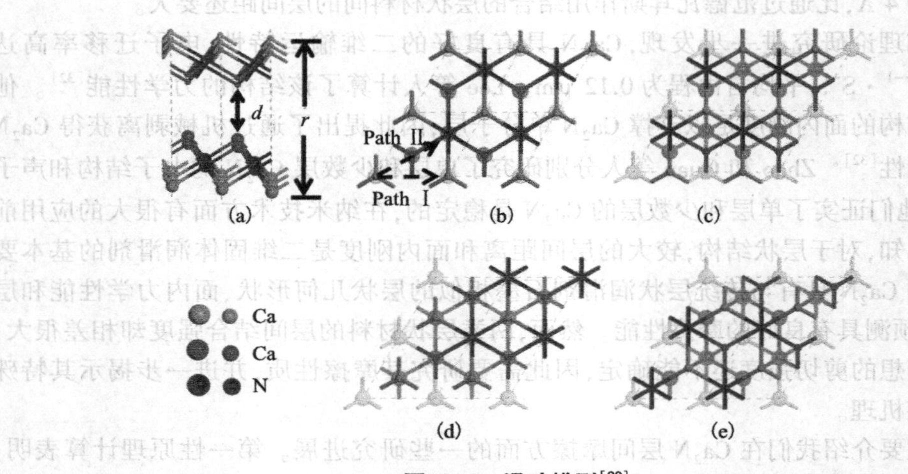

图3.14　滑动模型[29]

(a)(b)为初始位置的侧视图和俯视图，其中 r 和 d 分别表示层间距离和界面空间距离。由于两层界面所有的Ca原子彼此面对，所以将该构型定义为顶位。黑色虚线箭头表示上层薄膜的滑动路径。(c)(e)为两条路径的最终位置，定义为桥位。(d)为滑动路径Ⅱ上的另一特殊位置，定义为空位。通过将上层薄膜从顶位移动七步到桥位来模拟滑动过程，路径Ⅰ和Ⅱ的步长分别为0.297 Å和0.515 Å。为了清楚地展示特殊位置，不同层中的原子标记有不同的尺寸。

3.3.3　Ca_2N 的层间相互作用能

材料的界面摩擦与界面相互作用密切相关，界面相互作用主要由吸附能来衡量，吸附能可以由 $\Delta E = E_{AB}(r) - E_A - E_B$ 计算求得，其中 $E_{AB}(r)$ 是两层材料在距离为 r 处的总能量，$E_A(E_B)$ 是孤立的单层材料的能量。其中底部和顶部Ca原子层之间的垂直距离定义为 r，如图3.14(a)所示。在我们所有的计算中，对于每个层间距 r，下层和上层中的Ca原子保持不动，而其他所有原子都弛豫。根据 ΔE 的定义，ΔE 负值越大稳定性越好。如图3.15(a)我们做出了顶位、空位和桥位的 ΔE 与 r 的变化关系曲线。为了进行对比，我们还给出了双层石墨烯体系的 ΔE 与 r 的变化曲线如图3.15(b)。从图中我们可以看出：两个体系的相互作用能随层间距的变化趋势基本一致，即在相同的层间距下，顶位处的相互作用能大于桥位和空位，原因是顶位时原子之间的排斥力比较大。从图中我们还可以看出空位具有最小的相互作用能，因此它是最稳定的堆垛结构。

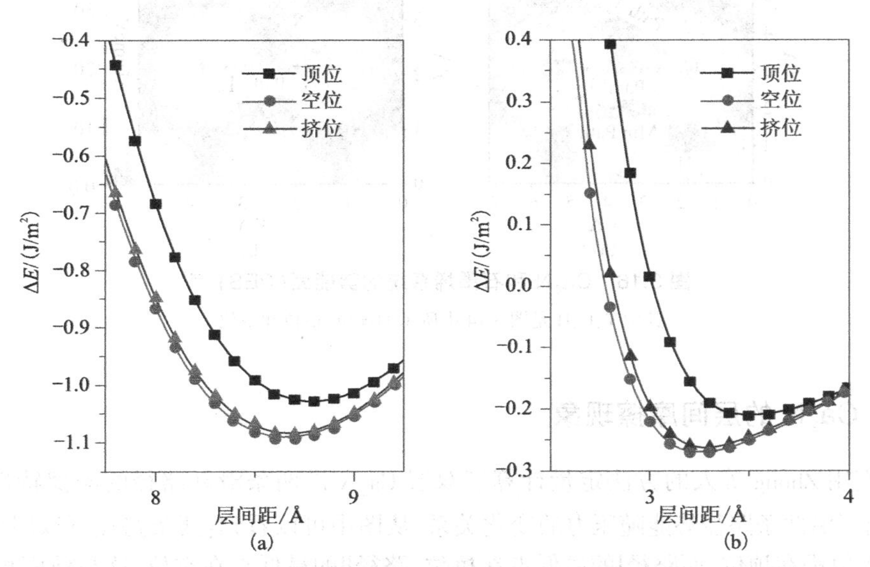

图 3.15　双层 Ca_2N 和石墨烯系统相互作用能与层间距的函数关系[29]

为了揭示两种系统层间结合力的差异，我们比较了两个系统的 ΔE，发现这两种系统最显著的区别是：Ca_2N 体系的 ΔE（约 1 J/m^2）比石墨烯体系的 ΔE（典型的物理吸附约 0.1 J/m^2）大 5 倍，因此我们可以推测 Ca_2N 系统的层间化学键结合方式与石墨烯系统内的范德瓦耳斯相互作用显著不同[9,7]。同时我们比较了这两个系统顶位和空位处 ΔE 的相对差异，对 Ca_2N 体系，平衡吸附位置的相对差异约为 0.063 J/m^2，而石墨烯体系的相对差异约为 0.058 J/m^2。我们还研究了范德瓦耳斯对 Ca_2N 中 ΔE 的影响，发现如果不进行范德瓦耳斯校正，使用 PBE 时，ΔE 的差异几乎不变。这些研究结果表明虽然两种体系具有不同的结合能，但不同层间结合能的差别是相似的。另外界面空间距离 d[图 3.15(a)]是计算摩擦的另一个重要值，Ca_2N 和石墨烯的层间距分别为 3.57 Å 和 3.25 Å。通过比较可以看出 Ca_2N 体系比石墨烯体系具有更大的界面空间，因此从相互作用能和界面空间距离的角度来看，Ca_2N 体系都应具有优良的摩擦性能。

3.3.4　Ca_2N 的势能面(PES)

为了全面直接对比，我们构造了双层 Ca_2N 和双层石墨烯在平衡距离处的 PES，如图 3.16 所示。由图可知：两个系统表现出相似的 PES 模式，最大值位于顶位，最小值位于空位。对于 Ca_2N 体系最大值约为 40 meV，是石墨烯体系(26 meV)的 1.6 倍。而由于 Ca_2N 体系的滑动路径长度，单胞面积分别是石墨烯体系的 1.5 倍和 2 倍，因此两系统之间的侧向剪切力($f_\alpha = -\nabla_\alpha v$)差异很小。同时我们发现 Ca_2N 沿最低能量滑移路径的势垒大约 4 meV，这与石墨烯系统(大约 3.2 meV)相当，而最小滑动路径一般为真实滑动路径。以上计算结果表明从势能面的角度来讲 Ca_2N 是一种潜在的润滑材料。

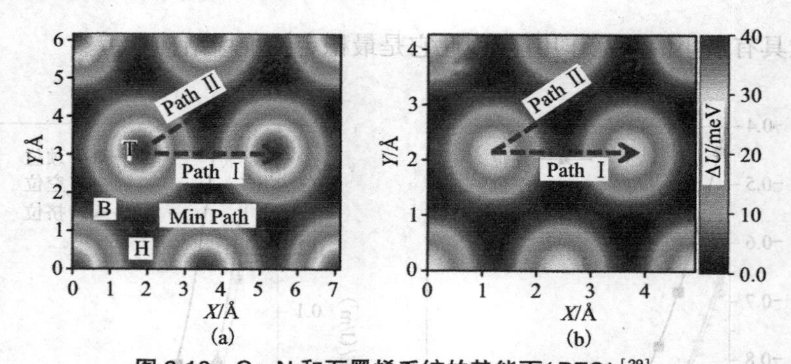

图 3.16　Ca_2N 和石墨烯系统的势能面(PES)[29]

其中 T、B、H 是图 3.14 中所示的顶位、桥位和空位。

3.3.5　Ca_2N 的层间摩擦现象

我们用 Zhong 等人的方法定量计算了双层 Ca_2N 沿两条滑动路径的摩擦特性[28]，图 3.17给出了沿两条路径势能随压力的变化关系，从图中可以看到：两条路径下双层 Ca_2N 的势能最大值都在顶位，而路径Ⅰ的最低点在桥位，路径Ⅱ的最低点在空位，这与前面相互作用能的分析相一致。另外我们还考虑了压力效应，从图中可以明显地看出随着压力的增加，势能增大，曲线变陡，这表明压力较大时相对滑动很难实现。另一重要特征是不同压力下沿路径Ⅰ和Ⅱ势能变化趋势基本相同，这表明 Ca_2N 具有各向同性的平均层间摩擦行为。

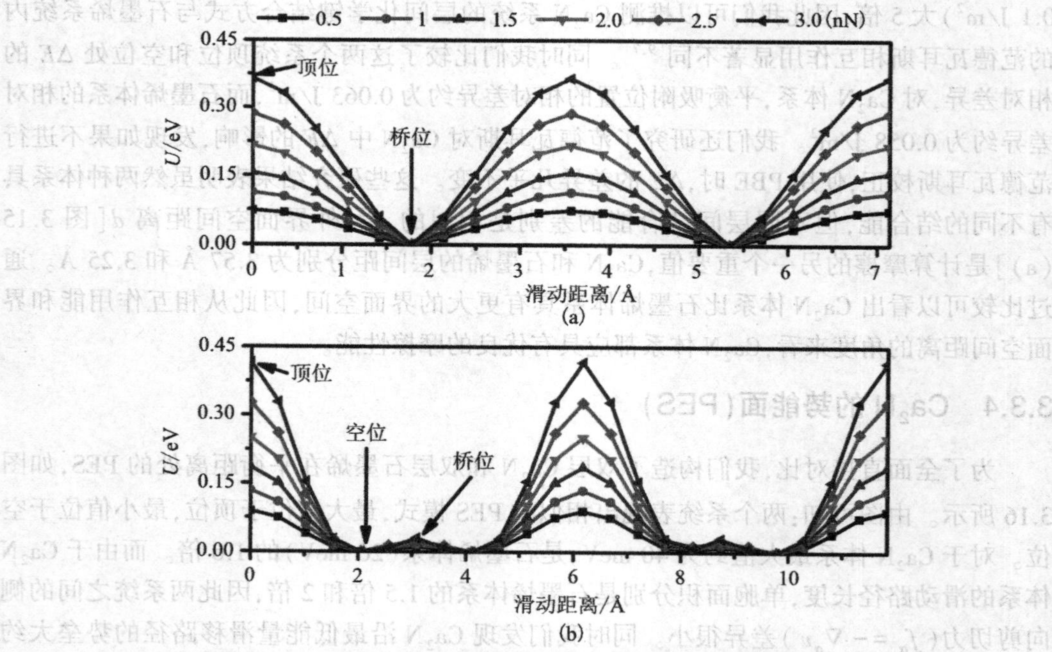

图 3.17　不同压力下 Ca_2N 势能沿滑动路径的变化曲线[29]

(a)和(b)分别表示路径Ⅰ和Ⅱ的势能曲线。

平均摩擦力$\langle f\rangle$是通过将最大势垒除以滑动方向上两个相邻最大能量之间的距离来计算的,如图3.18所示。从图中我们可以看出:两条路径的$\langle f\rangle$曲线几乎一致,这进一步说明了Ca_2N体系具有各向同性的摩擦性质。为了对比我们还计算了双层石墨烯体系的平均摩擦力$\langle f\rangle$如图3.18所示。从图中可以看出:不同的压力下,Ca_2N体系比石墨烯体系具有更低的摩擦力,这表明具有很强结合力的层状材料可以具有更低的摩擦力,并且摩擦力与不同方式堆垛的相互作用能的差异密切相关。值得注意的是Zhong等人的方法虽能够成功地处理范德瓦耳斯结合的层状材料,但它却低估了金属系统中的摩擦力,因此该方法是否适用于大吸附层状体系的计算尚存疑问。然而由于所构造的Ca_2N体系的PES与Zhong等人的摩擦计算结果相同,因此本研究的计算结果是可靠的。这些结果只是揭示了0 K下的静摩擦,必然会受速度和温度的影响,但这些影响不会破坏原子级摩擦的基态机制。因此我们可以推测双层或多层Ca_2N材料是一种具有应用前景的纳米润滑剂。此外第一性原理计算还预测了其他两种二维电化学碱土亚氮化物Sr_2N和Ba_2N,并发现它们也具有稳定的单层厚度。由于这些材料具有与Ca_2N相似的结构,因此我们推测这类材料也具有优良的摩擦性能。

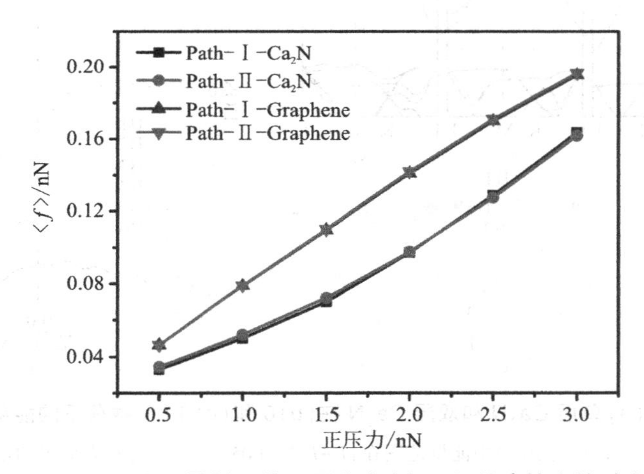

图3.18 Ca_2N和石墨烯系统不同滑动路径下平均摩擦力的对比[29]

3.3.6 Ca_2N超低层间摩擦机制

范德瓦耳斯层间相互作用是传统固体润滑剂的主要作用机制。由于层间结合方式不同,Ca_2N体系的超低摩擦机制可能与范德瓦耳斯层状润滑剂的超低摩擦机制完全不同。为了揭示Ca_2N的超低摩擦机制,我们计算了Ca_2N体系的电子结构,如图3.19所示。单层Ca_2N具有跨费米能级的金属性质,如图3.19(a)所示,相应的电子态密度(density of states,DOS)表明这两个能带来自$[Ca_2N]^+$两侧的二维受限电子层,如图3.19(d)所示。当两层结构相对滑动时,由于两层之间的耦合效应而导致附加带的出现,这主要是由限制在层间区域的二维电子层引起,如图3.19(b)。当附加带穿过费米能级时,限制于层间区域的电子是无束缚的导电电子,这表明离域二维电荷均匀地分布在Ca_2N系统的空间层中,如图 3.19(d),并在不同位置处产生相似的 IE 和平滑的 V。在电荷分布方面,我们画出了单层和双层 Ca_2N 结构的局域态密度(LDOS)如图 3.19(g)所示。与单层系统相比,双层 Ca_2N 体系在费米能级处有一个明显的峰,它来自界面处两个 Ca 原子,如图 3.19(e)中的 B2 和 B3。这些结果表明,限制于层间区域的电子是松散结合的导电电子,这也与上述电荷的再分布分析相一致。因此,界面电荷的均匀分布是造成层状 Ca_2N 超低摩擦的主要原因。随着压力的增加,附加带变平并下降到费米能级以下[图 3.19(c)(f)],这表明随着压力的增加,界面电荷分布的均匀性降低,约束效应增强,这可以解释较大压力下势能值和摩擦较大的原因。值得注意的是我们的研究结果与 Wolloch 等人认为较大的黏附力对应于较大的层间摩擦不一致。这可归因于 Ca_2N 系统独特的几何和电子结构。因此大的界面空间、强的吸附性和独特的二维均匀界面电荷分布是 Ca_2N 体现出独特摩擦特性的主要原因。

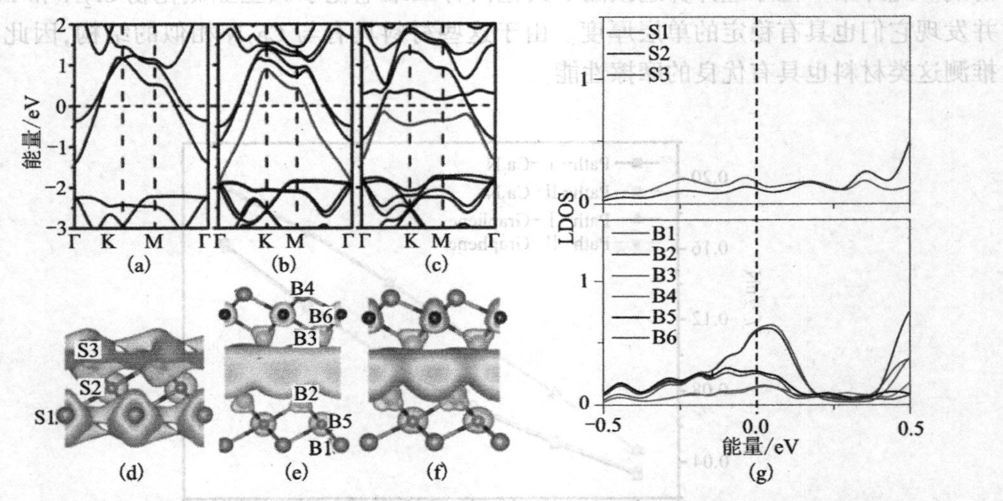

图 3.19 (a)单层 Ca_2N 和双层 Ca_2N 在(b)0 和(c)3 nN 载荷下的能带结构[29]

费米能量设定为零;(d)对应于(a)中能量范围在 $|E-E_f|<0.05$ eV 内所有状态原子的电荷密度图(截断值为 0.002 e/Å^3);(e)和(f)分别为(b)和(c)的红色波段;(g)为单层和双层 Ca_2N 的局域态密度(LDOS),相应的原子在(d)和(e)中已标记。

3.3.7 小结

本节我们介绍了第一性原理方法对层状电子化合物 Ca_2N 界面摩擦特性的研究。计算结果表明:Ca_2N 系统虽具有很强的层间库仑吸引力,但却具有超低的摩擦特性。这与传统的层状润滑材料如石墨烯、六角氮化硼和二硫化钼不同。我们利用电子结构解释了 Ca_2N 的超低界面摩擦。该研究结果为我们提供了一类有前途的绿色、耐磨二维润滑材料,同时也丰富了人类对摩擦机制的物理认识。

参考文献

[1]PERSSON B N J. Sliding friction: Physical principles and applications[M]. 2nd ed. Berlin: Springer, 2000.

[2]MANINI N, MISTURA G, PAOLICELLI G, et al. Current trends in the physics of nanoscale friction[J]. Advances in Physics: X, 2017, 2(3): 569-590.

[3]PARK J Y, SALMERON M. Fundamental aspects of energy dissipation in friction[J]. Chemical Reviews, 2014, 114: 677-711.

[4]HE G, MU M H, ROBBINS M O. Adsorbed layers and the origin of static friction[J]. Science, 1999, 284: 1650-1652.

[5]DAYO A, ALNASRALLAH W, KRIM J. Superconductivity-dependent sliding friction[J]. Physical Review Letters, 1998, 80: 1690-1693.

[6]HIRANO M. Atomistics of friction[J]. Surface Science Reports, 2006, 60(8): 159-201.

[7]WANG J, LI J, FANG L, et al. Charge distribution view: Large difference in friction performance between graphene and hydrogenated graphene systems[J]. Tribology Letters, 2014, 55: 405-412.

[8]WOLLOCH M, LEVITA G, RESTUCCIA P, et al. Interfacial charge density and its connection to adhesion and frictional forces[J]. Physical Review Letters, 2018, 121: 026804.

[9]WANG J, WANG F, LI J. Theoretical study of superlow friction between two single-side hydrogenated graphene sheets[J]. Tribology letters, 2012, 48: 255-261.

[10]蒲吉斌,王立平,薛群基. 石墨烯摩擦学及石墨烯基复合润滑 材料的研究进展[J]. 摩擦学学报, 2014, 34(1): 93-111.

[11]KWON S, KO J H, JEON K J, et al. Enhanced nanoscale friction on fluorinated graphene[J]. Nano Letters, 2012, 12: 6043-6048.

[12]SANGKU J H K, BYUN K I S, PARK J Y. Nanotribological properties of fluorinated,hydrogenated,and oxidized graphenes[J]. Tribology letters, 2013, 50: 137-144.

[13]LEE C, LI Q, KALB W, et al. Frictional characteristics of atomically thin sheets[J]. Science, 2010, 328(2010): 76-80.

[14]WANG L F, MA T B, HU Y Z, et al. Atomic-scale friction in graphene oxide: An interfacial interaction perspective from first-principles calculations[J]. Physical Review B, 2012, 86: 125436.

[15]WANG L F, MA T B, HU Y Z, et al. Ab initio study of the friction mechanism of fluorographene and graphane[J]. Journal of Physical Chemistry C, 2013, 117(24): 12520-12525.

[16]WANG J, WANG F, LI J, et al. Comparative study of friction properties for hydrogen- and fluorine-modified diamond surfaces: A first-principles investigation[J]. Surface Science, 2013, 608: 74-79.

[17]DONG Y, WU X, MARTINI A. Atomic roughness enhanced friction on hydrogenated graphene[J]. Nanotechnology, 2013, 24(37): 375701.

[18] PUJARI B S, GUSAROV S, BRETT M, et al. Single-side-hydrogenated graphene: Density functional theory predictions[J]. Physical Review B, 2011, 84: 041402(R).
[19] SON Y W, COHEN M L, LOUIE S G, et al. Energy gaps in graphene nanoribbons[J]. Physical Review Letters, 2006, 97: 216803.
[20] ZHAI W, SRIKANTH N, KONG L B, et al. Carbon nanomaterials in tribology[J]. Carbon, 2017, 119: 150-171.
[21] SOFO J O, CHAUDHARI A S, BARBER G D. Graphane: A two-dimensional hydrocarbon[J]. Physical Review B, 2007, 75: 153401.
[22] TARAPOREVALA S, SAHIN M, YOREK N, et al. Control of graphene's properties by reversible hydrogenation: Evidence for graphane[J]. Science, 2009, 23(5914): 610-613.
[23] MENG Y, XU J, JIN Z, et al. A review of recent advances in tribology[J]. Friction, 2020, 8(2): 221-300.
[24] 王建军. 表面吸附对石墨烯摩擦性质影响的研究进展[J]. 中原工学院学报, 2016, 27(3): 1-6.
[25] KRESSE G, FURTHMÜLLER J. Efficient iterative schemes for ab initio total-energy calculations using a plane-wave basis set[J]. Physical Review B, 1996, 54(16): 11169-11186.
[26] HAFNER J. Calculations with van der Waals Corrections[J]. Journal of Physical Chemistry A, 2010, 114: 11814-11824.
[27] CROWHURST J C, DARNELL I M, GONCHAROV A F, et al. Determination of the coefficient of friction between metal and diamond under high hydrostatic pressure[J]. Applied Physics Letters, 2004, 85(22): 5188.
[28] ZHONG W, TOMÁNEK D. First-principles theory of atomic-scale friction[J]. Physical Review Letters, 1990, 64: 3054.
[29] WANG J J, LI L, SHEN Z T, et al. Ultralow interlayer friction of layered electride lubricant material[J]. Materials, 2018, 11: 2462.
[30] URBAKH M, MEYER E. Nanotribology: The renaissance of friction.[J]. Nature Materials, 2010, 9(1): 8-10.
[31] LIAO M, NICOLINI P, DU L, et al. Ultralow friction and edge-pinning effect in large-lattice-mismatch van der Waals heterostructures[J]. Nature Materials, 2022, 21: 47-53.
[32] LEE K, KIM S W, TODA Y, et al. Dicalcium nitride as a two-dimensional electride with an anionic electron layer[J]. Nature, 2013, 494(7437): 336-340.
[33] ZHAO S, LI Z, YANG J. Obtaining two-dimensional electron gas in free space without resorting to electron doping: an electride based design[J]. Journal of the American Chemical Society, 2014, 136(38): 13313-13318.
[34] GUAN S, YANG S A, ZHU L, et al. Electronic, dielectric, and plasmonic properties of two-dimensional electride materials X_2N (X=Ca, Sr): A first-principles study[J]. Scientific Reports, 2015, 5: 12285.

第 4 章　电负性与纳米摩擦之间的标度率

低维系统的摩擦与界面电荷分布情况密切相关，电荷分布越均匀，滑动势垒越小，对应的摩擦也越小，我们在上章中把纳米摩擦与电荷分布之间的这种依赖关系称为纳米摩擦的电荷分布粗糙度机制。材料自身的晶体结构、原子组成直接决定着材料的电子结构与电荷分布，也影响着材料的摩擦性质。电负性是表示原子得失电子能力的一个重要的物理量，原子的电负性越大，得电子能力越强。材料中不同原子之间存在的电负性差别会造成电荷在一些原子周围局域，由此形成粗糙度较大的电荷分布。因此，电负性直接决定着低维系统纳米摩擦性质。本章将以我们现有的研究结果为基础，综合其他研究文献，阐述电负性与纳米摩擦之间的联系。

4.1　电负性摩擦的研究进展

凭借简单的几何结构和丰富的电子结构，低维材料成了纳米摩擦研究的理想平台。碳原子可以组成一维的碳纳米管（carbon nanotubes，CNTs）和二维的石墨烯（graphene），同样硼原子（B）和氮原子（N）可以化合生成一维的硼氮纳米管（boron nitride nanotubes，BNNTs）和二维的单层六角氮化硼（h-BN）。总体来看，graphene 和 h-BN 具有相同的价电子数目，但二者的电子结构却差别很大，graphene 中碳原子以 sp^2 杂化的形式形成共价键，剩余的 p_z 电子形成离域的 π 键，是一种零带隙的半导体。而由于 B、N 原子之间电负性的差别，电子由 B 原子局域到 N 原子周围，因此 h-BN 是一种带隙约为5 eV的绝缘体。因为纳米摩擦与电荷的分布密切相关，人们期待着低维碳和低维硼氮系统展现出不同的摩擦性质。

法国学者 Niguès 在实验上揭示了多壁 CNTs 和 BNNTs 之间的摩擦差别[1,2]。经过巧妙的设计和精密的测量，该研究发现，多壁 BNNTs 壁间的摩擦力约为 CNTs 的 10 倍。这种几何结构相同摩擦性质却差别显著的现象可以归因于 B 与 N 原子电负性的差别引起的极性，如图 4.1 所示。进一步研究发现，BNNTs 的壁间摩擦与接触面积成正比，随接触面积的增加而增大，而 CNTs 壁间摩擦与接触面积没有关系，这主要是由于接触面积增大 B—N 极性键增多所致。

一维多壁纳米管之间的摩擦与其自身的极性密切相关，同样，水等分子滑过不同极性的二维材料表面也受到不同的摩擦。英国学者 Tocci 采用第一性原理分子动力学方法对比研究了水流过 graphene 和 h-BN 时摩擦的差别[3]。研究发现，虽然水在两种界面的结构相同，但水流过 h-BN 的摩擦是 graphene 的 3 倍，这由 h-BN 结构的较大极性导致，如图 4.2 所示。

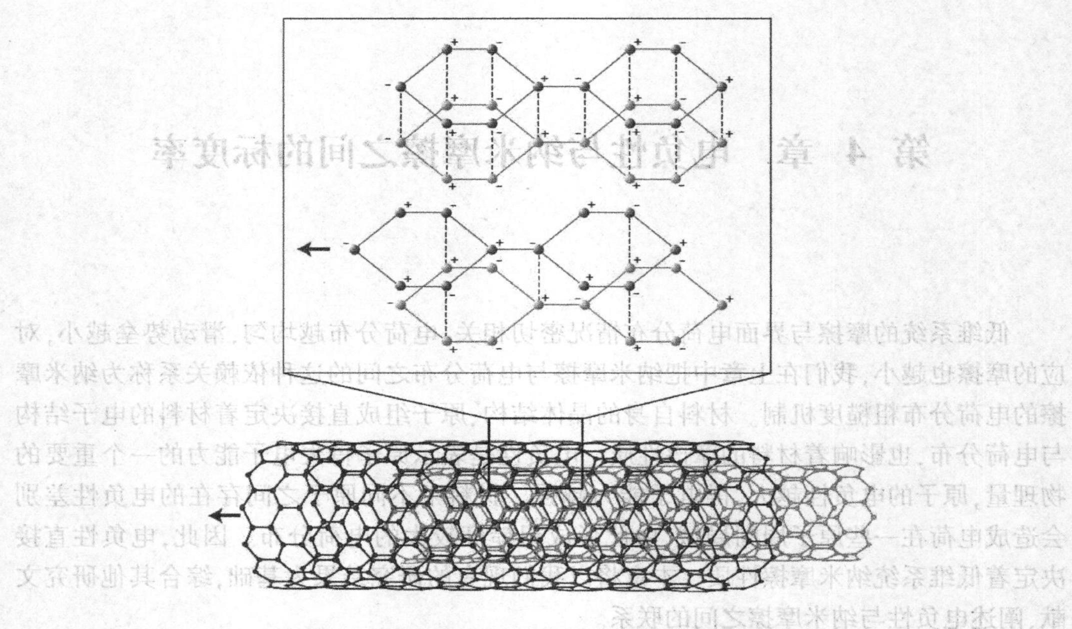

图 4.1　双壁 BNNT 超高层间摩擦的物理起源[2]

当双壁 BNNT 的内外壁相对滑动时，内外两层带正电荷的 B 原子和带负电荷的 N 原子会交替相遇，这一过程将伴随着 B—N 离子键的断裂和形成，表现出较大的黏滑摩擦。

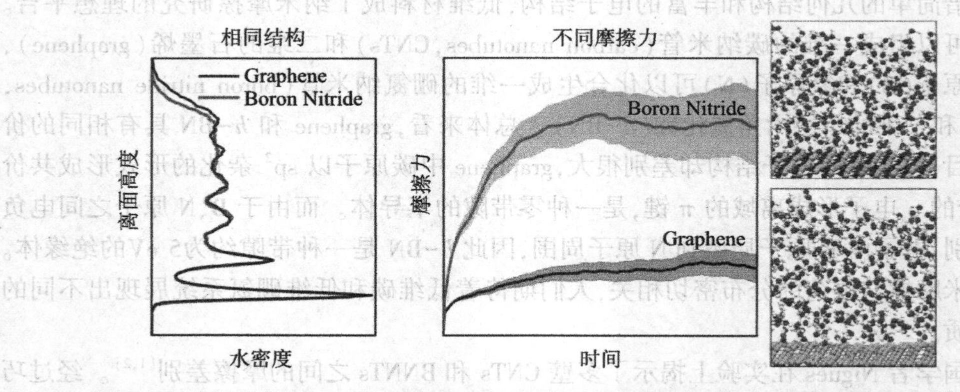

图 4.2　液态水膜在 graphene 和 h-BN 上的平均密度分布、摩擦力以及结构对比[8]

上述研究直观给出了极性对纳米摩擦的显著影响，但极性对摩擦具体影响过程，甚至极性在层状材料中的结合机制都不清楚。由于 graphene 具有非极性的 C—C 层内键，而 h-BN 具有高度极性的 B—N 键，这导致两种双层材料的最佳堆积模式不同：双层 graphene 的最佳堆垛方式是空位堆垛方式，但双层 h-BN 最稳定的双层结构是 AA′堆垛[4]。最令人意外的是，两种材料的极性不同，层间结合的色散成分存在很大差异，但两种材料却具有完全相同的层间距离。为了理解这一发现，Hod 对两种材料的层间结合性质进行了比较研究[5]。研究发现：单极静电对层间结合能的贡献几乎为零。高阶静电多极子、交换和关联作用对两种材料的结合贡献非常相似，而且几乎完全被泡利斥力抵消。对色散能的进一步分析表明，尽管单个原子的极化能力差异很大，异原子 B—N 与同原子

C—C的 C_6系数在六方体形式中非常相似,导致色散对层间结合的贡献非常相似。因此,两种材料的总结合能曲线非常相似,预测了实际上相同的层间距离和非常相似的结合能。该研究表明在锚定双层结构的最佳堆栈上,尽管两种材料的极性不同,但在稳定堆栈下层间距和能量的量级上是相同的。但在滑动过程中,极性能够产生不同的滑动势垒。Marom 等人采用范德瓦耳斯修正的密度泛函理论研究了双层 h-BN 的层间滑动能量分布[6],发现范德瓦耳斯力的主要作用是锚定层距离,而静电相互作用则决定着最佳堆栈和层间滑动能垒。Gao 等人利用包含多体范德瓦耳斯相互作用的密度泛函理论研究了多层 h-BN 和 graphene 的层间滑动势[7]。该研究发现,层间滑动时对原子施加约束可以调控静电相互作用和色散力对滑动能垒的贡献,最终导致两种材料有不同的滑动路径。他们还强调与非极性 graphene 相比,范德瓦耳斯相互作用对极性 h-BN 层间滑动势的贡献更大。

上述研究表明:由电负性引起的极性对材料,尤其是低维材料的层间结合和层间滑动摩擦有着显著的影响。但相关机制复杂,甚至是对于最简单的 graphene 和 h-BN 系统,人们对其理解也不完整。因此,建立电负性与纳米摩擦之间的联系,从电负性的角度研究纳米摩擦是理解纳米摩擦的基础,还可以丰富我们前边提出的纳米摩擦的电荷分布粗糙度机制。

本章以下部分将以 h-BN、graphene 和 MoS_2 等典型二维材料为模型,系统研究材料的电负性与纳米摩擦的关系,揭示二维体系的电负性在滑动摩擦中的作用[8]。研究发现,摩擦力在很大程度上取决于所涉及原子的电负性差。所有研究的系统在沿非极性路径滑动时表现出几乎相同的摩擦力,与材料和表面结构无关。相反,对于极性路径,摩擦力遵循线性标度律,摩擦力与组成原子的电负性差成正比。我们指出:在工作系统中,由电负性差异引起的偶极子增大了电荷分布的粗糙度,并相应地增加了滑动势垒和摩擦。这部分研究揭示了电负性在低维系统摩擦中的重要作用,并为纳米器件的设计提供了一种策略。

4.2　电负性摩擦的研究模型与方法

本节内容采用基于密度泛函理论的第一性原理方法计算摩擦,使用的是 VASP 软件包[9,10,11]。采用 Perdew-Burke-Ernzerhof (PBE)参数化的广义梯度近似(GGA)处理交换关联相互作用[10]。应用多体色散(MBD)方法处理范德瓦耳斯相互作用[12],这种方法在之前的研究中已经得到了令人满意的结果。选择 600 eV 的截断能和 25×25×1 的 Monkhorst-Pack 格子对二维不可约布里渊区积分[13]。总能和 Hellmann-Feynman 力的收敛标准分别是 10^{-5} eV 和 0.01 eV/Å。选取至少 15 Å 的真空层用于避免相邻单元之间的相互作用。采用已成功用于研究许多二维体系(如 graphene、h-BN 和 MoS_2)纳米摩擦性质的 Zhong 等人提出的方法来计算纳米摩擦性质[14],同时构造了零压下的势能面(PES)[15]。

为了研究极性对摩擦的影响,我们首先构造滑动路径,讨论滑动路径的极性特征。图 4.3(a)是双层薄膜层间滑动界面的示意图。上层原子 A、B 和底层原子 C、D 沿滑动方向交替排列。我们将滑动系统沿滑动方向的总极性定义为每个单层在该方向上的极性之和，由 A、B 原子和 C、D 原子之间的电负性差决定。这里以 h-BN 双层薄膜为例说明不同路径的极性差异[见图 4.3(b)]。选择最稳定的 AA′堆栈(B 重叠 N 原子)作为初始结构[6]，选择两个高度对称的方向作为滑动路径。由图 4.3(b)可知，沿路径Ⅰ上(下)层只有一种 B (N)原子，因此沿该方向极性为零。而 B 原子和 N 原子沿着路径Ⅱ交替排列在上层和底层，这在两层中都产生了面内偶极子。因此，我们称路径Ⅰ为非极性路径，路径Ⅱ为极性路径。由于静摩擦由沿滑动路径的势垒大小决定。因此，对于不同的滑动路径，可以得到不同的静摩擦值。在 h-BN 双原子层中，选择极性最大的滑动路径Ⅱ和无极性的滑动路径Ⅰ理解电负性与摩擦的关系。除了 h-BN/h-BN 系统，本文还构造了 graphene/graphene、MoS_2/MoS_2、graphene/h-BN 和 H-graphene/h-BN 四个系统对比说明电负性对摩擦的影响，结构模型如图 4.4 所示。

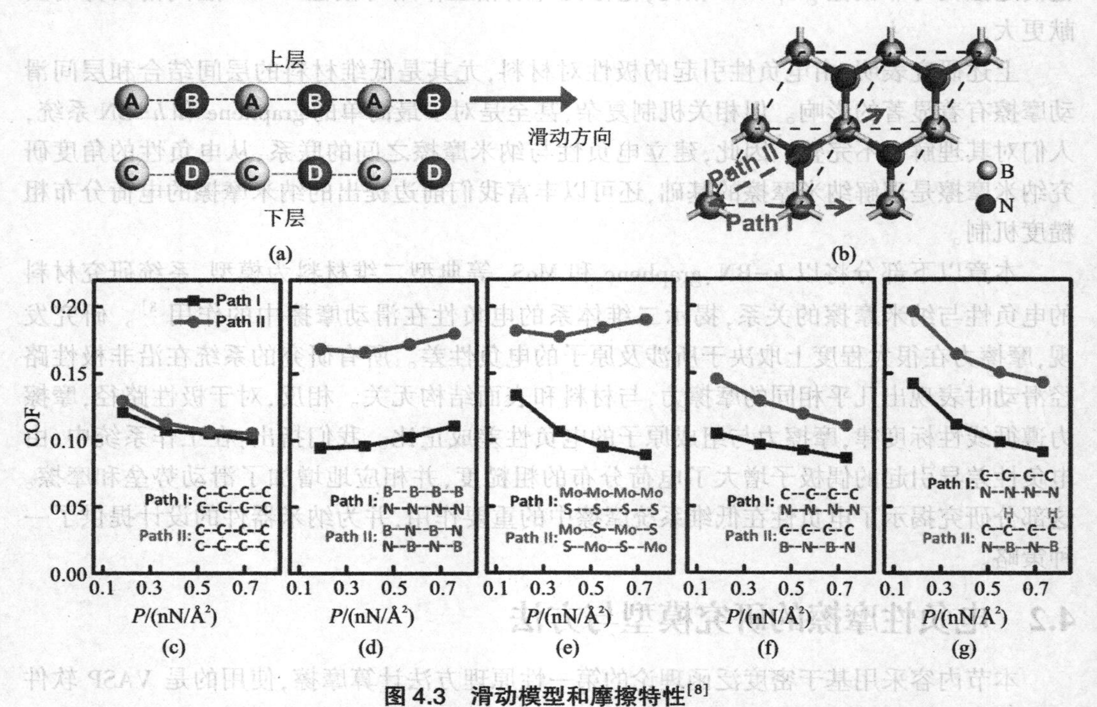

图 4.3 滑动模型和摩擦特性[8]

(a)滑动界面沿滑动方向的一般原子排列。(b)以 AA′堆栈为例，阐述 h-BN/h-BN 系统的两条滑动路径。(c) graphene/graphene、(d) h-BN/h-BN、(e) MoS_2/MoS_2、(f) graphene/h-BN 和(g) H- graphene/h-BN 系统沿极性和非极性路径的摩擦因数随正压力的变化关系。

沿每条滑动路径，每个滑动周期选取 13 个堆栈进行摩擦特性计算。对于每个堆栈位置，计算双层体系的结合能 $E_{be} = E_{12} - E_1 - E_2$，这里 E_{12} 为双原子层的总能量，E_1、E_2 是上、下单原子层的能量。在双层系统中，按照公式 $F_N = -\partial E_{be}(z)/\partial z$，可以通过设定一定的层间距达到施加正压力的效果。因此，在压力 F_N 作用下，x 位置的势能定义为 $V(x, F_N) = E_{be}[x, z(x, F_N)] + F_N z(x, F_N)$，平均摩擦力定义为 $\langle F_f \rangle = [V_{max}(F_N) - V_{min}(F_N)]/\Delta x$，其中 $V_{max}(F_N)$ 和 $V_{min}(F_N)$ 为沿某一条滑动路径的势能最大值和最小值，Δx 为两者之间的距离。将平均摩擦力除以表面积 A 可以得到剪切应力 $\tau = \langle F_f \rangle / A$。

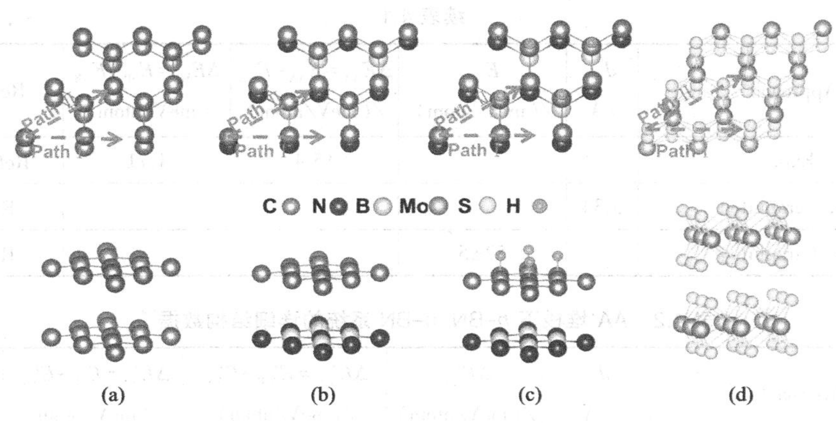

图 4.4　堆栈结构及滑动路径[8]

(a) graphene/graphene、(b) graphene//h-BN、(c) H-graphene/h-BN 和(d) MoS_2/MoS_2。参考图 4.3 可知,(a)中两条路径均为非极性路径,而(b)~(d)中,路径Ⅰ为非极性路径,路径Ⅱ为极性路径。

4.3　电负性与纳米摩擦之间的关系

首先进行晶格结构优化,在上述参数下,graphene、h-BN 和 MoS_2 的晶格常数分别为 2.47 Å、2.51 Å 和 3.18 Å。按照图 4.3 和图 4.4,我们构造了沿不同路径的摩擦模型。对于双层的 graphene/graphene 系统,最稳定的堆栈是 AB 堆栈,而对于 h-BN/h-BN 系统,最稳定的堆栈是 AA′。表 4.1 给出了 AB 堆栈下 graphene/graphene 系统在平衡位置 d_{eq} 处的结合能 E_{AB},PES 的褶皱 $\Delta E_{AA}=E_{AA}-E_{AB}$ 和 PES 鞍点位置的能垒 $\Delta E_{SP}=E_{SP}-E_{AB}$。表 4.2给出了 AA′堆栈下 h-BN/h-BN 系统在平衡位置 d_{eq} 处的结合能 $\Delta E'_{AA'}$,PES 的褶皱 $\Delta E'_{A'B}=E'_{A'B}-E'_{AA'}$ 和 PES 鞍点位置的能垒 $\Delta E'_{SP}=E'_{SP}-E'_{AA'}$。将两层二维单层材料沿路径Ⅰ和Ⅱ相对移动以模拟滑动过程。

表 4.1　AB 堆栈下 graphene/graphene 系统的详细结构数据[8]

Approach	d_{eq} /Å	E_{AB} /(meV/atom)	$\Delta E_{AA}=E_{AA}-E_{AB}$ /(meV/atom)	$\Delta E_{SP}=E_{SP}-E_{AB}$ /(meV/atom)	Reference
PBE-MBD, relaxed	3.423	−46.39	6.99	0.89	Ref.[8]
PBE-MBD, relaxed	3.37	−45.6	8	~1	Ref.[7]
PBE-MBD, fixed to 3.4 Å	3.423	−46.39	12.47	1.39	Ref.[8]
PBE-MBD, fixed to 3.4 Å	3.423	−45.26	12.34	1.38	Ref.[16]
PBE-MBD, fixed to 3.37 Å	3.37	−45.6	10.8	~1.2	Ref.[7]
PBE-D2, fixed to 3.26 Å	3.256	−50.41	19.20	2.04	Ref.[17]
PBE-D2, fixed to 3.4 Å	3.248	−49.68	20.7	2.32	Ref.[16]
PBE-D3, fixed to 3.4 Å	3.527	−42.8	7.6	0.84	Ref.[16]
PBE-TS, fixed to 3.36 Å	3.36	−73.05	15.3	1.88	Ref.[17]
PBE-TS, fixed to 3.4 Å	3.367	−72.72	15.94	2.02	Ref.[17]

续表 4.1

Approach	d_{eq} /Å	E_{AB} /(meV/atom)	$\Delta E_{AA}=E_{AA}-E_{AB}$ /(meV/atom)	$\Delta E_{SP}=E_{SP}-E_{AB}$ (meV/atom)	Reference
Exp.			15.4	1.71	Refs.[18,19]
Exp. (graphite)	3.34				Ref.[20]
Exp. (graphite)		52±5			Ref.[21]

表 4.2　AA′堆栈下 h-BN/h-BN 系统的详细结构数据[8]

Approach	d_{eq} /Å	$\Delta E'_{AA'}$ /(meV/atom)	$\Delta E'_{A'B}=E'_{A'B}-E'_{AA'}$ /(meV/atom)	$\Delta E'_{SP}=E'_{SP}-E'_{AA'}$ /(meV/atom)	Reference
PBE-MBD, relaxed	3.33	−54.54	10.11	1.97	Ref.[8]
PBE-MBD, relaxed	3.37	−49.6	9.7	~2	Ref.[7]
PBE-MBD, fixed to 3.33 Å	3.33	−54.54	14.41	2.3	Ref.[8]
PBE-MBD, fixed to 3.37 Å	3.37	−49.6	14.7	~2.5	Ref.[7]
PBE-D2, fixed to 3.12 Å	3.12	−68.77	26.86	4.7	Ref.[7]
PBE-D3, fixed to 3.348 Å	3.438	−44.04	10.82	2.5	Ref.[17]
PBE-TS, fixed to 3.368 Å	3.368	−75.89	10.61	0.98	Ref.[17]
Exp.(10 Layers)	3.25±0.1				Ref.[18]

为了反映摩擦力随载荷的变化关系,我们利用经典摩擦因数(COF) $\mu=\langle F_f\rangle/F_N$ 表征不同路径上的摩擦大小。摩擦力由沿滑动路径的最大和最小势能之差决定[22,14]。应该注意的是,计算的摩擦是静态摩擦力。然而,如果假设到达能量势垒顶部所需的所有能量在爬上下一个势垒之前已全部耗散,则本章的计算还提供了有关动摩擦的信息[23]。我们计算了摩擦因数与压力的关系,如图 4.3(c)~(g)所示。对于相同的双层系统,摩擦因数的范围为 0.07~0.2,这与早期研究一致。在这些体系中,非极性 graphene/graphene 系统[图 4.3(c)]表现出各向同性的摩擦行为。而在极性 h-BN/h-BN[图 4.3(d)]和 MoS_2/MoS_2[图 4.3(e)]系统中,摩擦因数各向异性,其中沿极性路径Ⅱ的摩擦因数几乎是非极性路径的 2 倍。我们还研究了在不同载荷作用下,两条路径上摩擦因数的变化。结果表明,当负载达到 0.7 nN/$Å^2$ 时,电负性的影响仍然显著,表明极性在摩擦中起着重要的作用。众所周知,在晶型材料中,经过鞍点的最小滑动路径是真实滑动路径(Z 形路径)。我们对比计算了 graphene/graphene 和 h-BN/h-BN 系统沿最小能量路径的摩擦差别,研究发现双层极性 h-BN/h-BN 的滑动势垒和摩擦力仍大于非极性 graphene/graphene 系统,如图 4.5 所示。

接下来我们研究非极性/极性系统的摩擦性质,利用 graphene 在 h-BN 上滑动的界面模型(graphene/h-BN)研究非极性/极性系统的摩擦性质。我们将 graphene 的晶格常数增大到与 h-BN 的晶格常数相等,从而形成公度的界面,简化了计算模型。需要注意,虽然上层的 graphene 是非极的,但由于下层的 h-BN 沿滑动路径存在极性,路径Ⅱ仍然是极性路径。与极性/极性界面一样,非极性/极性体系中的摩擦因数也是各向异性的,且极性路径的摩擦大与非极性路径[见图 4.3(f)]。这说明即使偶极子只存在于滑动界面的一层中,极性仍然对摩擦有显著影响。

在 graphene/h-BN 体系的基础上,我们进一步尝试通过调整石墨烯的极性来调控系统的摩擦。通过将石墨烯单边半氢化(H-graphene)可以在石墨烯中诱导出极性。石墨烯中的共价 C—C 键在 H-graphene 中变为部分离子键,电荷转移量为 0.35 e。进一步计算了 H-graphene 与 h-BN (H-graphene/h-BN)之间的摩擦因数,如图 4.3(g)所示。很明显,沿极性路径Ⅱ的摩擦因数要大于非极性路径 I。更重要的是,H-graphene/h-BN 的摩擦因数要大于 graphene/h-BN 系统,这与加氢钝化引起的极性增加相一致。这些计算为如何通过表面改性调控摩擦提供了新的思路。

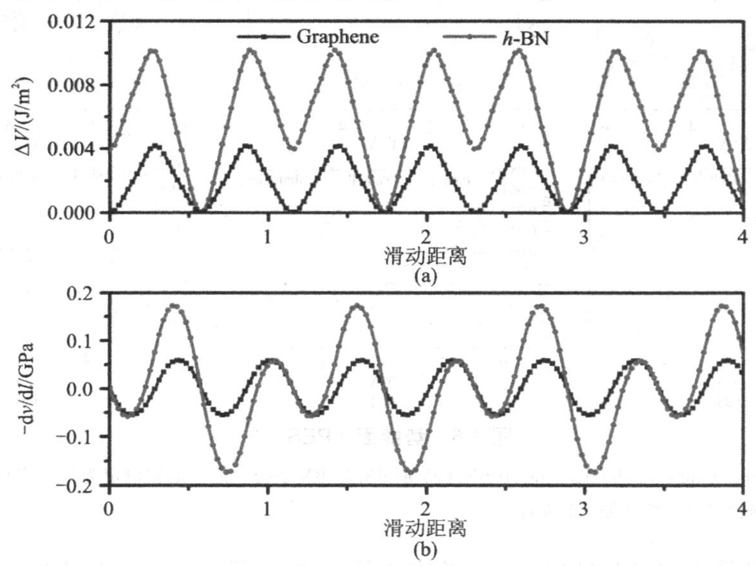

图 4.5　graphene/graphene 系统和 h-BN/h-BN 系统沿最小势能路径的(a)势垒和(b)摩擦力[8]

极性 h-BN/h-BN 系统的势垒大小是 graphene/graphene 系统的两倍,且在两个最小值之间存在鞍点。

两个接触面的结合能随相对侧向位置的变化函数关系称为滑动势能面(potential energy surface, PES)[15]。PES 的褶皱决定了界面间内在的滑动阻力,该能量也是滑动摩擦过程中所能耗散的最大能量。本计算中,每个堆叠处的原子都被允许在垂直方向上完全弛豫,因此我们构建了一个真实的零压力下的 PES。我们选取了 3 种典型系统 graphene/graphene、graphene/h-BN 和 h-BN/h-BN,分别代表非极性/非极性、非极性/极性和极性/极性情况,计算的 PESs 如图 4.6 所示。可以看出,PES 的褶皱与滑动路径的极性密切相关,沿着极性路径Ⅱ滑动的 h-BN/h-BN 系统的褶皱最大[图 4.6(c)],而 graphene/graphene 系统的褶皱最小[图 4.6(a)]。graphene/graphene 和 h-BN/h-BN 系统 PES 的鞍点相互作用能和最大褶皱见表 4.1 和表 4.2。为了检验不同滑动路径上摩擦力的差异,我们提取了沿两条路径的势能分布图,如图 4.6 中的中间部分所示。由图可知,graphene/graphene 系统中两条路径的势能褶皱相同。然而,对于 graphene/h-BN 和 h-BN/h-BN 系统,沿路径Ⅱ的褶皱要比路径Ⅰ大得多。我们还进一步计算了沿两条路径滑动时滑片所受的摩擦力,如图 4.6 中的底端部分所示。总之,极性体系的各向异性摩擦行为非常明显,这与图 4.3 的结果相印证。

另外,大多数观点认为静摩擦是在相邻极小值之间进行的,即真实滑动路径是发生在 PES 鞍点附近的 Z 形路径(如图 4.6 顶部所示)。在图 4.6 中我们还给出了最小势能路径的滑动势垒和摩擦力。由图可知,即使是 Z 形路径,极性仍然对双层 h-BN/h-BN 的层间摩擦起重要作用。

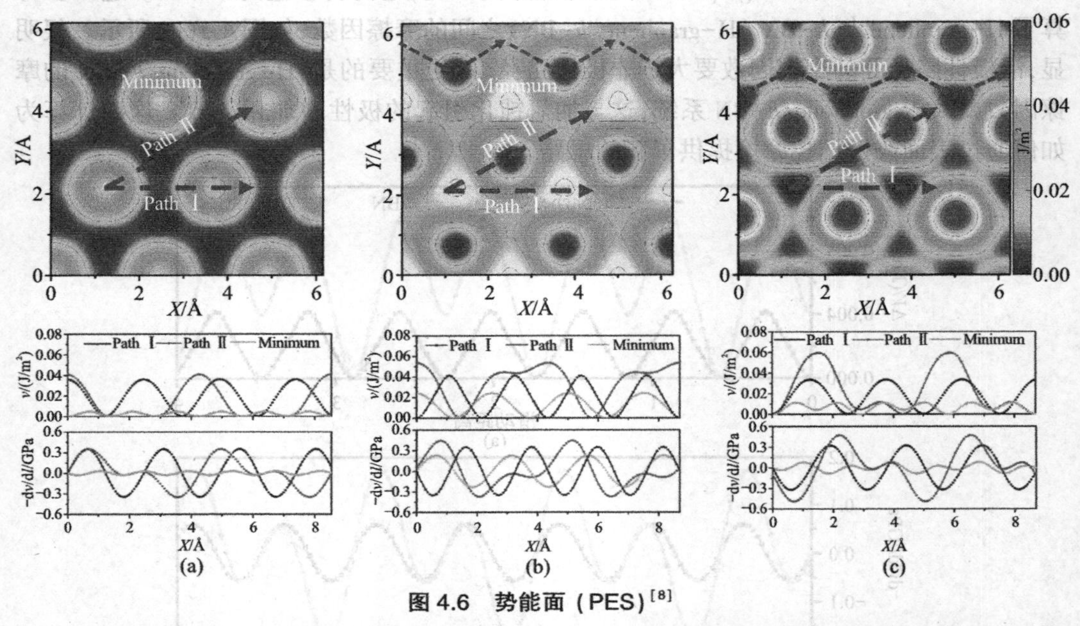

图 4.6 势能面(PES)[8]

(a) graphene/graphene,(b) graphene/h-BN,(c) h-BN/h-BN 系统。最小值被设定为参考零点。在每个 PES 下提取了三条路径对应的滑动势垒和摩擦力。

从上述计算中,我们得出结论,无论有无外载荷,二维系统所表现出的摩擦特性取决于滑动方向上的极性。滑动势垒可以写作 $\Delta V = \Delta E + F_N \Delta h$,其中 F_N 为外部荷载,ΔE 为滑动过程中结合能变化量,Δh 为层间距离[14]。请注意,滑动势垒由吸附键能的变化和滑动过程中克服吸附键能所做的功两部分组成。我们计算了两部分对总势垒的贡献,如图 4.7 所示。由图可知,当没有外部载荷作用时,摩擦力由 ΔE 决定;然而对于我们研究中使用的法向载荷,对滑动最重要的贡献来自克服外力所做的功。

通过观察不同滑动路径上电荷分布的粗糙度,可以得到摩擦与极性之间的关系。为了理解各向异性摩擦行为的起源,我们对比计算了 graphene/graphene 和 h-BN/h-BN 两个二维系统的电荷密度差。电荷密度差的计算公式为 $\Delta\rho = \rho_{L_1L_2} - \rho_{L_1} - \rho_{L_2}$,其中 $\rho_{L_1L_2}$、ρ_{L_1} 和 ρ_{L_2} 分别为双层、顶层 L_1 和底层 L_2 的电荷密度。首先,从图 4.8(a)~(c)可以看出,两层石墨烯之间的电荷沿滑动路径分布均匀且平坦,对应于一个小的电荷褶皱和滑动势垒。然后,对于 graphene/h-BN 极性双层体系[图 4.8(d)~(f)]和 h-BN/h-BN[图 4.8(g)~(i)],沿非极性路径Ⅰ,上层的净正电荷和底层的负电荷分布均匀且相对平坦,也

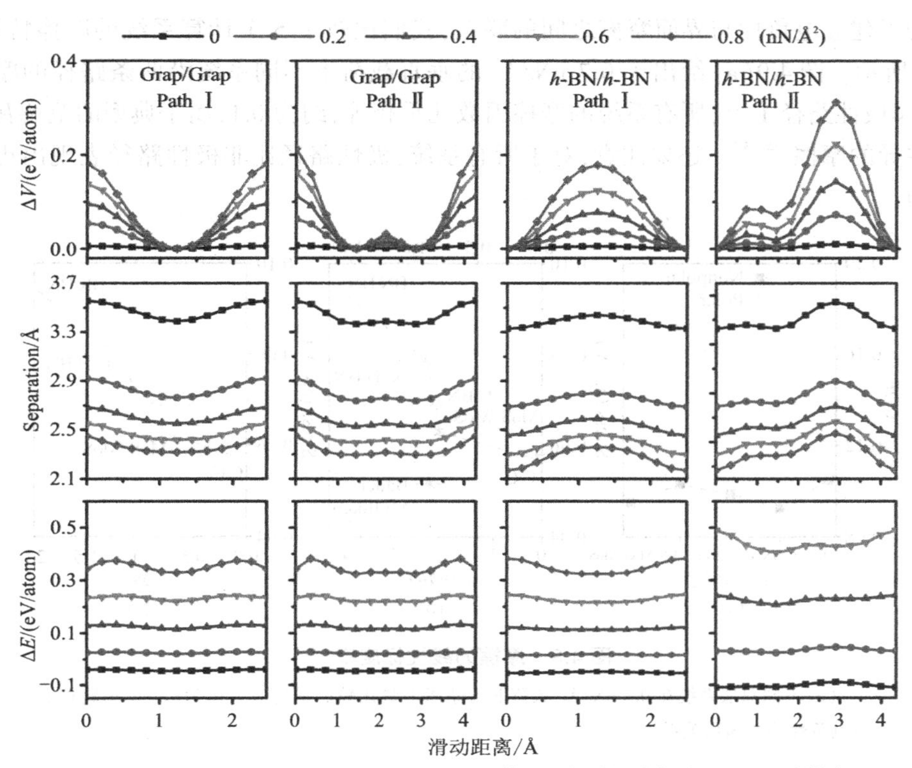

图 4.7 graphene/graphene 和 h-BN/h-BN 体系，分别沿路径Ⅰ和Ⅱ，滑动势垒、层间距和结合能随滑动距离的函数变化关系[8]

对应着一个较小的电荷褶皱和滑动势垒。而在极路径Ⅱ[图 4.8 (f) 和(i)]上，底层和上层交替出现缺电子原子和多电子原子，导致电荷分布沿滑动方向出现较大褶皱。当然，电负性差越大，电荷分布褶皱和摩擦就越大。

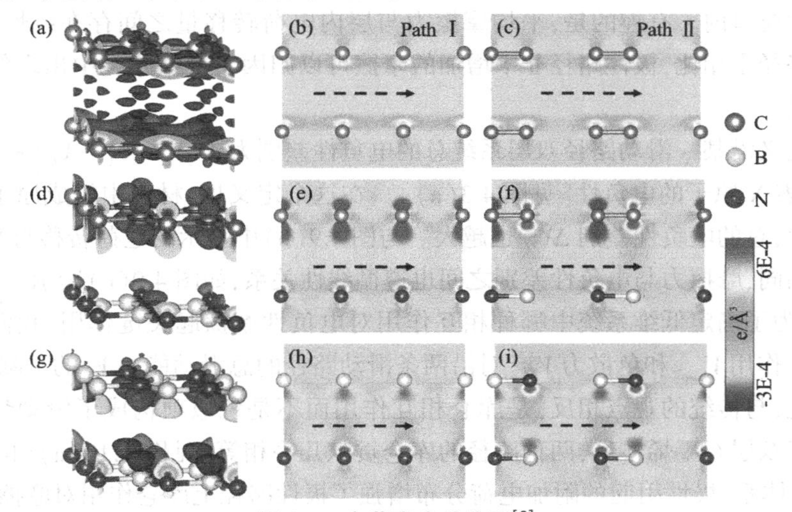

图 4.8 电荷密度差分图[8]

(a) 双层石墨烯的差分电荷密度，电荷密度的等值面为 0003 e/Å³。红色和蓝色分别表示电荷增加区和减小区，虚线箭头表示滑动方向。差分电荷密度沿(b)路径Ⅰ和(c)路径Ⅱ的截面图。

为了建立电负性与界面摩擦之间的联系，我们比较了5个计算系统的摩擦特性，如图4.9所示。图4.9(a)给出了0.7 nN/$Å^2$的垂直载荷下不同系统沿两条路径的摩擦因数，在非极性路径Ⅰ上，所有系统的摩擦因数几乎相等，约为0.1，属于典型的范德瓦耳斯作用主导的摩擦[24,25]。还要注意，对于所有系统，极性路径比非极性路径表现出更大的摩擦力。

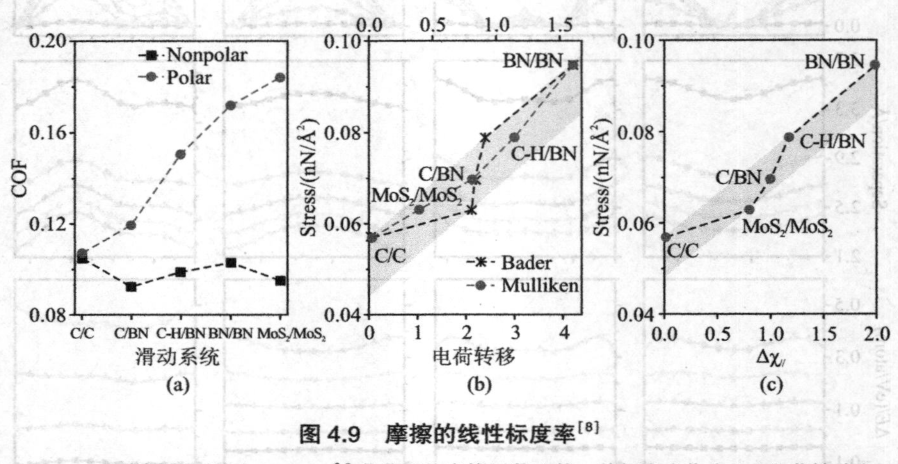

图4.9　摩擦的线性标度率[8]

(a)不同双层系统在0.7 nN/$Å^2$载荷下的摩擦因数比较。剪切应力作为(b)电荷转移和(c)电负性差的函数关系。

为了更好地理解沿极性方向Ⅱ上不同的摩擦性质，我们进一步研究了平面内电荷转移与剪切应力的函数关系，如图4.9(b)所示。由于不同的电荷分析方法可能会产生一定的偏差，我们分别使用Mulliken和Bader两种电荷分析方法计算电荷转移。虽然两种方法提供的电荷转移量不同，但电荷转移量相对于摩擦力的变化非常相似，误差都在一个很小的线性窗口内。有趣的是，平均摩擦力与层内电荷转移量之间存在线性函数关系。与非极性路径Ⅰ相比，极性路径Ⅱ中增加的摩擦可以归因于极性路径中出现的电荷密度褶皱的增强。

我们定义沿某一滑动路径双层系统总的电负性差别为$\Delta\chi_{//} = |\chi_A - \chi_B| + |\chi_C - \chi_D|$，这里$\chi_X$代表X原子的电负性[见图4.3(a)]。在这个定义里，材料中组成原子间的电负性差别越大，总的电负性差别$\Delta\chi_{//}$也越大。与图4.9(b)中显示的电荷转移与摩擦之间的线性关系相同，摩擦力与电负性差别之间也遵循线性关系，如图4.9(c)所示。

最后，为了确定低维系统中哪种相互作用对电负性摩擦起关键作用，我们分别计算了库仑相互作用V_{Coul}和色散力V_{disp}对沿两条滑动路径的总滑动能垒V_T的贡献，如图4.10所示。首先，与传统的观点相反，是库仑相互作用而不是色散项构成了滑动势垒的主要部分。对于双层石墨烯体系，两种路径的库仑贡献几乎相等[见图4.10(a)(b)]，但对于双层h-BN体系，极性引起的附加电荷分布增强了极性路径上库仑作用对摩擦的贡献，几乎是非极路径的两倍[见图4.10(d)(e)]。此外，我们还计算了最大能量势垒$\Delta V_{max} = V_{max} - V_{min}$（其中$V_{max}$和$V_{min}$为滑动势垒的最大值和最小值）与沿两条滑动路径的法向载荷之间的关系。有趣的是，滑动势垒的色散项约为 0.01 J/m^2，与外部法向荷载无关。然而，库仑作用对滑动势垒的贡献随着压力的增加而增加[见图 4.10(c)(e)]。因此，可以推断二维层状材料的层间摩擦主要由库仑相互作用决定，这与前人的报道一致[6,21]。对于非极性路径，由于电荷分布的平滑，不同的二维范德瓦耳斯材料表现出了相似的很小的库仑势垒；但对于极性路径，极性越大，电荷分布粗糙度和库仑势垒也越大。上述结果为二维体系的层间摩擦提供了一个整体图像。

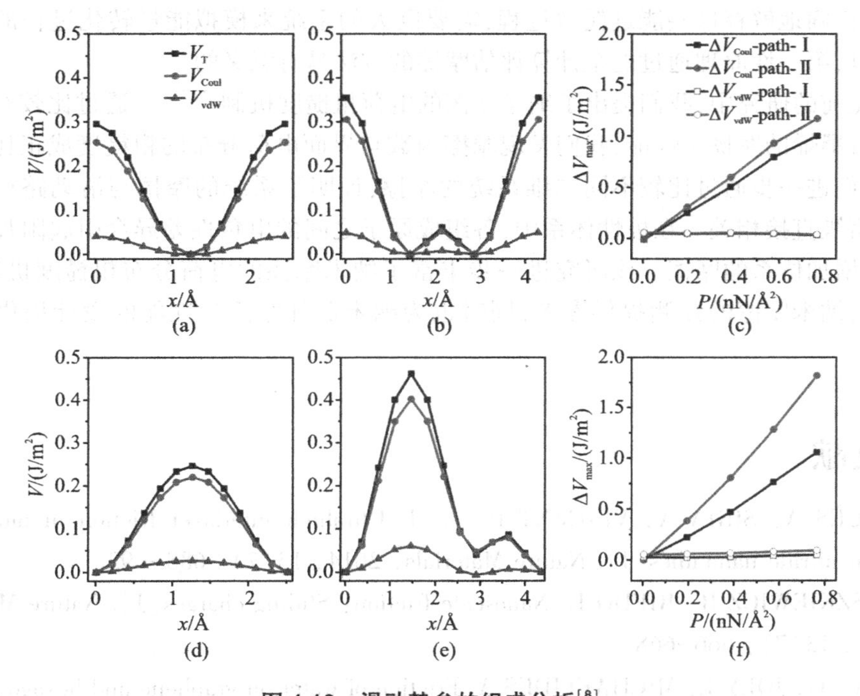

图 4.10　滑动势垒的组成分析[8]

沿(a)路径Ⅰ和(b)路径Ⅱ，graphene/graphene 系统中库仑相互作用和色散项对总的滑动势垒的贡献。(d)和(e)为相应的 *h*-BN /*h*-BN 的结果，法向载荷为 0.2 nN/Å^2，滑动路径上的最小值点设置为 0 参考点。(c) graphene/graphene 和(f) *h*-BN /*h*-BN 系统中最高和最低能量堆栈之间的库仑相互作用和范德瓦耳斯能量之差随正压力的变化关系。

上述分析表明，二维系统中滑动方向上的电负性差异决定着该滑动路径的摩擦行为。我们定义这种摩擦为电负性引起的摩擦，它遵循线性标度率。需要强调的是，在我们的计算中，所有的滑动界面都是公度性的。对于弹性刚性的二维材料，由于界面非公度，如具有相对旋转的同质双层材料，极性效应将被消除。然而，如果材料的弹性模量足够低，也可能形成类似公度的畴域，上述讨论也适用于这些情况。

本节中我们采用基于密度泛函理论的第一性原理方法研究了系统的电负性摩擦性质。在计算中，我们只是通过静态势垒来推断摩擦，并没有涉及具体的摩擦耗散问题，但这样的计算是有意义的，下面就这一问题进行简单的讨论。滑动系统必须克服势垒才能沿着总能量(绝热)最小的滑动路径运动，势垒与滑动摩擦密切相关。沿滑动路径缓慢上坡的时候，系统必须爬过一个所谓的决定静摩擦力的势垒，至少在热激活不重要的低温下是这样。在现实中,有许多复杂的情况,如杂质分子、表面粗糙度和长距离弹性效应,这些可能会使情况复杂化,但这些几乎不可能包括在完全的量子力学模型研究中,而且会因情况而不同。如果我们假设在爬到势垒顶部时获得的所有势能在下坡运动中都作为振动能量耗散掉,那么我们给出的计算也可以估算动摩擦。我们注意到,很少有研究将能量耗散过程(声子的发射,以及导电材料的低能电子-空穴对的激发)的完整动力学过程包括在计算中,我们所知道的涉及量子力学计算的研究中还没有这样的研究。因此,为了正确地解释这些能量耗散过程,需要巨大的系统来模拟能量转化过程的不可逆性。所以,第一性原理通过能垒计算评估摩擦的方法是有意义的。

在先前的研究中,我们提出了纳米摩擦的电荷粗糙度机制[26,22]。通过比较石墨烯和氢钝化石墨烯的摩擦学性能,我们发现摩擦因数与界面电荷分布的粗糙度成正比。在本章中,我们进一步通过比较不同二维系统的摩擦,证明了系统的摩擦与滑动路径中电荷分布的褶皱直接相关。在极性体系中,各组成原子之间的电负性差异会引起附加的电荷粗糙度,增加体系的摩擦。该研究进一步丰富了纳米摩擦的电荷分布粗糙度机制,可为低维材料纳米摩擦的预测提供参考,同时也为纳米器件摩擦学性能的设计提供了一种策略。

参考文献

[1] NIGUÈS A, SIRIA A, VINCENT P, et al. Ultrahigh interlayer friction in multiwalled boron nitride nanotubes[J]. Nature Materials, 2014, 13(7): 688-693.

[2] SZOSZKIEWICZ R, RIEDO E. Nanoscale friction: Sliding charges[J]. Nature Materials, 2014, 13(7): 666-668

[3] TOCCI G, JOLY L, MICHAELIDES A. Friction of water on graphene and hexagonal boron nitride from Ab Initio methods: Very different slippage despite very similar interface structures[J]. Nano Letters, 2014, 14: 6872.

[4] CONSTANTINESCU G, KUC A, HEINE T. Stacking in bulk and bilayer hexagonal boron nitride[J]. Physical Review Letters, 2013, 111: 036104.

[5] HOD O. Graphite and hexagonal boron-nitride have the same interlayer distance. Why? [J]. Journal of Chemical Theory and Computation, 2012, 8(4): 1360-1369.

[6] MAROM N, BERNSTEIN J, GAREL J, et al. Stacking and registry effects in layered materials: The case of hexagonal boron nitride [J]. Physical Review Letters, 2010, 105: 046801.

[7] GAO W, TKATCHENKO A. Sliding mechanisms in multilayered hexagonal boron nitride and graphene: The effects of directionality, thickness, and sliding constraints [J]. Physical Review Letters, 2015, 114: 096101.

[8] WANG J, TIWARI A, GAO J, et al. Dependency of sliding friction for two-dimensional systems on electronegativity[J]. Physical Review B, 2022, 105: 165431.

[9]KRESSE G, JOUBERT D. From ultrasoft pseudopotentials to the projector augmented-wave method[J]. Physical Review B, 1999, 59(3): 11-19.

[10]PERDEW J P, BURKE K, ERNZERHOF M. Generalized gradient approximation made simple[J]. Physical Review Letters, 1996, 77(3): 3865-3868.

[11]BLÖCHL P E. Projector augmented-wave method[J]. Physical Review B, 1994, 50(24): 17953-17979.

[12]TKATCHENKO A, DISTASIO R A, CAR R, et al. Accurate and efficient method for many-body van der Waals interactions[J]. Physical Review Letters, 2012, 108(23): 1-5.

[13]HENDRIK J. MONKHORST, PACK J D. Special points fro Brillouin-zone integretions [J]. Physical Review B, 1976, 13(12): 5188-5192.

[14]ZHONG W, TOMÁNEK D. First-principles theory of atomic-scale friction[J]. Physical Review Letters, 1990, 64: 3054.

[15]ZILIBOTTI G, RIGHI M C, FISICA D, et al. Ab initio calculation of the adhesion and ideal shear strength of planar diamond interfaces with different atomic structure and hydrogen coverage[J]. Langmuir, 2011, 27: 6862-6867.

[16]HE J, HUMMER K, FRANCHINI C. Stacking effects on the electronic and optical properties of bilayer transition metal dichalcogenides MoS_2, $MoSe_2$, WS_2 and WSe_2[J]. Physical Review B, 2014, 89(7): 075409.

[17]WEN M, CARR S, FANG S, et al. Dihedral-angle-corrected registry-dependent interlayer potential for multilayer graphene structures[J]. Physical Review B, 2018, 98(23): 1-11.

[18]LEBEDEV A V, LEBEDEVA I V, KNIZHNIK A A, et al. Interlayer interaction and related properties of bilayer hexagonal boron nitride: Ab initio study[J]. RSC Advances, 2016, 6(8): 6423-6435.

[19]LEBEDEVA I V, LEBEDEV A V, POPOV A M, et al. Comparison of performance of van der Waals-corrected exchange-correlation functionals for interlayer interaction in graphene and hexagonal boron nitride[J]. Computational Materials Science, 2017, 128: 45-58.

[20]TAN P H, HAN W P, ZHAO W J, et al. The shear mode of multilayer graphene[J]. Nature Materials, 2012, 11(4): 294-300.

[21]REGUZZONI M, FASOLINO A, MOLINARI E, et al. Potential energy surface for graphene on graphene: Ab initio derivation, analytical description, and microscopic interpretation[J]. Physical Review B, 2012, 86: 245343.

[22]WANG J, LI J, FANG L, et al. Charge distribution view: large difference in friction performance between graphene and hydrogenated graphene systems[J]. Tribology Letters, 2014, 55: 405-412.

[23]PERSSON B N J. Comment on "On the origin of frictional energy dissipation"[J]. Tri-

bology Letters, 2020, 68(1): 28.

[24]ZHOU S, HAN J, DAI S, et al. Van der Waals bilayer energetics: Generalized stacking-fault energy of graphene, boron nitride, and graphene/boron nitride bilayers[J]. Physical Review B, 2015, 92: 155438.

[25]LI B, YIN J, LIU X, et al. Probing van der Waals interactions at two-dimensional heterointerfaces[J]. Nature Nanotechnology, 2019, 14(6): 567-572.

[26]WANG J, WANG F, LI J. Theoretical study of superlow friction between two single-side hydrogenated graphene sheets[J]. Tribology Letters, 2012, 48: 255-261.

第 5 章　纳米摩擦的尺寸与边缘效应

随着尺寸不断减小,连续介质力学理论及模型不再适用于材料力学现象的描述。在纳米尺寸上,材料摩擦性质与材料的尺寸密切相关。一些研究发现 graphene、MoS_2、h-BN 等典型二维材料的摩擦力随层数的增加而增加[1-4],并从电子结构和接触力学等不同方面对此现象进行了解释。我们先前的研究发现稀有气体原子在铅薄膜上的摩擦性质随铅薄膜的厚度振荡变化[5],这一现象与铅薄膜的量子尺寸效应有关;还有研究发现,不同大小尺寸的 graphene 片段具有不同的摩擦性质,与其片段的形状也有关系[6-9]。另外,边缘效应与尺寸密切相关,随着尺寸不断减小,边缘效应越发显现,在一些非公度性系统中甚至决定着材料的纳米摩擦性质[9,10]。因此,研究摩擦的尺寸与边缘效应,对于理解纳米摩擦进而控制纳米摩擦具有重要的意义。在本章中,结合现有研究,我们将介绍低维系统摩擦的尺寸与边缘效应及内在机制。

5.1　层数对典型二维材料纳米摩擦性质的影响

5.1.1　探针界面之间吸附引起的面外褶皱增强机制

Lee 等人使用 AFM 实验结合理论模型研究了在 SiO_2/Si 衬底上生长的 graphene、h-BN、MoS_2 和 $NbSe_2$ 四种二维材料的摩擦性质[1]。研究发现四种材料的摩擦力对材料厚度均存在相同的依赖关系,即摩擦力随着材料层数的增加而减小,并最终收敛到相应块体材料的摩擦值,且该依赖关系与正压力,滑动速度和探针材料及形状无关。该研究进一步指出这种独特的摩擦特性是由纯力学效应引起。当用 AFM 探针滑过松散地黏附在衬底上的二维材料时,这些弯曲强度低的原子片会由于探针和样本之间大的黏附力起皱并黏在探针上,导致较大的接触面积和摩擦力,如图 5.1 所示。随着层数的增加,片状材料的抗弯刚度增加,面外起皱能被有效抑制,材料表现出较小的接触面积和摩擦力。为了验证这种机制,他们还测量了生长在云母衬底上的 graphene 的摩擦性质,graphene 与云母衬底高度黏合抑制了 graphene 的面外褶皱,因此该系统的摩擦对厚度的依赖性不明显。该工作表明,单层 graphene 不是良好的润滑剂,而五层厚的 graphene 会使接触界面像涂了固体润滑剂一样光滑,这可为生产带有运动部件的新型微机电系统提供参考。

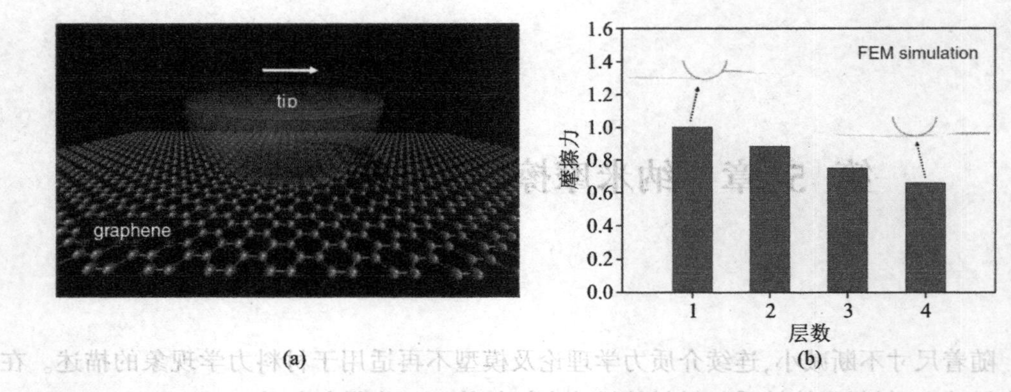

图 5.1　摩擦的褶皱效应示意图[1]

(a)滑动过程中 graphene 与探针尖端之间的吸附会造成 graphene 的面外变形,这将导致接触面积和摩擦增加。原子的色标表示它们在平面外的位置。(b)基于有限元模拟的摩擦随 graphene 层数的变化关系;插图表示在 1 层和 4 层片上滑动时,接触区域周围 graphene 片段的局部面外变形(由颜色表示)。

该研究结果使关于摩擦起源的旧理论重新焕发了生机[4]。为了解释固体为什么总是设法咬合在一起,库仑已经推测,两个对立平面的表面分子因为接近而发生收缩,进而在局部形成咬合,而界面需要克服这种咬合作用才能发生运动。摩擦的界面咬合相关的思想长期以来一直被忽视,特别是 Hardy 的实验结果直接否定了上述理论,该实验发现,在玻璃表面添加一层脂肪酸,没有改变粗糙度,但却将摩擦减少了 10 倍。然而,真正重要的是薄膜的厚度,厚度越大,通常就越难变形,就越不可能与对应的表面形成咬合。二维固体,如 graphene,在这方面特别突出,由于它们的抗面内变形能力与变形的空间程度无关,因而易于弯曲,这就是为什么单层薄膜比多层更容易变形的主要原因。为了完全理解摩擦力随层数减小而增大的现象,在另一份工作中,Li 等人对滑动过程中接触质量的演化进行了研究,完整解释了该实验现象[3]。

5.1.2　电子-声子耦合增强机制

上一节中,Lee 等人采用接触力学方法阐述了二维层状材料摩擦性质随层数的变化关系[1]。本节中我们将从电子层次介绍摩擦随层厚变化的另外一种机制。Filleter 等人研究了在 SiC 表面外延生长的单层和双层 graphene 薄膜的摩擦和耗散,发现在 SiC 表面生长的单层 graphene 的摩擦比双层大两倍[2]。该研究从输运的角度出发,提出了电子-声子耦合增强机制对此现象进行了解释,即单层中声子振动和电子之间的强耦合与大摩擦力密切相关。当一个物体在不完全光滑的表面上滑动时,就会产生振动,并最终转化为热量。当电子与振动耦合较大时,电子也会激发,从而导致更大的阻力和摩擦力。本节我们对这一机制进行介绍。

当薄膜变得很薄,特别是变成二维时,材料的厚度可以通过限制载流子移动的自由度来影响电子传输。例如,单原子层的二维 graphene 是一种半导体,而三维石墨则是一种导体。当厚度变化时,力学性能,尤其是摩擦学性能是否也应该有这种趋势?Filleter 等人的研究给出了肯定答案[2]。

采用常压热分解法，Filleter 等人在 SiC(0001)上原位制备出了单层(1LG)和双层(2LG)石墨烯薄膜，然后利用自制的超高真空原子力显微镜(UHV-AFM)系统测量了薄膜的摩擦性能。通过测量探针尖端前后滑过相邻 1LG 和 2LG 之间的侧向力来确定尖端在试样上滑动时所耗散的总能量，如图 5.2 所示。探针在往返过程中消耗的总能量由回路的封闭区域面积给出，阴影区域反映了 1LG 和 2LG 区域消耗的相对能量。很明显，1LG 能量耗散率和摩擦远大于 2LG，约为其 2 倍，这种效应在所有载荷下都存在。他们还用不同的样本，不同的技术重复了这个实验。发现：对于不同的探针尖端，荷载依赖关系的斜率可能不同，但在 1LG 和 2LG 上测量的侧向力之比保持一致。

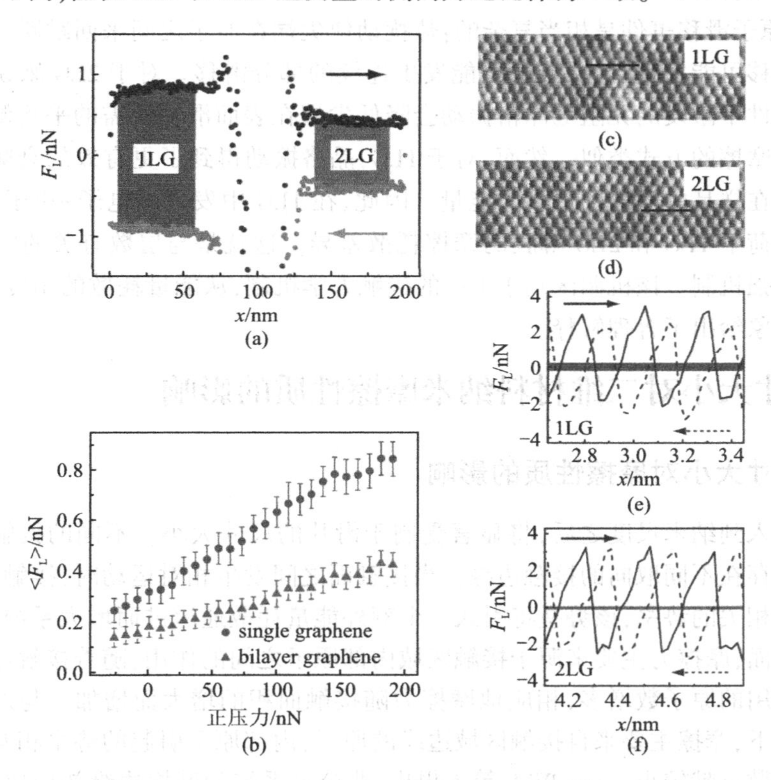

图 5.2　单层、双层石墨烯摩擦性质对比[11]

(a)172 nN 的法向荷载下，单层(1LG)和双层(2LG)graphene 在 50 个循环下的摩擦测试图。(b)1LG 和 2LG 的平均侧向力作为法向荷载的函数。(c)和(d)为 1LG 和 2LG 薄膜上的原子黏滑摩擦力图。(e)和(f)为对应的侧力线廓线，阴影区域表示平均摩擦力。

为了识别 1LG 和 2LG 薄膜的内在差异，Filleter 等人对样本执行了角分辨光电发射光谱(ARPES)实验，该实验能够直接探测固体中的多体相互作用。ARPES 能够测量作为单粒子谱函数的能带结构 $A(K,\omega)$，这里 K 是电子动量，ω 是电子的结合能。多体相互作用通过改变依赖于 ω 的带线宽能在 $A(K,\omega)$ 表达出来，这一过程伴随着能带能量的重整化。因为 1LG 中的载流子寿命是由电子-电子(e-e)、电子-声子(e-ph)和电子-等离子体(e-pl)相互作用决定的[11]。作为非弹性散射的唯一机制，这些相互作用中的任何一种变化原则上都可以解释所观测到的耗散和摩擦的差异。在这里，他们通过确定能带的能量重整化，证明了1LG和2LG之间电子-声子耦合的显著差异。通过ARPES实验，他们证实了在1LG中存在很强的电子-声子耦合作用，但是在2LG系统中，电子-声子耦合作用很弱，甚至难以测量到。

基于上述实验，对于1LG和2LG薄膜之间的摩擦差异，他们提出以下物理图像：在观察到的黏滑过程中，晶格局部形变能通过滑动的探针尖端释放，将动能转化为晶格振动。在1LG薄膜中，晶格振动通过电子-声子耦合产生的电子激发耗散，这比在2LG薄膜中要强得多。这种额外的机制增加了黏滑过程的能量耗散效率，是造成摩擦能量损失的原因。在微观上，我们不期望晶格振动的受激寿命从一个滑移延伸到下一个滑移。然而，众所周知，原子滑移事件是相当复杂的：热扰动使尖端在原子之间来回跳跃，两个晶格常数上的双滑移可能发生，扩展接触可能发生连续的部分滑移。对于2LG来说，在这种复杂的滑动事件中激发的无阻尼晶格振动会降低尖端在表面滑动所需的平均侧向力，这与热振动降低摩擦的方式类似。然而，对于1LG，晶格振动得到了更有效的衰减，并以电子激发的形式在样品中耗散了更多的能量。因此，在1LG中发现的电子-声子耦合可以解释在所有载荷下1LG和2LG薄膜的摩擦耗散差异。这就是与层数有关的摩擦的电子-声子耦合增强机制。该机制区别于Lee的接触力学机制，从能量耗散的角度对与层数有关的摩擦现象给出了合理解释。

5.2 尺寸大小对二维材料纳米摩擦性质的影响

5.2.1 尺寸大小对摩擦性质的影响

摩擦进入到纳米尺度之后，将显著受制于滑片的尺寸大小。不同的接触面积、接触形状意味着存在不同取向的接触边缘。当接触面之间发生相对运动时，接触边缘会提供一个与边界相关的势垒，该势垒将引入一个额外能量耗散通道进而增大系统的摩擦。对于公度性界面，摩擦力主要来源于接触区域内部原子之间的作用，随着接触面积的增加，内部相互作用的原子数增多，相应地摩擦力随接触面积的增大而增加。与之相反，在非公度的情况下，摩擦主要来自接触区域边缘的原子，内部原子引起的势垒相互抵消，对摩擦能量的耗散贡献较小。van Wijk等人提出，非公度系统的摩擦边缘效应比公度系统更加显著[12]。特别在高负载下，由于边缘效应的增强，超润滑性可能会受到压制。接触边缘的原子构型对摩擦也有显著的影响，如不规则末端带有悬键的原子能够极大地增加碳纳米管的壁间摩擦[13]。尽管有了这些重要的进展，但边缘效应，特别是形状和尺寸对摩擦行为的影响机制仍不清楚，因此研究尺寸与形状对纳米摩擦的影响成了近期摩擦学研究的热点。

Zhang等人基于对矩形graphene薄片在金刚石支撑的graphene上滑动的分子动力学模拟，对摩擦与接触面积、接触边缘取向的关系进行了理论研究[13]。他们发现摩擦行为显著地受到滑动方向和滑片尺寸的影响。研究结果为理解和接触面积形状相关的纳米摩擦具有参考意义。

为了研究边缘取向对层间摩擦的影响，他们进行了两个模型的计算。在第一个计算模型中，保持 graphene 片段沿滑动方向的长度 l_z 不变，仅改变横向长度 l_x，如图 5.3(a)；而在第二个模型中，保持薄片的长度 l_x 不变，但改变 l_z，如图 5.3(b)。分别对上述模型中每个原子施加 0.1 nN 和 0.3 nN 的载荷，进行摩擦力的计算。从图 5.3(c)和(d)可以看出，摩擦力随 l_x 的增大而显著增大，但随 l_z 的增大仅有稍微增加，这说明摩擦行为受薄片边缘方向的影响较大。也就是说，相同的滑片在同一衬底上滑动时，摩擦不仅取决于滑片面积，而且与滑片的纵横比密切相关，横向尺寸越大，摩擦力越大[图 5.3(c)和(d)]。我们注意到，本研究仅关注边缘取向对纳米尺度摩擦的影响。已有研究表明，锯齿状边缘和扶手椅状边缘的电子性质不同，这可能是边缘取向对纳米尺度摩擦影响的贡献之一。

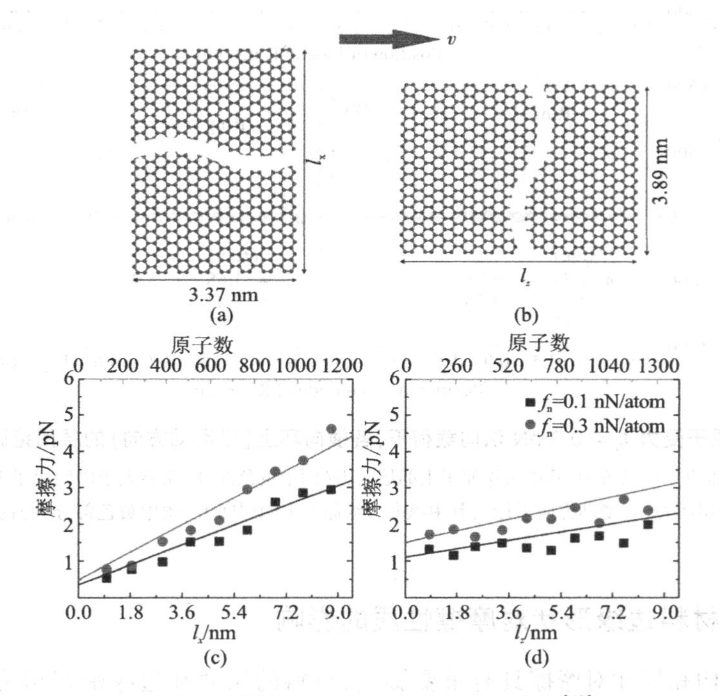

图 5.3　摩擦对尺寸、滑动方向的依赖关系[13]

滑片的模型尺寸和与边缘相关的摩擦力。与滑动方向相比，横向尺寸对薄片边缘的摩擦力依赖性更强。(c)和(d)中的实线表示模拟数据与提出的纳米级摩擦公式的拟合。

为了说明为什么摩擦对横向边缘比纵向边缘更敏感，计算了每个碳环在滑动方向上的层间范德瓦耳斯力，如图 5.4 所示。沿滑动方向，施加在前后两端原子上的层间范德瓦耳斯力明显大于施加在内侧原子上的层间范德瓦耳斯力，而层间纵向边缘原子的范德瓦耳斯力与内部原子的范德瓦耳斯力相当。片段前的大阻力(促进摩擦)和片状后的大推力(减少摩擦)表明，推动片段运动的横向边缘比纵向边缘消耗更多的能量。侧向边缘上巨大的范德瓦耳斯力实际上是由片状边缘附近的范德瓦耳斯势垒引起的，这是由于 graphene 与衬底原子之间在接触区域和没有接触区域之间存在明显的热振动差别所致。当较宽的薄片在衬底上滑动时，边缘势垒会导致更多的能量耗散。此外，衬底在接触区域发生了明显的压痕变形。压痕变形引起的能量耗散对片状的横向长度比纵向长度更敏感，称为弹性犁沟效应。这定性地解释了为什么纳米尺度的摩擦更敏感地依赖于侧向边缘长度而不是纵向边缘长度。

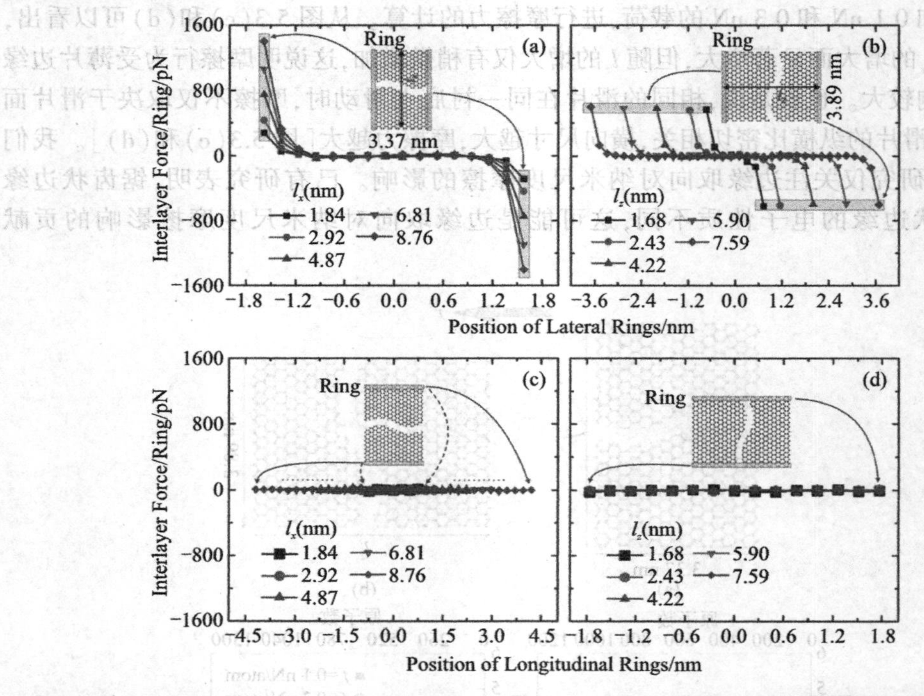

图 5.4　每个原子受力 f_N = 0.3 nN 法向载荷下，各横向环上(沿滑动方向)的层间范德瓦耳斯力[13]

(a)(b)受力垂直于滑动方向，其中边缘原子上的层间力(图中黄色部分)明显大于内侧原子上的层间力。(c)(d)各纵向环上的层间力(与滑动方向平行)，其中纵向边缘原子上的层间力(图中黄色部分)与内部原子上的层间力相当。

5.2.2　二维材料边缘形状对摩擦性质的影响

材料的结构和尺寸对摩擦具有重要影响，材料的尺寸和边缘密切相关，因此边缘效应对纳米尺度的摩擦有重要的影响。但目前人们对纳米摩擦和接触边缘之间关系的详细研究仍然非常缺乏。最近，Zhang 等人利用分子动力学模拟方法，基于 graphene 片段在 graphene 衬底上的模型，研究了在非公度情况下，边缘尺寸对 graphene 层间纳米级摩擦的内在影响[6]。本节结合这一研究工作，阐述边缘在摩擦中的重要性。

在这项研究中，他们将原来的矩形 graphene 片沿一定的六角形路线切割，分成六角形内区和外区两部分，然后将内外片分别放置在支撑石墨烯衬底表面。构造了两个独立的计算系统。分别计算了内环和外环的摩擦力以及等效环的摩擦力(即内环和外环的摩擦力之和)，如图 5.5 所示。

首先考虑了摩擦与切割六边形边界尺寸的关系。分别计算了内片和外片在双层 graphene 衬底上的摩擦[图 5.6(a)]。考虑了每个原子在 0.5 nN 和 0.8 nN 载荷下的摩擦行为，如图 5.6(c)(d)显示，内环的摩擦力随六边形直径 d 的增加呈线性增加，而外环的摩擦力几乎不变。显然，原子数(或棱角面积)和内棱角的边缘尺寸都随着六边形的直径增

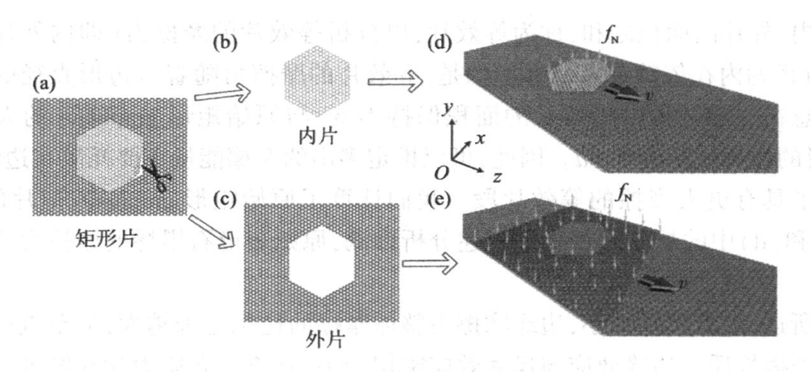

图 5.5 计算模型[6]

(a)将矩形 graphene 片沿六边形的边界切割，分为内部区域(b)和外部区域(c)。将两部分放在双层 graphene 衬底上，分别构建摩擦计算模型(d)和(e)。

加而增加[图 5.6(b)]。值得注意的是，对于非公度的石墨烯，纳米尺度的摩擦行为由边缘原子主导，因此随着六方直径（即边缘长度）的增加，摩擦也会增加；相比之下，虽然外环的尺寸也随六方孔直径的增加而线性增加，但总的原子的数量在减少，因此，随着直径的增加，摩擦力几乎保持不变。

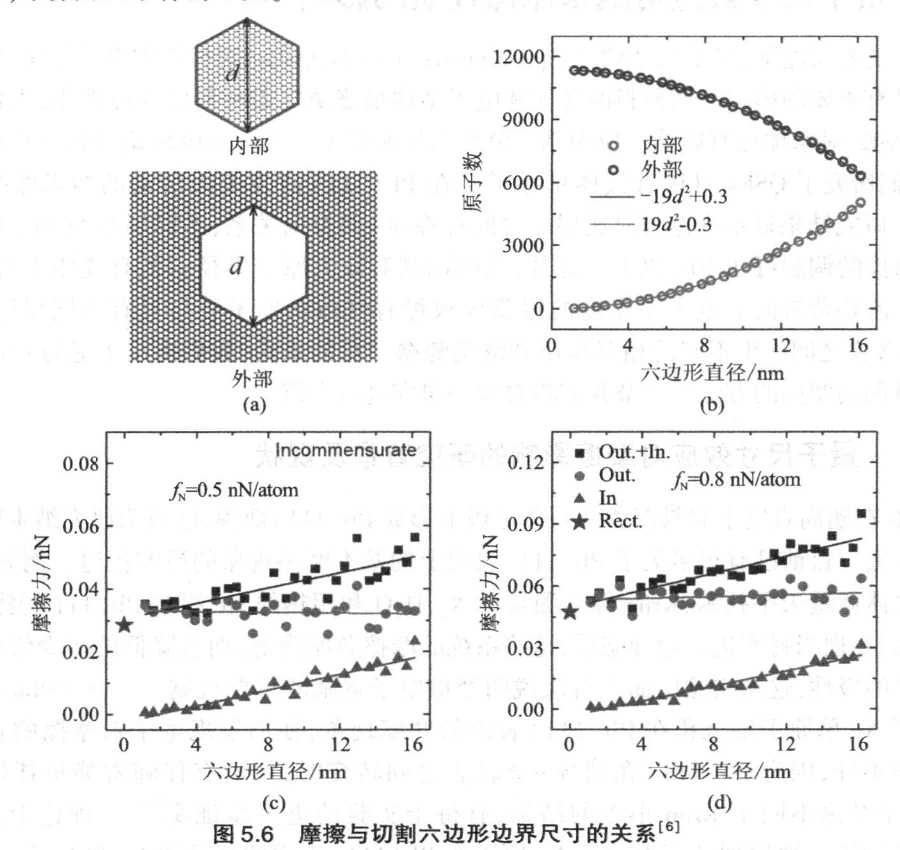

图 5.6 摩擦与切割六边形边界尺寸的关系[6]

(a)直径为 d 的六边形的内部和外部示意图。(b)内部和外部的原子数随六边形直径 d 的变化关系，两部分的原子数均是 d 的二次函数。(c)和(d)在每个原子受到 0.5 nN 和 0.8 nN 的载荷下，摩擦力随六边形直径 d 的变化关系。

定义内、外片的面积之和,称为等效片,以分析等效片的摩擦力(即内外片的摩擦力之和)对直径的内在依赖关系。有趣的是,等效片的摩擦力随着六边形直径的增加线性增加。注意在这个过程中等效片的面积保持不变,与原始矩形 graphene 的大小完全相同,但前者的边长比后者大 $6d$。因此,可以推定多出的摩擦能量主要耗散在边缘原子上,从而产生了具有更大摩擦的等效片段。我们计算了原始矩形 graphene 薄片的摩擦[如图 5.6(c)和(d)中的星点所示],如上述分析预测,原始矩形石墨烯的摩擦力比等效石墨烯小得多。

综上所述,随着尺寸减小,边缘摩擦占整体摩擦的比例越来越大,甚至直接决定着纳米系统的摩擦性质。边缘效应与尺寸效应密切相关,是连续介质力学在纳米尺寸不再适用的主要原因之一。除了受自身尺寸、形状影响之外,边缘摩擦还受到压力、温度、界面环境、滑动方向等诸多外部因素的制约,是一个极其重要和复杂的交叉力学问题。本节仅给出了尺寸效应的几个例子,事实上压力、温度、界面环境及其耦合效应对边缘效应也有显著的影响。因此,探索抑制和调控边缘摩擦的方法,建立包含边缘效应的纳米摩擦理论仍是纳米摩擦学研究的主要挑战之一。

5.3 量子尺寸效应对纳米摩擦性质的影响

在纳米尺度下,量子尺寸效应(quantum size effects,QSEs)对材料的电子结构、薄膜生长均具有重要的影响。而材料的几何和电子结构最终决定着材料的摩擦性质,人们自然期待 QSEs 对摩擦也有影响。应用基于范德瓦耳斯修正的密度泛函理论的第一性原理方法,我们研究了 QSEs 对稀有气体单原子层在 Pb(111)薄膜表面滑动的纳米摩擦的调制[5]。研究结果显示摩擦与衬底层厚之间存在奇-偶振荡关系,不同层厚的 Pb(111)薄膜对摩擦的调制可达 30%以上。此外,这些调制对较大原子半径的稀有气体更为显著。物理机制是费米面上电子态密度的振荡导致稀有气体单原子层与具有不同层厚的 Pb(111)薄膜之间产生不同的相互作用和滑动势垒。总的来说,我们提出了通过衬底的不同层厚调制摩擦的方法。本节我们将对这一研究进行介绍。

5.3.1 量子尺寸效应对摩擦影响的研究背景及现状

Pb 在超高真空下容易沉积在石英电极上形成 Pb(111)薄膜,已成为研究纳米摩擦的典型衬底。目前已有很多关于 Pb(111)表面上的基本摩擦现象的研究报道。例如,利用石英晶体微量天平技术,Krim 等人测量了 N_2、H_2O 和超热的 He 膜在 Pb(111)表面的摩擦,他们发现当衬底进入超导态后,这些系统的摩擦急剧降低,而且降低的多少依赖于吸附薄膜的极性,这从实验层面上首次说明摩擦电子贡献的重要机制[14,15]。Valbusa 等人研究了 Ne 单原子层沉积在 Pb(111)表面的摩擦现象,他们发现电子对摩擦的贡献可以忽略不计,因为 Pb(111)在超导-金属态之间转变时,并没有伴随着能量耗散的改变,这个结论不同于 Krim 小组的结果,有待于实验的进一步证实[16]。理论上,Zhang 等人通过第一性原理计算揭示了 Ne 原子在 Pb(111)表面的运动比 Kr 和 Xe 原子快得多[17],这合理地解释了最近的实验观测[18]。对于稀有气体(rare gas, RG)的单原子层在Pb(111)表面的滑动体系,虽然已经发现了一些重要的摩擦行为,但仍然存在许多有待解决问题。例如,随着体系尺寸的减小,量子现象,如滑动物体(吸附层)和衬底的QSEs和边界效应,将会在材料的稳定性上起到非常重要的作用,这可能会影响体系的摩擦。

源于电子限域的QSEs是金属薄膜的一个非常显著的特点,它会对材料的物理和化学性质产生巨大的影响。与其他金属薄膜相比,Pb(111)薄膜具有最强的QSEs,其QSEs可表现至40层以上[19],因此Pb(111)薄膜吸引了人们的广泛关注[20,21]。之前的工作已经表明:Pb(111)薄膜的表面能、功函数、热稳定性、霍尔系数和超导转变温度等[19,22,23,24]都会随着层数奇-偶振荡。更有趣的是,Xue等人报道了钴酞菁分子(CoPc)在Pb(111)表面上的吸附对衬底的厚度具有选择性[25]。这说明CoPc分子在Pb(111)薄膜上的吸附能和扩散势垒依赖于衬底的厚度,同时也预示着QSEs也许对分子在Pb(111)表面滑动的纳米摩擦会有影响。

在上述研究的启发下,基于RG在Pb(111)表面的滑动模型,研究了QSEs对纳米摩擦的影响。我们分别选择Ne、Kr和Xe单原子层作为吸附层进行系统的研究。应用第一性原理计算得到给定压力下的摩擦因数(coefficient of friction, COF),随着衬底的厚度存在奇-偶振荡关系。不同衬底层厚之间的摩擦差别可达30%,这说明QSEs对纳米摩擦有显著影响。我们的计算还表明QSEs对于具有较大原子半径的吸附原子更明显。该研究不仅提供了一种在电子层次上调制摩擦的潜在方法,还是一种辨别电子摩擦的有效途径。

5.3.2 计算方法及研究模型

密度泛函理论(density functional theory, DFT)是一种在原子尺度上计算电子结构和薄膜之间相互作用的有效方法。因为经典的分子动力学(molecular dynamics, MD)模拟不能处理与电子有关的摩擦,所以DFT方法已成为在电子层次上研究纳米摩擦的主流方法[26,27]。到目前为止,在DFT框架内有三种计算纳米摩擦的方法。第一种方法是计算滑动模型的势能面和拟合相应的能量势垒[28],例如著名的Prandtl-Tomlinson模型[29]。第二种方法是Zhong等人给出的基于"最大摩擦"模型的方法,这种方法认为在每一次滑动过程中势能全部以声子或电子激发的形式耗散掉[30],已被成功应用在很多系统中[26,27]。第三种方法是最近Wolloch等人提出的一种准静态模型方法,该方法认为能量通过滑动物体自身的弛豫来耗散,这种方法是无参数的全电子计算,仅依赖于滑动物体的相互作用[31]。在本工作中,我们采用Zhong等人提出的方法研究QSEs对RG单原子层在具有不同层厚的Pb(111)薄膜上摩擦的影响,这与系统的电子结构紧密相关。

我们应用第一性原理软件包(VASP)进行计算[32],采用投影缀加波(PAW)赝势[33]。选取optB86b版的非局域范德瓦耳斯密度泛函(vdWS-DF)处理RG单原子层和Pb膜间的相互作用[34]。因为范德瓦耳斯修正的精度随着价电子数目的增加而增加,所以Pb的5d和6s电子被当作价电子来对待。

我们采用周期性的平板模型，包括几层 Pb(111) 原子、1 个单原子层的 RG 吸附原子和 8 层的 Pb(111) 薄膜厚度的真空层，模拟 RG/Pb(111) 体系，如图 5.7 所示。计算选择之前理论研究所采用的 $\sqrt{3}\times\sqrt{3}$ 超胞[17,35,36]，如图 5.7(a) 所示。布里渊区 K 点取样为 Monkhorst-Pack 方法产生的 11 ×11 ×1，波函数展开的截断能为 500 eV[38]。计算结果也应用更大的 15 ×15 ×1 的 K 点检验过。计算得到的 Pb 块体的晶格常数为 4.98 Å，与实验值 4.95 Å 符合。

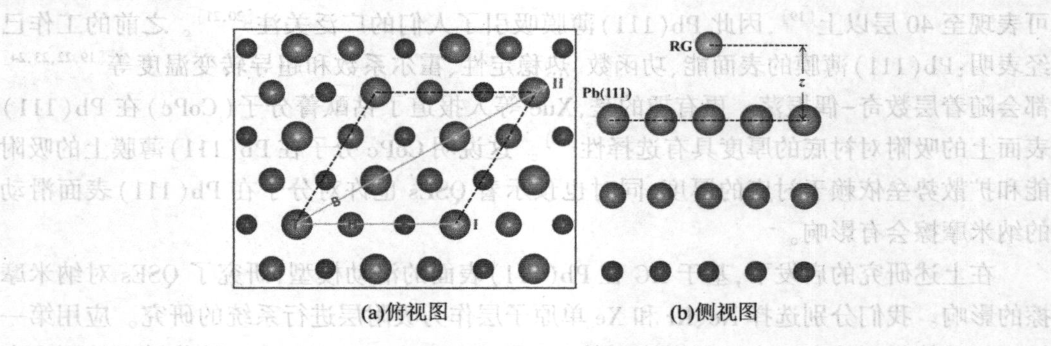

(a)俯视图　　(b)侧视图

图 5.7　计算模型的俯视和侧视图[5]

图(a)中的平行四边形表示 $\sqrt{3}\times\sqrt{3}$ 超胞，橙色的箭头 I 和 II 分别代表 RG 单原子层滑动的两条路径。T、B、H 和 F 分别标记顶位、桥位、hcp 空位和 fcc 空位。大、中和小球分别是位于表面、次表面及第三层的 Pb 原子。图(b)中的符号 z 是 RG 单原子层和 Pb(111) 表面间的距离。

RG 单原子层沿着 Pb(111) 表面上的两条路径[图 5.7(a)]滑动。在这两条路径上分别选取 12 个点来模拟滑动过程，沿着路径 I 和路径 II 两点之间的距离分别为 0.508 Å 和 0.293 Å。首先研究 Pb(111) 薄膜的 QSEs，然后讨论其对 RG/Pb(111) 体系的吸附及摩擦行为的影响。最后，我们给出 RG 单原子层在 Pb(111) 表面滑动的依赖于厚度的摩擦调控。

5.3.3　Pb(111) 薄膜的量子尺寸效应

正如上面讨论过的，薄膜的 QSEs 来源于电子运动的限域效应，即电子在垂直于表面方向上的运动类似于粒子局限在一个盒子里的形式量子化。该量子化直接导致薄膜的一些物理量的振荡，这是 QSEs 最本质的特点。这里，作为后续讨论的一个支撑点，我们首先计算了 Pb(111) 薄膜的 QSEs。通常我们用表面能和表面能的二阶差分来描述 QSEs[19-21]。表面能是指薄膜的能量和其相应的块体能量的差别。我们定义表面能的二阶差分为 $\Delta^2 E = E_s(N+1) + E_s(N-1) - 2E_s(N)$，这里 E_s 和 N 分别是表面能和相应的 Pb(111) 薄膜的层数。图 5.8(a) 给出的了表面能的二阶差分，它随着层数的变化有很强的奇-偶振荡性，转变点出现在第 10 层。在图 5.8(b) 中，我们相应地计算了不同层数 Pb(111) 薄膜的总态密度(TDOS)，发现电子在费米面附近的占据也呈现出与表面能二阶差分相似的振荡关系，这为 Pb(111) 薄膜的 QSEs 提供了一种物理解释。

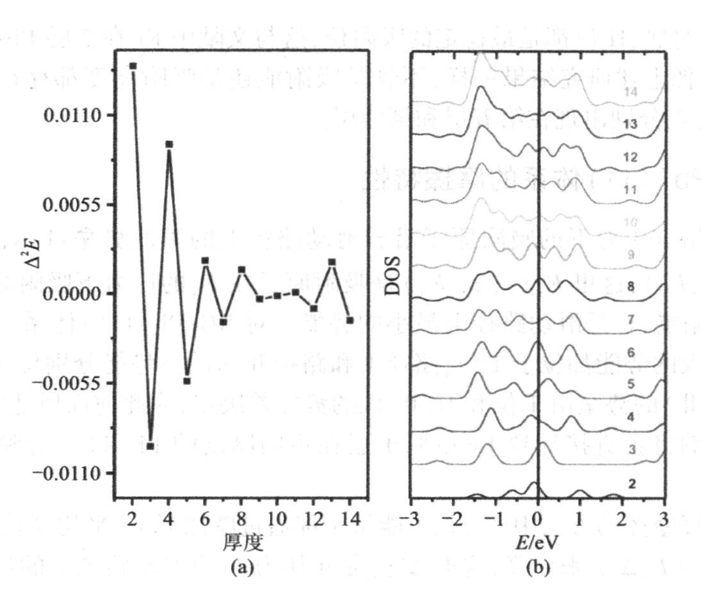

图 5.8　表面能与态密度随厚度的变化关系[5]

层数 $N \leq 14$ 时 Pb(111)薄膜的(a)表面能的二阶差分和(b)总态密度 TDOS，图(b)中的能量零点对应费米能级。

5.3.4　Kr/Pb(111)体系的吸附特性

采用吸附能描述滑动物体和衬底间相互作用能，定义为 $E_{ad}=E_{tot}-E_{Pb(111)}-E_{RG}$，这里 E_{tot}、$E_{Pb(111)}$和 E_{RG}分别是 RG/Pb(111)、Pb(111)和孤立的 RG 单原子层的能量。我们研究了 RG 单原子层沿着 Pb(111)表面上两条路径的吸附行为。考虑 Kr 在 Pb(111)表面的四个高对称位的吸附来说明 RG/Pb(111)的吸附行为随衬底层数的变化，即顶位(T)、桥位(B)、hcp 空位(H)和 fcc 空位(F)，如图 5.9 所示。在图 5.9 中，我们可以明显地看到 Kr 单原子层在 H 位的吸附具有最大的吸附能和最小的吸附高度，这意味着不管是多少

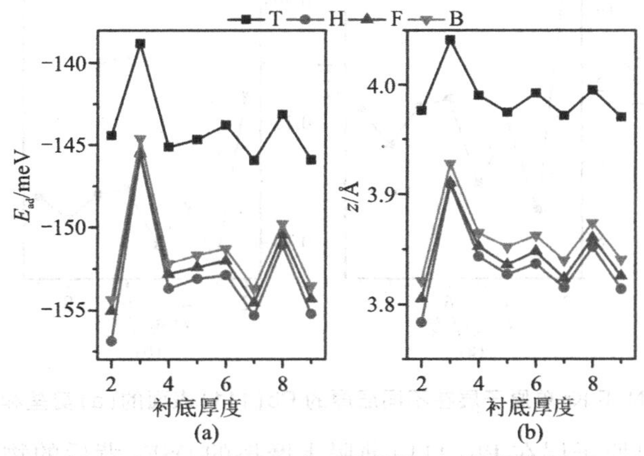

图 5.9　Kr 原子在 Pb(111)表面四个高对称位的(a)吸附能 E_{ad}和(b)吸附高度 z 随着衬底厚度的变化[5]

层的 Pb(111) 衬底，H 位都是最稳定的吸附位，这与文献中 Kr 在 7 层 Pb(111)衬底上的吸附相同[17]。像上述研究结果一样，不管是吸附能还是吸附高度都存在着双层振荡关系，它们的转变点分别出现在第五层和第四层。

5.3.5 Kr/Pb(111)体系的摩擦特性

我们计算给定压力下的吸附原子沿着滑动路径上的扩散势垒：$V(s,F_N)=E_{ad}(s,z,F_N)+F_N z-V_0(s,F_N)$，这里 $E_{ad}(s,z,F_N)$是吸附原子在 F_N 的压力下吸附高度为 z 滑动距离为 s 时的吸附能，V_0是滑动路径上最小的势能。对 RG/Pb(111)体系，在给定压力下，两条路径的最大的势能都位于 T 位，路径Ⅰ和路径Ⅱ的最小势能分别位于 H 位和 B 位。于是，路径Ⅰ(Ⅱ)的势垒由 T 位和 H(B)位的势能差决定，因此前面所述的 QSEs 对吸附行为的明显影响将会直接导致 Kr 单原子层在不同厚度的 Pb(111)薄膜上的不同摩擦行为。

在我们计算摩擦的方法中[30]，认为能量全部通过摩擦耗散，平均摩擦因数 COF 通过公式 $\mu=\Delta V_{max}/(F_N\Delta s)$ 来计算，这里 ΔV_{max}是正压力 F_N下滑动路径上的最大和最小的势能差，Δs 是两个相邻的最大势能位置或最小势能位置之间的距离。原则上来说，我们能够计算出任何压力下的势垒和摩擦。然而，这里主要讨论 QSEs 对这两个物理量的影响，因此，我们只选择 0.025 nN 压力进行讨论，其对应的压强大约为 80 MPa($p=F_N/S$)。在 0.025 nN 下，Kr 单原子层沿着不同层厚 Pb(111)表面上两条滑动路径上的扩散势垒和摩擦因数分别如图 5.10(a)和(b)所示。从这两幅图中，我们可以看出势垒和摩擦因数都随着衬底的层数奇-偶振荡，这来源于吸附能和吸附高度的 QSEs 的共同作用。具体地讲，在 0.025 nN 的压力下，Kr 在两层 Pb(111)薄膜上的摩擦因数几乎是三层 Pb(111)膜上的两倍。随着 Pb(111)薄膜层厚的增加，相邻的衬底层厚之间的摩擦因数的差别接近 20%。事实上，实验上的超高真空条件下 QSEs 对摩擦的影响可能更强。

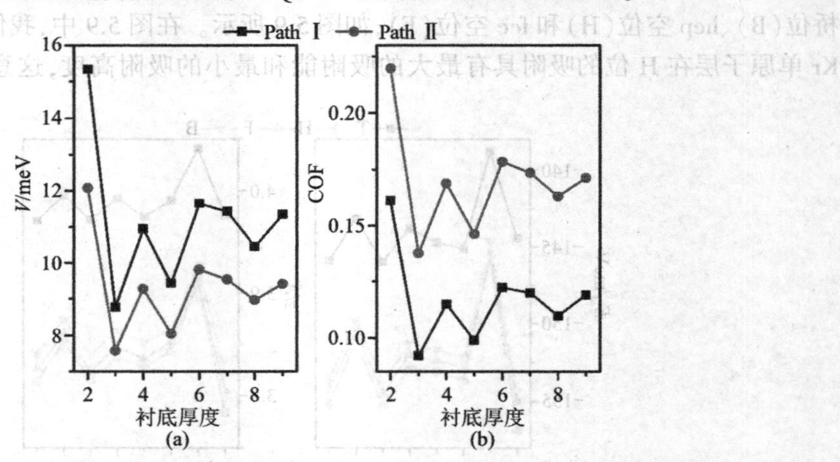

图 5.10 0.025 nN 下 Kr 单原子层在不同层厚的 Pb(111)表面的(a)势垒和(b)摩擦因数[5]

为了阐述 Kr 单原子层在 Pb(111)薄膜上摩擦的 QSEs 背后的物理，我们在图 5.11(a)中给出了 0.025 nN 下 Kr 单原子层在不同层厚的 Pb(111)薄膜的 T 位的 TDOS，并且在图5.11(b)中我们也考虑了0.25 nN下的情况。这些TDOS表明电子在费米面处的占据随着衬底层厚呈现双层振荡性,并且振荡不会在较大的压力下消失。电子在费米面附近的占据完全对应于吸附能随着层数的变化[图5.11(b)]。换句话说,Kr在Pb(111)表面的吸附能直接由电子在费米面附近的占据所决定。另外,Kr单原子层与Pb(111)薄膜间的相互作用属于弱的范德瓦耳斯相互作用,这就导致Kr对TDOS的贡献非常弱。图5.11(a)和(b)的比较说明Kr对TDOS的贡献随着压力的增强而增强。更有意思的是,不管是在0.025 nN还是0.25 nN的压力下,Kr对费米面附近的TDOS的贡献都呈现双层振荡性,与总的电子占据一样。

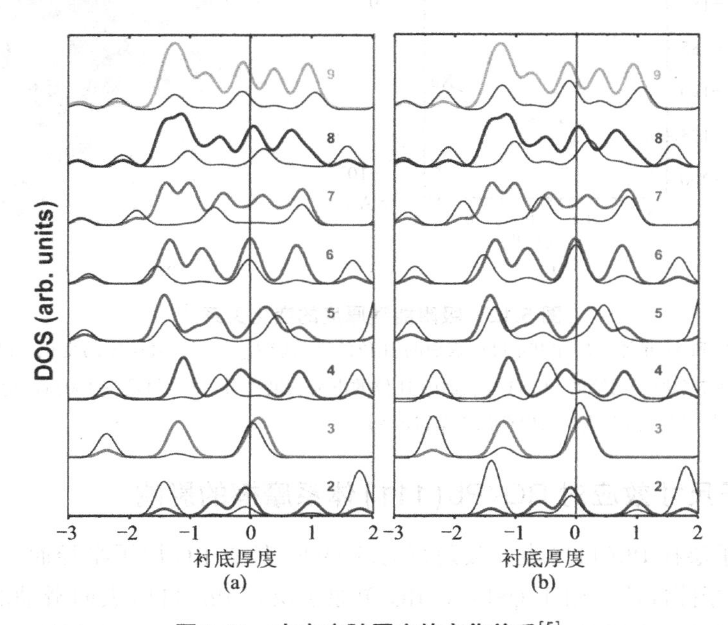

图5.11　态密度随厚度的变化关系[5]

在(a)0.025 nN和(b)0.25 nN的压力下Kr单原子层在不同层厚的Pb(111)表面的T位的TDOS,能量零点对应费米能级。粗线代表Kr/Pb(111)的TDOS,细线(被放大了600倍)代表Kr单原子层对TDOS的贡献。

5.3.6　RG/Pb(111)体系的摩擦行为

除了Kr原子外,我们也研究了具有较小原子半径的Ne及具有较大原子半径的Xe在不同层厚Pb(111)衬底上的吸附和摩擦行为。我们发现在Pb(111)表面上的Ne和Xe也表现出类似于Kr原子的吸附和摩擦行为。然而,随着原子半径的增加,RG单原子层在具有相同层厚的Pb(111)衬底上的吸附行为以及吸附行为的QSEs都增强了,这从图5.12(a)中的Ne、Kr和Xe单原子层在不同层厚Pb(111)表面的H位的吸附能可以看出。Ne、Kr和Xe在Pb(111)表面上的这种逐渐增强的吸附行为可用相应的电荷密度的差分来解释。从RG/Pb(111)的电荷密度中减去RG单原子层及Pb(111)薄膜的电荷密度可得到RG/Pb(111)的电荷密度差分。这里,我们给出了RG单原子层在7个原子层厚的Pb(111)表面的H位的电荷密度差分,如图5.12(b)所示。这个电荷密度差分说明随着吸附原子半径增加RG朝向Pb(111)衬底的电荷极化明显增强,这个结果与以前的文献一致[17,37]。极化越强意味着 RG 单原子层和 Pb(111)衬底的相互作用越强,同时 QSEs 对吸附行为的影响也越强。

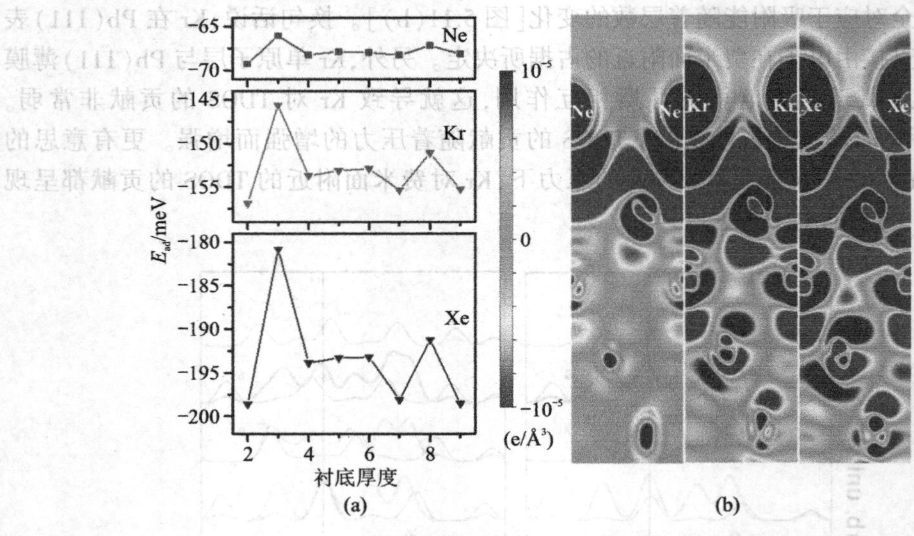

图 5.12 吸附能随厚度的变化关系[5]

(a) Ne、Kr 和 Xe 单原子层在 Pb(111)表面的 H 位的吸附能 E_{ad} 随着衬底层厚的变化。(b) Ne、Kr 和 Xe 单原子层在 7 个原子层厚的 Pb(111)表面的 H 位的电荷密度差分,显示的是(−100)面,电荷密度的范围是 $\pm10^{-5}$ eÅ^{-3}。红(蓝)分别代表电荷的聚集(减小)。

5.3.7 量子尺寸效应对 RG/Pb(111)体系摩擦的影响

RG 单原子层在 Pb(111)表面吸附行为的 QSEs 随着 RG 原子半径而变化,这必然会影响其相应的摩擦性质。由于 QSEs 对 RG 单原子层在 Pb(111)表面滑动的两条路径的影响相似,所以我们这里只讨论路径Ⅰ的情况。在图 5.13(a)中,我们给出了在0.025 nN 下 Ne、Kr 和 Xe 单原子层在不同层厚的 Pb(111)表面沿着路径Ⅰ滑动的摩擦。非常明显,Ne 原子在 Pb(111)表面上的摩擦因数小于 Kr 和 Xe,这说明 Ne 原子在 Pb(111)表面比 Kr 和 Xe 的运动要快得多,这个结论与文献一致[17,37]。Ne 和 Xe 在 Pb(111)表面上的摩擦所呈现出来的振荡关系类似于前文所讨论过的 Kr。此外,在 Ne、Kr 和 Xe 中,摩擦的 QSEs 随着吸附原子半径的增加而增强,这源于较大原子半径原子的吸附行为具有较强的 QSEs。QSEs 对纳米摩擦的影响提供了一种在原子尺度下调制摩擦的方法。我们计算了在 0.025 nN 下,由 QSEs 诱发的 Ne、Kr 和 Xe 沿着 Pb(111)表面上路径Ⅰ滑动的摩擦调制,所有的结果是相对于 RG 单原子层在半无限层厚的 Pb(111)表面上的摩擦,如图 5.13(b)所示。从这个图中,我们可以清楚地看到摩擦的调制明显地依赖于 Pb(111)膜的层厚,对于同一种 RG 吸附原子最大的调制出现在衬底为两个和三个原子层厚度处。随着 RG 原子半径的增加,在具有相同层厚的 Pb(111)薄膜上的摩擦调制呈增强趋势。由 QSEs 诱发的摩擦调制范围:对 Ne/Pb(111)体系为−10%~30%,对 Kr/Pb(111)体系为−20%~40%,对 Xe/Pb(111)体系为−30%~100%。

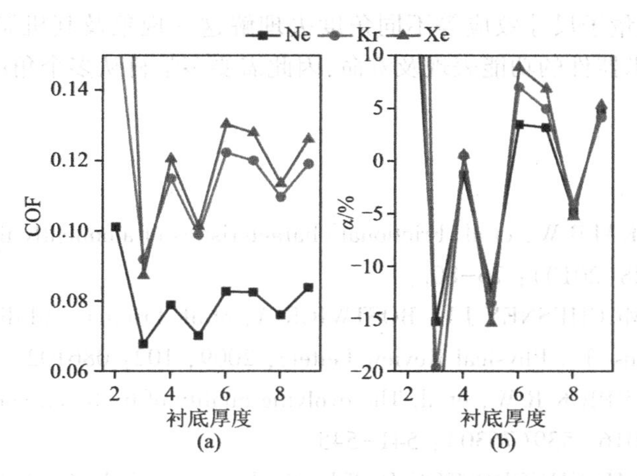

图 5.13　在 0.025 nN 的压力下,(a) RG(Ne、Kr 和 Xe) 单原子层沿着不同层厚的 Pb(111) 表面上路径 I 的 COFs,(b) 相应的由 QSEs 诱发的摩擦调制[5]

以前的研究已经证实:与自由存在的 Pb 薄膜一样,沉积在衬底如 Ge(111) 和 Cu(111) 上的 Pb 薄膜依然具有强烈的 QSEs,只是 QSEs 的转变点以及转变点之间的距离有所不同[20]。因此,上文讨论的 RG 单原子层在自由的 Pb(111) 薄膜上的吸附和纳米摩擦所具有的 QSEs 也同样适用于沉积在衬底上的 Pb(111) 膜。不仅 RG 原子,而且大的有机分子(CoPc)在 Pb(111) 表面的吸附和纳米摩擦都呈现强烈的 QSEs。对于具有满壳层结构的非极性 RG 原子而言,随着吸附原子半径的增加,其朝着 Pb(111) 衬底的电荷极化也增强,同时 QSEs 对吸附及摩擦行为的影响也逐渐增强。为了简单起见,我们的工作仅限于讨论 RG 原子在 Pb(111) 表面的吸附和摩擦。然而,我们能够预测到 Pb(111) 衬底上的极性分子的极化一定会比 RG 原子强得多,例如 H_2O 和 NO。另一方面,我们这里讨论的是 Pb(111) 薄膜作为衬底的 QSEs 对摩擦的影响。类似地,在其他金属薄膜上的摩擦,甚至在金属硅化物上,也能够通过 QSEs 来调制,例如在 Ag(111)[39]、Mg(111)[40] 和 Co-Si[41] 的薄膜上。

更重要的是,在 Pb(111) 衬底上的吸附原子或分子的摩擦随着衬底层厚的变化归因于 QSEs 的调制,这反映了纳米摩擦的电子来源。因此,对于一个体系,我们可以通过计算不同层厚的衬底上的纳米摩擦的差别来确定是否存在电子摩擦。

综上所述,利用基于 DFT 的第一性原理方法,研究了由 QSEs 引起的 RG 单原子层在 Pb(111) 表面上滑动的摩擦调制。研究结果显示:吸附能、吸附高度、势垒和摩擦明显地随着 Pb(111) 薄膜的层厚奇-偶振荡。QSEs 对纳米摩擦的影响给我们提供了一种调制纳米摩擦的有效方法。我们同时发现随着 RG 吸附原子半径的增加由 QSEs 引起的摩擦调制也会增强,因为在 Pb(111) 衬底上具有较大原子半径的 RG 吸附原子会诱发较强的电荷极化。对于 Xe/Pb(111),相对于半无限层厚的 Pb(111) 表面由 QSEs 引起的摩擦调制可达 30%。同时,QSEs 对摩擦的调制也为我们提供了一种确认纳米摩擦电子贡献的理论依据。

在本章中,我们讨论了尺寸效应对纳米摩擦的影响与调制。不同的研究表明,材料的片段大小、材料的厚度、层数对纳米摩擦都存在至关重要的影响。人们已经试着从接触力学、热电输运、量子尺寸效应等不同角度去理解这一现象及其机制。但该问题十分复杂,也决定着纳米器件的功能表现及寿命,因此需要多学科从多个角度协同研究。

参考文献

[1] LEE C, LI Q, KALB W, et al. Frictional characteristics of atomically thin sheets[J]. Science, 2010, 328(2010): 76-80.

[2] FILLETER T, MCCHESNEY J L, BOSTWICK A, et al. Friction and dissipation in epitaxial graphene films[J]. Physical Review Letters, 2009, 102: 086102.

[3] LI S, LI Q, CARPICK R W, et al. The evolving quality of frictional contact with graphene [J]. Nature, 2016, 539(7630): 541-545.

[4] MÜSER M H, SHAKHVOROSTOV D. Why thick can be slick[J]. Science, 2010, 328: 52-53.

[5] CAI X L, WANG J J, FU X N, et al. Thickness-dependent nanofriction of a rare gas monolayer sliding on Pb (111) ultrathin films[J]. Europhysics Letters, 2016, 113: 46002.

[6] ZHANG H, LI Y, QU J, et al. Edge length-dependent interlayer friction of graphene[J]. RSC Advances, 2020, 11(1): 328-334.

[7] WANG S, CHEN Y, MA Y, et al. Size effect on interlayer shear between graphene sheets [J]. Journal of Applied Physics, 2017, 122: 074301.

[8] ZHANG H, CHANG T. Edge orientation dependent nanoscale friction[J]. Nanoscale, 2018, 10(5): 2447-2453.

[9] POPESCU I, HRISTACHE M, CIOBANU S S, et al. Size or shape-what matters most at the nanoscale[J]. Computational Materials Science, 2019, 165: 13-22.

[10] LIAO M, NICOLINI P, DU L, et al. UItra-low friction and edge-pinning effect in large-lattice-mismatch van der Waals heterostructures[J]. Nature Materials, 2022, 21: 47-53.

[11] CASTILLO H E, PARSAEIAN A. Local fluctuations in the ageing of a simple structural glass[J]. Nature Physics, 2007, 3(1): 26-28.

[12] VAN WIJK M M, DIENWIEBEL M, FRENKEN J W M, et al. Superlubric to stick-slip sliding of incommensurate graphene flakes on graphite[J]. Physical Review B, 2013, 88: 235423.

[13] POPOV A M, LEBEDEVA I V, KNIZHNIK A A, et al. Ab initio study of edge effect on relative motion of walls in carbon nanotubes[J]. Journal of Chemical Physics, 2013, 138: 024703.

[14] DAYO A, ALNASRALLAH W, KRIM J. Superconductivity-dependent sliding friction [J]. Physical Review Letters, 1998, 80: 1690-1693.

[15] HIGHLAND M, KRIM J. Superconductivity dependent friction of water, nitrogen, and superheated He films adsorbed on Pb (111) [J]. Physical Review Letters, 2006,

96: 226107.

[16]PIERNO M, BRUSCHI L, FOIS G, et al. Nanofriction of neon films on superconducting lead[J]. Physical Review Letters, 2010, 105: 016102.

[17]ZHANG Y N, HANKE F, BORTOLANI V, et al. Why sliding friction of Ne and Kr monolayers is so different on the Pb(111) surface[J]. Physical Review Letters, 2011, 106: 236103.

[18]VOLOKITIN A I, PERSSON B. Dissipative van der Waals interaction between a small particle and a metal surface[J]. Physical Review B, 2002, 65: 115419.

[19]WEI C M, CHOU M Y. Theory of quantum size effects in thin Pb(111) films[J]. Physical Review B, 2002, 66: 233408.

[20]JIA Y, WU B, WEITERING H H, et al. Quantum size effects in Pb films from first principles: The role of the substrate[J]. Physical Review B, 2006, 74: 035433.

[21]JIA Y, WU B, LI C, et al. Strong quantum size effects in Pb(111) thin films mediated by anomalous friedel oscillations[J]. Physical Review Letters, 2010, 105: 066101.

[22]JAŁOCHOWSKI M, HOFFMAN M, BAUER E. Quantized hall effect in ultrathin metallic films[J]. Physical Review Letters, 1996, 76(22): 4227-4229.

[23]UPTON M H, WEI C M, CHOU M Y, et al. Thermal stability and electronic structure of atomically uniform Pb films on Si(111)[J]. Physical Review Letters, 2004, 93(2): 026802.

[24]GUO Y, ZHANG Y F, BAO X Y, et al. Superconductivity modulated by quantum size effects[J]. Science, 2004, 306: 1915-1917.

[25]JIANG P, MA X, NING Y, et al. Quantum size effect directed selective self-assembling of cobalt phthalocyanine on Pb(111) thin films[J]. Journal of the American Chemical Society, 2008, 130(25): 7790-7791.

[26]BABOUKANI B S, YE Z, REYES K G, et al. Prediction of nanoscale friction for two-dimensional materials using a machine learning approach[J]. Tribology Letters, 2020, 68: 57.

[27]RESTUCCIA P, LEVITA G, WOLLOCH M, et al. Ideal adhesive and shear strengths of solid interfaces: A high throughput ab initio approach[J]. Computational Materials Science, 2018, 154: 517-529.

[28]CAHANGIROV S, ATACA C, TOPSAKAL M, et al. Frictional figures of merit for single layered nanostructures[J]. Physical Review Letters, 2012, 108: 126103.

[29]TOMLINSON G A. CVI. A molecular theory of friction[J]. The London, Edinburgh, and Dublin Philosophical Magazine and Journal of Science, 1929, 7(46): 905-939.

[30]ZHONG W, TOMÁNEK D. First-principles theory of atomic-scale friction[J]. Physical Review Letters, 1990, 64: 3054.

[31]WOLLOCH M, FELDBAUER G, MOHN P, et al. Ab initio friction forces on the nanoscale: A density functional theory study of fcc Cu(111)[J]. Physical Review B, 2014, 90: 195418.

[32] KRESSE G, FURTHMÜLLER J. Efficient iterative schemes for ab initio total-energy calculations using a plane-wave basis set[J]. Physical Review B, 1996, 54(16): 11169-11186.
[33] BLÖCHL P E. Projector augmented-wave method[J]. Physical Review B, 1994, 50(24): 17953-17979.
[34] KLIMEŠ J, BOWLER D R, MICHAELIDES A. Van der Waals density functionals applied to solids[J]. Physical Review B, 2011, 83(19): 195131.
[35] ZHANG Y N, BORTOLANI V, MISTURA G. Determination of corrugation and friction of Cu(111) toward adsorption and motion of Ne and Xe[J]. Physical Review B, 2014, 89(16): 165414.
[36] HE J, HUMMER K, FRANCHINI C. Stacking effects on the electronic and optical properties of bilayer transition metal dichalcogenides MoS_2, $MoSe_2$, WS_2 and WSe_2[J]. Physical Review B, 2014, 89(7): 075409.
[37] KOREN E, DUERIG U. Moiré scaling of the sliding force in twisted bilayer graphene[J]. Physical Review B, 2016, 94: 045401.
[38] HENDRIK J. MONKHORST, PACK J D. Special points fro Brillouin-zone integretions[J]. Physical Review B, 1976, 13(12): 5188-5192.
[39] KROK F, BUATIER DE MONGEOT F, GORYL M, et al. Scanning probe microscopy study of height-selected Ag/Ge(111) nanomesas driven by quantum size effects[J]. Physical Review B, 2010, 81(23): 235414.
[40] ABALLE L, ROGERO C, HORN K. Quantum size effects in ultrathin epitaxial Mg films on Si(111)[J]. Physical Review B, 2002, 65(12): 125319.
[41] LI M, WANG F, LI C, et al. Strong quantum size effects in transition metal silicide ultrathin films: Critical role of Fermi surface nesting[J]. Journal of Applied Physics, 2012, 112(10): 104313.

第 6 章　石墨烯对金刚石界面的柔性润滑作用与机制

金刚石薄膜具有优良的机械性质和卓越的摩擦和润滑性能，这些优良的性质与金刚石表面的石墨化和悬键钝化情况密切相关。因此寻找合适的钝化层一直是金刚石薄膜研究的主要内容之一。石墨烯同样由碳原子组成且具有超低的摩擦因数，更重要的是其晶格与金刚石的表面晶格相匹配，是金刚石表面钝化层的理想选择。本章主要介绍石墨烯与金刚石表面之间的摩擦现象及其机制，介绍石墨烯涂层在金刚石薄膜中的柔性润滑性能和高承载荷能力。

6.1　石墨烯与金刚石薄膜间摩擦与润滑性能的研究现状

金刚石薄膜涂层，从金刚石单晶（diamond single crystal，DSC）薄膜到非晶类金刚石（diamond-like carbon，DLC）薄膜，因其低摩擦、高耐磨性能受到工业应用和科研领域的广泛关注[1]。滑动诱导的表面石墨化[2-5]和钝化表面非饱和键[6-8]是金刚石薄膜优异摩擦学性能被广泛接受的两种机制。一些研究人员发现，滑动诱导的石墨化是 DLC 薄膜超低摩擦和磨损的主要原因[3-5]。但其他实验和理论研究认为钝化滑动界面不饱和碳键是 DLC 薄膜优异摩擦性能的主要机制[6-8]。最近的研究表明，石墨化和表面钝化的联合作用是金刚石涂层出现超低摩擦的主要原因[9]。然而，由于界面的复杂性和摩擦对外界因素如压力、湿度和滑动速度的敏感性，很难评估哪种机制在摩擦中起决定性作用。

与非晶 DLC 薄膜相比，DSC 薄膜的几何结构更简单，这有助于研究某种特殊机制对金刚石涂层复杂摩擦现象的贡献[10]。由于 DSC 薄膜具有简单的晶体结构，其对计算资源的需求较低，一些理论计算研究了 DSC 薄膜和表面的摩擦特性[8,11-16]。由于 DSC 薄膜和表面主要由碳原子经过 sp^3 杂化组成，因此大多数计算集中在原子钝化机制上。结果表明，钝化原子和离子基团，如 H、F、O 和—OH 等，可以有效地降低界面活性，从而降低摩擦磨损[12-16]。还应该强调的是，钝化效果受到钝化原子的严重影响。例如，F 原子钝化金刚石表面的摩擦力远小于 H 原子钝化的金刚石表面的摩擦力，这是因为 F 原子的屏蔽电荷密度覆盖率较大[16]。Sen 等人发现，氢原子（H_2 分子解离吸附的结果）钝化的金刚石表面之间的摩擦小于 H—和 OH—（H_2O 分子解离吸附的结果）钝化的金刚石表面间的界面摩擦[17]。更重要的是，钝化表面的摩擦行为还受到压力和钝化原子覆盖率的影响[18,19]。所以利用原子表面钝化来精确调控 DSC 薄膜和表面的摩擦性能仍是一个难题。因此，寻找理想的钝化材料改善润滑效果仍然是一个重要的问题。

石墨烯凭借优越的物理和化学性质,近年来在各个领域得到了广泛的研究[20]。特别是在摩擦学领域,石墨烯被认为是最有应用前景的纳米润滑材料之一[21,22]。不同的研究发现,石墨烯是一种优良的涂层,可以减少铁、青铜、钢、镍、铼和铂等金属表面和界面的摩擦和磨损[23-25]。

近年来,金刚石薄膜和石墨烯的界面性质在实验和理论计算研究中引起了很大的兴趣[1,26,27]。金刚石(111)表面(C-(111))与石墨烯之间的晶格完美匹配,已有一些研究团队在C(111)表面成功地制备了石墨烯[1,26-28]。理论和实验工作进一步研究了石墨烯在C(111)表面的界面性质,发现石墨烯与金刚石薄膜之间的范德瓦耳斯作用决定了石墨烯的结构和性质[26,27][29-32]。此外,研究人员还对石墨烯在DLC和DSC薄膜上的摩擦特性进行了实验研究,发现石墨烯具有保护表面和降低界面摩擦的作用[33-37]。例如,Shen等人通过使用石墨烯作为固体润滑剂研究DLC膜的摩擦性质[36]。结果显示,石墨烯可以显著降低氢化DLC膜的摩擦因数(COF)。所有的结果表明,石墨烯可以作为一种涂层,以减少金刚石薄膜的摩擦磨损。然而,关于石墨烯和金刚石薄膜之间界面摩擦行为的详细理论研究仍然有限,其机制有待揭示。

我们采用基于密度泛函理论(DFT)的第一性原理计算方法,对比研究了石墨烯包覆金刚石表面和氢钝化金刚石表面的界面摩擦性能[38]。研究发现:两种系统在小负荷下表现出相似的优异润滑效果,但是石墨烯覆盖的界面在较大负荷下比氢化系统表现出更小的摩擦力。在较宽的压力范围内,石墨烯包覆金刚石表面的界面摩擦力比加氢体系增加缓慢,而且两种体系的摩擦力差别随外压的增加而增大,表明石墨烯具有较高的承载能力和柔性润滑性能。我们将这种行为归因于石墨烯覆盖金刚石界面的大层间空间和均匀的层间电荷分布。研究表明,石墨烯是一种很有应用前景的金刚石薄膜固体润滑剂,该研究还有助于理解金刚石薄膜的界面摩擦特性。我们在该章中将主要对这一研究作详细介绍。

6.2 金刚石薄膜与石墨烯之间的摩擦现象

本章的所有计算是使用VASP软件包进行的[37]。交换关联相互作用利用PBE中的广义梯度近似(GGA)处理[39]。采用DFT-D2描述层间的范德瓦耳斯散射相互作用,比例因子 $S_6 = 0.75$ [40]。采用Monkhorst-Pack网格进行二维不可约布里渊区积分,能量截断选择600 eV[41]。总能量和Hellmann-Feynman力的收敛阈值分别设置为 10^{-5} eV和0.01 eV/ Å。应用约20 Å的真空层来阻断两个相邻原胞之间的相互作用。

为了研究石墨烯对金刚石薄膜摩擦学性能的影响,我们首先考虑了单位面积的相互作用能 $\Delta E = (E_{GD} - E_G - E_D)/A$,其中 A 为接触界面面积,E_{GD} 是石墨烯吸附在金刚石薄膜上的系统的总能量,E_G 和 E_D 是孤立的石墨烯和金刚石薄膜的能量。根据定义,ΔE 的负值代表了两个薄膜之间有吸引力的相互作用。分离功 W_{sep} 定义为把接触的单位面积的石墨烯金刚石薄膜系统分离开所需的能量,可以通过公式 $W_{sep} = \Delta E$ 估算[12]。按照系统的对称性对计算数据插值可以构造势能面(PES),$W_{sep} = (x, y, z_{eq})$,它本质上描述了 W_{sep} 随表面相对滑动位置的变化。

已有的实验和理论结果已经证实,石墨烯可以附着在C(111)表面形成界面结构[15,16,42,22]。更重要的是,石墨烯的晶格常数与 C(111)表面的基矢长度非常接近,这可以减小计算模型的尺寸。优化后的 C(111)和石墨烯的平面晶格常数分别为 2.46 Å 和 2.45 Å,表明两者之间的晶格失配可以忽略。因此,我们将(1 × 1)石墨烯置于(1 × 1) 的 C(111)薄膜上,模拟石墨烯覆盖的金刚石薄膜[Gra-C(111)],如图 6.1(a)所示。(1 × 1)的 C(111)薄膜包含 8 个碳层,底层碳原子被氢原子饱和。在所有的计算中,除了 C(111)膜的三个底层中的 C 原子之外,其他所有的碳原子都可以自由运动。

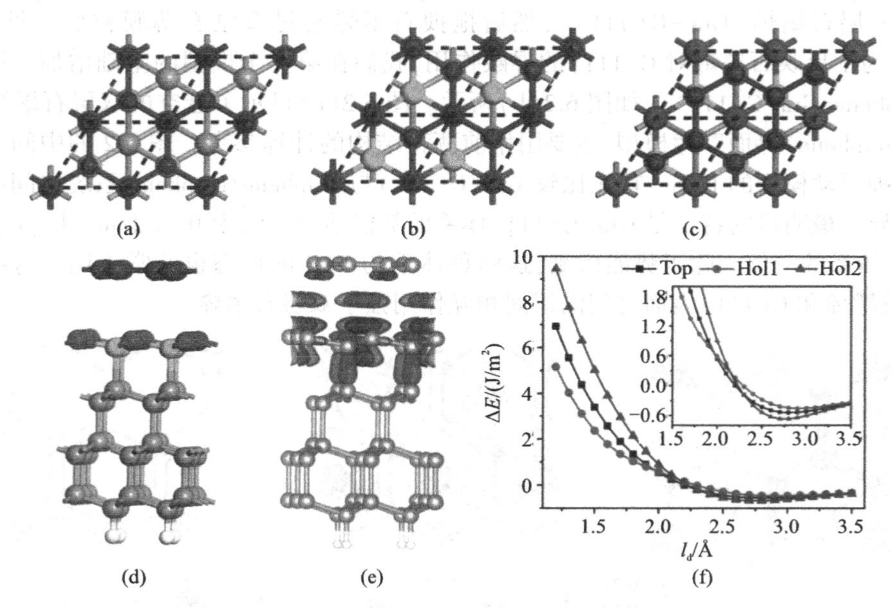

图 6.1　Gra-C(111)高对称堆栈的吸附结构和相互作用能[38]

(a)顶位(top)堆栈、(b)空位堆栈 hol-I 和(c)空位堆栈 hol-Ⅱ俯视图。(d)和(e)分别显示了 hol-Ⅱ堆栈的侧视图及其电荷密度差分。蓝色球代表石墨烯中的 C 原子,红色和绿色球代表 C(111)薄膜第一层和第二层中的 C 原子,其他 C 原子和 H 原子用灰色和白色标记。红色和蓝色代表电荷的增加和减少,等值面为 0.0006 e/Å³。(f)石墨烯和 C(111)在三个堆栈位置处相互作用能随层间距离(l_d)变化的函数关系。

首先计算了石墨烯在 C(111)薄膜上稳定的吸附结构。值得注意的是,在弛豫的 C(111)薄膜中,第一层和第二层之间的层间距离仅为 0.44 Å,接近于一个平面。第二层和第三层之间的距离从 1.43 Å 扩大到 1.45 Å。上述结果与以前的结果一致,即金刚石表面具有石墨化倾向。Gra-C(111)吸附结构有三种高对称堆垛形式。一种是顶位堆栈,其中石墨烯中的所有 C 原子都位于 C(111)薄膜的第一层和第二层的 C 原子的顶部。图 6.1(b)和(c)展示了两种空位堆栈。在图 6.1(b)中,石墨烯的一半碳原子位于 C(111)薄膜第一层 C 原子的顶部,另一半碳原子位于 C(111) 薄膜第四层 C 原子的顶部,该堆栈被定义为第一种空位(Hol-Ⅰ)。在图 6.1(c)中,C(111)薄膜第二层的 C 原子被覆盖,第一层的 C 原子位于石墨烯六角碳环的中间,定义该堆栈为第二种空位(Hol-Ⅱ)。

图 6.1(f)给出了上述三种堆栈下石墨烯和 C(111)薄膜之间的相互作用能随层间距变化的函数关系。从图中可以看出,Hol-Ⅱ层间吸附作用最强,Hol-Ⅰ层间吸附作用最弱,说明 Hol-Ⅱ层间吸附结构最稳定。需要注意的是,三条曲线在 2.2 Å 处相交,表明堆

栈的稳定次序将在此位置发生反转。我们的研究结果与其他研究人员报道的石墨烯和DLC膜之间的层间相互作用属于范德瓦耳斯物理吸附作用一致[30]。图6.1(e)(f)分别给出了Hol-Ⅱ堆栈的稳定结构和电荷密度差分,电荷转移约为10^{-4} e/Å^3,这证实了石墨烯与C(111)表面之间的相互作用是物理吸附。

接下来考虑石墨烯和C(111)薄膜之间的界面摩擦。构建了三种滑动模型来研究金刚石衬底对石墨烯摩擦的影响,如图6.2所示。对于第一个模型,我们在C(111)的衬底上放置一层石墨烯[Gra-C(111)],然后拖拽石墨烯滑过金刚石薄膜衬底[见图6.2(a)]。为了反映石墨烯对C(111)的屏蔽作用,我们在第一个模型的基础增加一层石墨烯[graphene/Gra-C(111)],如图6.2(b)所示。图6.2(c)显示了悬空的双层石墨烯(graphene/graphene)界面摩擦模型,主要用作前两种结构的计算参考。图6.2的中间部分给出了三种滑动模型的PES。首先比较Gra-C(111)与graphene/graphene系统之间的界面摩擦差异。最明显的特征是Gra-C(111)体系的势能褶皱大约为0.21 J/m^2,是graphene/graphen体系的三倍。除了势能褶皱,这两种体系的PES的形态也非常不同。这些结果表明,石墨烯和C(111)表面之间的层间相互作用强于双层石墨烯。

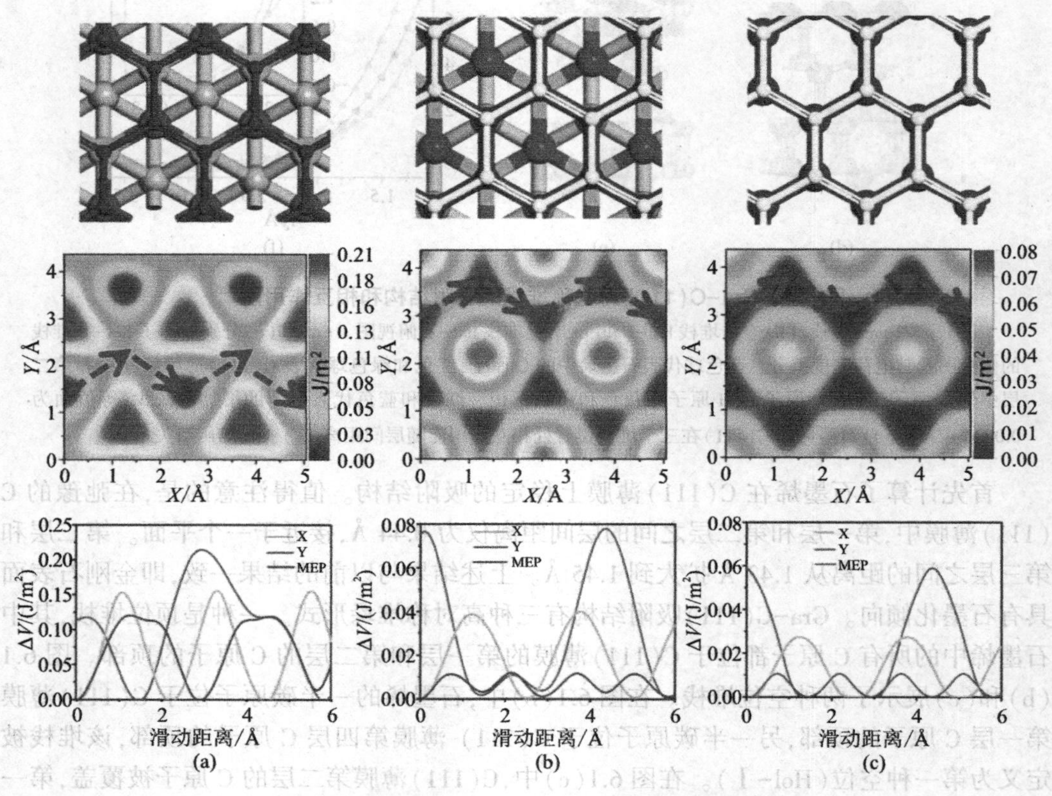

图6.2 滑动结构、PES和特定路径势垒图[38]

Gra-C(111)、graphene/Gra-C(111)和graphene/graphene系统。上部、中部和底部分别是滑动模型、势能面(PES)和沿特殊路径的滑动势垒。

接下来我们从界面摩擦的角度探讨石墨烯对金刚石薄膜的屏蔽作用。对比图6.2

(b)和(c)可以发现,Gra/Gra-C(111)和 graphene/graphene 的 PES 形态非常相似,两种体系的 PES 褶皱高度的差异也不明显。我们进一步精确地给出沿着三条特殊路径的滑动势垒,如图 6.2 的底部所示。graphene/graphene 与 Gra-C(111)系统间的 PES 褶皱高度相差 0.15 J/m^2,后两种系统的势能褶皱相差仅为 0.02 J/m^2 左右。与 graphene/graphene 体系相比,Gra-C(111)薄膜的界面摩擦更大、更复杂。而金刚石薄膜衬底对双层石墨烯界面摩擦行为的影响不明显,表明石墨烯具有良好的屏蔽性能,能够有效地降低金刚石薄膜的活性。

6.3 表面石墨化与氢原子钝化对金刚石薄膜摩擦性质影响的对比

摩擦诱导的表面石墨化和钝化不饱和键是石墨烯优良摩擦性质的主要原因。但由于摩擦界面环境的复杂性,人们对现实环境中哪种机制起主导作用仍不清楚。在本节中,我们主要研究石墨烯对金刚石薄膜的减摩与润滑作用;另外通过与氢钝化金刚石薄膜摩擦性质的对比,我们提出了表面石墨化是金刚石薄膜减摩的主要机制。

将两片 Gra-C(111)薄膜放在一起[Gra-C(111)/Gra-C(111)]以模拟石墨化减少摩擦的机制与作用,如图 6.3(a)所示。研究发现在 Gra-C(111)/Gra-C(111)最稳定的结构中,中间两层石墨烯处于空位堆栈,两层石墨烯片之间的层间距离为 3.29 Å,非常接近于双层石墨烯的层间距离。为了评价石墨烯的润滑效果,我们选择氢化金刚石薄膜[H-C(111)]以模拟金刚石表面原子钝化机制。参考我们以前的工作[8],我们建立了氢化金刚石薄膜[H-C(111)/H-C(111)]的滑动模型,如图 6.3(b)所示。图 6.3(c)(d)给出了 H-C(111)/H-C(111)系统的空位和顶位堆栈的侧视图。相对于其他堆栈,空位堆栈具有最强的吸附能,是最稳定的吸附结构。在该堆栈下,上下两个薄膜之间的层间距离只有 1.63 Å,约是 Gra-C(111)/Gra-C(111)系统层间距离的一半。

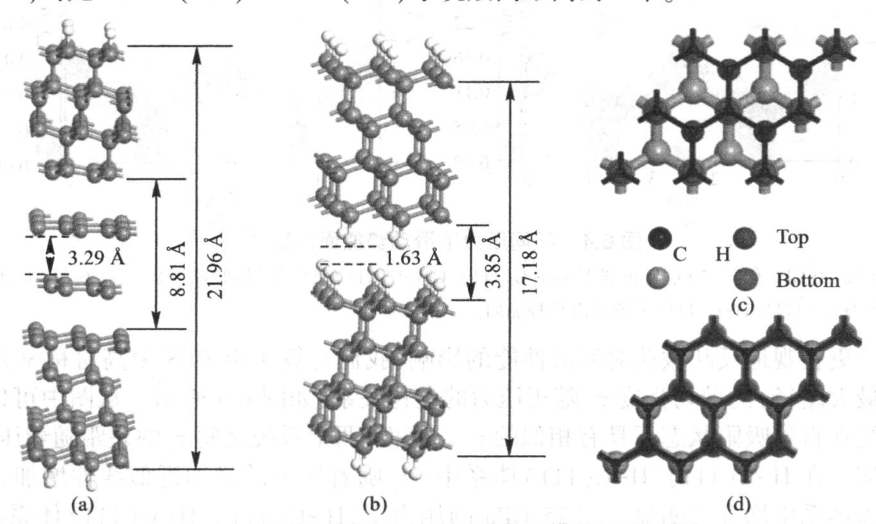

图 6.3 表面石墨化与氢原子钝化摩擦模拟结构[38]

(a)Gra-C(111)/Gra-C(111)和(b)H-C(111)/H-C(111)薄膜的滑动结构。(c)和(d)是 H-C(111)/H-C(111)系统在空位和顶位堆叠下的界面结构。黑色和蓝色的球代表上层薄膜中的 C 和 H 原子,灰色和红色的球代表下层薄膜中的 C 和 H 原子。

我们构造了 Gra-C(111)/Gra-C(111)和 H-C(111)/H-C(111)两个系统在不受外力作用下的 PES,如图 6.4(a)(b)所示。虽然两个系统表现出不同的势垒形状,但势能褶皱的大小几乎相等。这意味着在不受外力的情况下,石墨烯和氢化物在金刚石表面具有相似的润滑效果,即表面钝化和摩擦诱导的石墨化在金刚石薄膜减摩方面具有相近的作用。然后我们对两个系统施加 20 GPa 压强,考虑负载效应对两种系统润滑的影响,相应的 PES 如图 6.4(c)(d)所示。从图中我们可以看到,两个体系的 PES 形态相似,但表现出了不同的相对势垒高度。H-C(111)/H-C(111)体系的最大滑动势垒为 1.22 J/m^2,约为 Gra-C(111)/Gra-C(111)系统的 3 倍。结果表明,石墨烯在负载下表现出了比氢钝化更好的润滑性能,即在负载的情况下,相对于氢钝化,石墨化机制在金刚石薄膜超低摩擦中的作用更为重要。

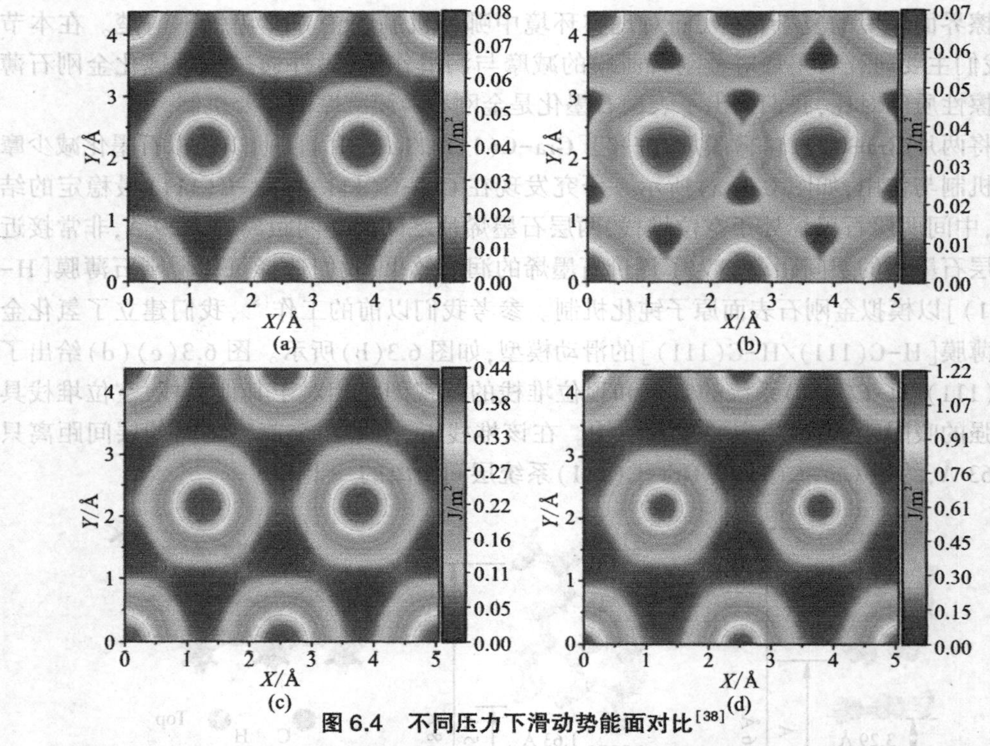

图 6.4 不同压力下滑动势能面对比[38]

在(a) 0 GPa 和(c)20 GPa 负载下 Gra-C(111)/Gra-C(111)系统的滑动势能面。(b) 0 和(d)20 GPa 负载下 H-C(111)/H-C(111)系统的滑动势能面。

为了更直观地反映载荷对润滑性能的影响,我们计算了沿 PES 中高对称 y 方向(滑动势垒最大路径)的剪切强度 τ_f 随正压力的变化关系,如图 6.5 所示。从图中可以看出,两种系统在自然吸附状态下具有相似的 τ_f。然而,两个系统之间 τ_f 的差距随着压力的增加而增加。在 H-C(111)/H-C(111)体系中,τ_f 随着压力的增加近似线性增加,但在石墨烯覆盖体系中增加不明显。在 25 GPa 的压力下,H-C(111)/H-C(111)体系的 τ_f 是 Gra-C(111)/Gra-C(111)体系的 4 倍,这与实验结果一致[36]。这些结果表明,石墨烯在金刚石薄膜中的润滑性能具有高的承载能力。这里摩擦力对载荷的柔性响应可以与软弹簧中弹性力对形变的缓慢变化相比较,因此我们把这种润滑性质定义为柔性润滑。

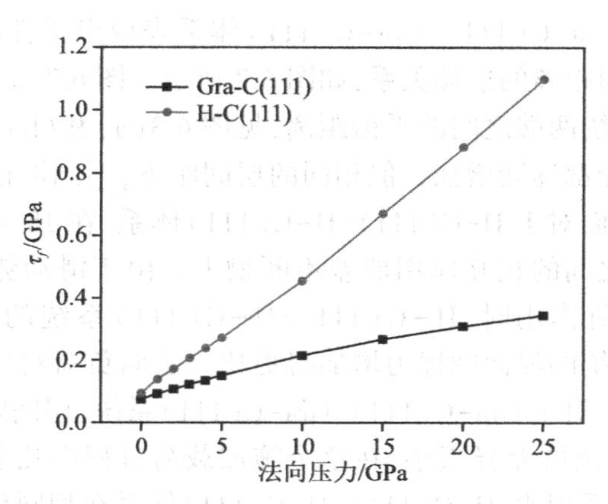

图6.5　不同法向压力下 Gra-C(111)/Gra-C(111)和 H-C(111)/H-C(111)界面剪切强度 τ_f 的比较[38]

6.4　石墨烯在金刚石薄膜中的柔性润滑机制

为了更深入理解 Gra-C(111)/Gra-C(111)体系的低摩擦行为，我们计算了两种体系的电荷密度分布和电荷密度差分，如图6.6所示。在20 GPa压力下，Gra-C(111)/Gra-C(111)中两层石墨烯层间距为2.73 Å，大于 H-C(111)/H-C(111)体系中两层氢原子约1 Å的层间距。显然，大的层间距离可以有效地避免层间相互作用，减小摩擦。在 Gra-C(111)/Gra-C(111)系统中，电荷重新分布局限于石墨烯片上，层间电荷分布变化不大[图6.6(b)]，保持了石墨烯原有的电荷密度分布平坦和光滑的特性[图6.6(a)]。但对于 H-C(111)/H-C(111)系统，电荷重新分布主要发生在界面氢原子处，氢原子周围的电荷积累会导致体系界面的电荷分布变得陡峭。因此，两个体系之间电荷分布的明显差异可以解释它们之间的摩擦差异。

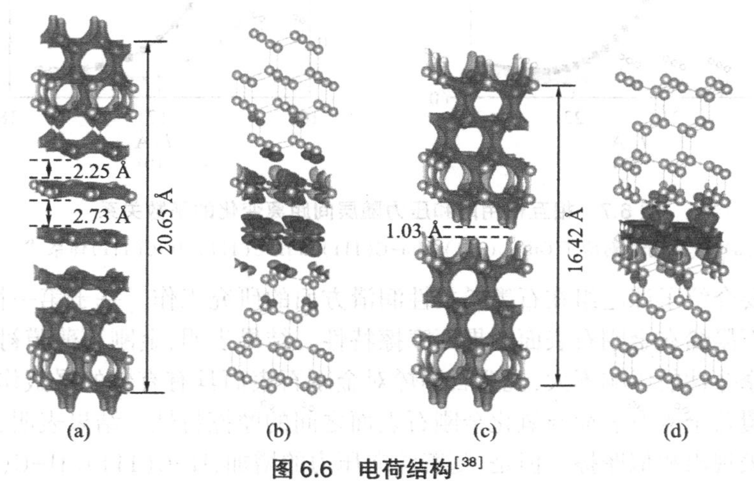

图6.6　电荷结构[38]

(a)和(b)20 GPa负载下 Gra-C(111)/Gra-C(111)系统的电荷密度分布和差分电荷密度。(c)和(d)对应于 H-C(111)/H-C(111)系统的情况。

为了进一步理解 Gra-C(111)/Gra-C(111)体系表现出柔性润滑的原因,进一步计算了相互作用能对层间距离的依赖关系,如图 6.7 所示。图 6.7(a)显示,当将两片 Gra-C(111)薄膜从 22 Å[系统两端之间的平衡距离,见图 6.3(a)和(b)]压缩到 20 Å 时,顶位和空位处的相互作用能都逐渐增强。但相同的层间距下,不同堆栈之间的相互作用能差别很小,且保持不变。而对于 H-C(111)/H-C(111)体系,在 18 ~ 16 Å 范围内,相同距离下顶位与空位堆栈之间的相互作用能差不断增大。由于滑动势垒主要由相互作用能量差决定,因此,当载荷作用时,H-C(111)/H-C(111)系统的界面摩擦力比 Gra-C(111)/Gra-C(111)系统的界面摩擦力增加得更快。法向负荷对层间距离的依赖性可以进一步证实上述结果。对于 Gra-C(111)/Gra-C(111)系统,层间距离随着法向载荷的增加而减小,但两层间距离的差异很小,在整个施加载荷过程中几乎没有变化。与 Gra-C(111)/Gra-C(111)体系相比,H-C(111)/H-C(111)体系在相同负荷下两堆栈间的层间距相差较大。结果表明,在相同荷载作用下,H-C(111)/H-C(111)系统比 Gra-C(111)/Gra-C(111)系统更难滑动。图 6.6 和图 6.7 共同说明了石墨烯在金刚石界面的主要柔性润滑机制。均匀的电荷分布造成了不同堆栈之间相互作用能的细微差别,充足的层间距使得相互作用能对抗载荷,这些共同决定了 Gra-C(111)/Gra-C(111)体系的优异摩擦性能。

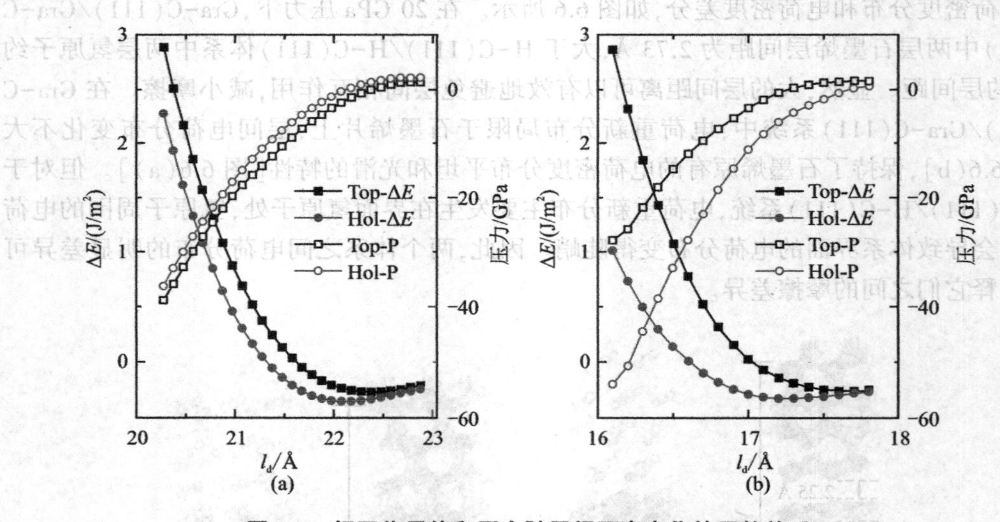

图 6.7 相互作用能和压力随层间距离变化的函数关系

(a)和(b)分别对应于 Gra-C(111)/Gra-C(111)和 H-C(111)/H-C(111)体系[38]。

本章主要介绍了课题组在石墨烯柔性润滑方面的研究工作。基于第一性原理计算,我们研究了石墨烯在金刚石表面的界面摩擦特性。结果表明,金刚石薄膜衬底对双层石墨烯的界面摩擦性能影响不大,说明石墨烯对金刚石表面具有有效的屏蔽作用。对比研究了石墨烯覆盖金刚石表面与氢化金刚石表面之间的摩擦特性。结果表明,两种系统在空载情况下表现出相似摩擦。但是,随着法向压力的增加,H-C(111)/H-C(111)体系的滑动势垒增加速度快于 Gra-C(111)/Gra-C(111)体系,而且 H-C(111)/H-C(111)体系的剪切强度是后者的数倍。这些低摩擦可归因于石墨烯覆盖的金刚石界面的大层间距离和更均匀的层间电荷分布。由于金刚石薄膜镀覆的切削刀具、发动机关键部件、人工关节、微机电系统(MEMS/NEMS)等器件,一般是在高压环境下工作的,石墨烯这种高负载能力的柔性润滑对金刚石的实际应用具有重要意义。研究表明,石墨烯可以作为一种优良的涂层用于金刚石薄膜,对金刚石薄膜及其表面的耐磨改性具有一定的参考意义。

参考文献

[1]ERDEMIR A, DONNET C. Tribology of diamond-like carbon films: recent progress and future prospects[J]. Journal of Physics D: Applied Physics, 2006, 39(18): R311-R327.

[2]SEAL M. Graphitization of diamond[J]. Nature, 1960, 185(4): 522-523.

[3]RANI R, SANKARAN K J, PANDA K, et al. Tribofilm formation in ultrananocrystalline diamond film[J]. Diamond and Related Materials, 2017, 78: 12-23.

[4]LIU Y, ERDEMIR A, MELETIS E I. An investigation of the relationship between graphitization and frictional behavior of DLC coatings[J]. Surface and Coatings Technology, 1996, 86-87: 564-568.

[5]VOEVODIN A A, PHELPS A W, ZABINSKI J S, et al. Friction induced phase transformation of pulsed laser deposited diamond-like carbon[J]. Diamond and Related Materials, 1996, 5: 1264-1269.

[6]PEÑA-ÁLVAREZ M, DEL CORRO E, MORALES-GARCÍA Á, et al. Single layer molybdenum disulfide under direct out-of-plane compression: Low-stress band-gap engineering[J]. Nano Letters, 2015, 15: 3139-3146.

[7]KONICEK A R, GRIERSON D S, GILBERT P U P A, et al. Origin of ultralow friction and wear in ultrananocrystalline diamond[J]. Physical Review Letters, 2008, 100(23): 235502.

[8]WANG J, WANG F, LI J, et al. Comparative study of friction properties for hydrogen- and fluorine-modified diamond surfaces: A first-principles investigation[J]. Surface Science, 2013, 608: 74-79.

[9] CHEN X, ZHANG C, KATO T, et al. Evolution of tribo-induced interfacial nanostructures governing superlubricity in a-C:H and a-C:H:Si films[J]. Nature Communications, 2017, 8: 1675.

[10]MAYRHOFER P H, MITTERER C, HULTMAN L, et al. Microstructural design of hard coatings[J]. Progress in Materials Science, 2006, 51(8): 1032-1114.

[11]PERRY M D, HARRISON J A. Friction between diamond surfaces in the presence of small third-body molecules[J]. Journal of Physical Chemistry B, 1997, 5647(96): 1364-1373.

[12]ZILIBOTTI G, RIGHI M, FERRARIO M. Ab initio study on the surface chemistry and nanotribological properties of passivated diamond surfaces[J]. Physical Review B, 2009, 79(7): 075420.

[13] DAG S, CIRACI S. Atomic scale study of superlow friction between hydrogenated diamond surfaces[J]. Physical Review B, 2004, 70(24): 241401.

[14] GUO H, QI Y, LI X. Predicting the hydrogen pressure to achieve ultralow friction at diamond and diamondlike carbon surfaces from first principles[J]. Applied Physics Letters, 2008, 92(24): 241921.

[15] ZILIBOTTI G, FERRARIO M, BERTONI C M, et al. Ab initio calculation of adhesion and potential corrugation of diamond (001) interfaces[J]. Computer Physics Communications, 2011, 182(9): 1796-1799.

[16] WANG J, LI M, ZHANG X, et al. An atomic scale study of ultralow friction between phosphorus-doped nanocrystalline diamond films[J]. Tribology International, 2015, 86: 85-90.

[17] DE BARROS BOUCHET M I, ZILIBOTTI G, MATTA C, et al. Friction of diamond in the presence of water vapor and hydrogen gas. coupling gas phase lubrication and first-principles studies [J]. The Journal of Physical Chemistry C, 2012, 116 (12): 6966-6972.

[18] VERMA S, KUMAR V, GUPTA K D. Performance analysis of flexible multirecess hydrostatic journal bearing operating with micropolar lubricant[J]. Lubrication Science, 2012, 24(6): 273-292.

[19] ZILIBOTTI G, RIGHI M C. Ab initio calculation of the adhesion and ideal shear strength of planar diamond interfaces with different atomic structure and hydrogen coverage[J]. Langmuir, 2011, 27(11): 6862-6867.

[20] GEIM A K. Graphene: Status and prospects[J]. Science, 2009, 324: 1530-1534.

[21] KIM K S, LEE H J, LEE C, et al. Chemical vapor deposition-ggrown graphene: The thinnest solid lubricant[J]. ACS Nano, 2011, 5(6): 5107-5114.

[22] BERMAN D, ERDEMIR A, SUMANT A V. Graphene: a new emerging lubricant[J]. Materials Today, 2014, 17(1): 31-42.

[23] CAHANGIROV S, CIRACI S, ELIK V O. Superlubricity through graphene multilayers between Ni(111) surfaces[J]. Physical Review B, 2013, 87(20): 1-8.

[24] MARCHETTO D, RESTUCCIA P, BALLESTRAZZI A, et al. Surface passivation by graphene in the lubrication of iron: A comparison with bronze[J]. Carbon, 2017, 116: 375-380.

[25] RESTUCCIA P, RIGHI M C. Tribochemistry of graphene on iron and its possible role in lubrication of steel[J]. Carbon, 2016, 106: 118-124.

[26] HU W, LI Z, YANG J. Diamond as an inert substrate of graphene[J]. Journal of Chemical Physics, 2013, 138(5): 054701.

[27] GU C, LI W, XU J, et al. Graphene grown out of diamond[J]. Applied Physics Letters, 2016, 109: 162105.

[28] TOKUDA N, FUKUI M, MAKINO T, et al. Formation of graphene-on-diamond

structure by graphitization of atomically flat diamond (111) surface[J]. Japanese Journal of Applied Physics, 2013, 52: 1-4.

[29]SELLI D, BABURIN I, LEONI S, et al. Theoretical investigation of the electronic structure and quantum transport in the graphene-C(111) diamond surface system[J]. Journal of Physics Condensed Matter, 2013, 25(43): 435302.

[30]MA Y, DAI Y, GUO M, et al. Graphene-diamond interface: Gap opening and electronic spin injection[J]. Physical Review B, 2012, 85(23): 1-5.

[31]ZHAO F, THOUNG NGUYEN T, GOLSHARIFI M, et al. Electronic properties of graphene-single crystal diamond heterostructures[J]. Journal of Applied Physics, 2013, 114(5): 053709.

[32]ZHAO S, LARSSON K. First principle study of the attachment of graphene onto non-doped and doped diamond (111)[J]. Diamond and Related Materials, 2016, 66: 52-60.

[33]GONGYANG Y, QU C, ZHANG S, et al. Eliminating delamination of graphite sliding on diamond like carbon[J]. Carbon, 2018, 132: 444-450.

[34]CHEN S, SHEN B, CHEN Y, et al. Synergistic friction-reducing and anti-wear behaviors of graphene with micro- and nano-crystalline diamond films[J]. Diamond and Related Materials, 2017, 73: 25-32.

[35]SANDOZ-ROSADO E J, TERTULIANO O A, TERRELL E J. An atomistic study of the abrasive wear and failure of graphene sheets when used as a solid lubricant and a comparison to diamond-like-carbon coatings[J]. Carbon, 2012, 50(11): 4078-4084.

[36]SHEN B, CHEN S, CHEN Y, et al. Enhancement on the tribological performance of diamond films by utilizing graphene coating as a solid lubricant[J]. Surface and Coatings Technology, 2017, 311: 35-45.

[37]KRESSE G, FURTHMÜLLER J. Efficient iterative schemes for ab initio total-energy calculations using a plane-wave basis set[J]. Physical Review B, 1996, 54(16): 11169-11186.

[38]WANG J, LI L, YANG W, et al. The flexible lubrication performance of graphene used in diamond interface as a solid lubricant: First - principles calculations [J]. Nanomaterials, 2020, 9: 1784.

[39]PERDEW J P, BURKE K, ERNZERHOF M. Generalized gradient approximation made simple[J]. Physical Review Letters, 1996, 77(3): 3865-3868.

[40]GRIMME S. Semiempirical GGA-type density functional constructed with a long-range dispersion correction[J]. Journal of Computational Chemistry, 2007, 28(15): 1787-1799.

[41]HENDRIK J, MONKHORST, PACK J D. Special points fro Brillouin-zone integretions [J]. Physical Review B, 1976, 13(12): 5188-5192.

[42]JUDITH A H, BRENNER D W. Simulated tribochemistry: An atomic-scaleview of the wear of diamond[J]. Journal of the American Chemical Society, 1994, 116(12): 10399-10402.

第 7 章　表面修饰及掺杂对金刚石薄膜摩擦性质的调控

7.1　金刚石薄膜摩擦性质的研究进展

碳是地球上储量最丰富的元素之一，世界上 94%的物质中存在碳元素。碳元素对于人类社会的生产生活非常重要。有机化学中研究的很多分子都是以碳为基本元素构成的。生产生活中与人类生活品质密切相关的许多化学药物、营养产品等也主要以碳元素为基础构成。碳元素的存在形式是多样化的，由碳元素组成的不同材料之间的机械性能差别很大，比如石墨是一种非常软的材料，但金刚石却是世界上最硬的材料之一。由于碳基材料在很宽领域内的优异性质，使得碳基材料受到了科学及商业领域的极大关注，人们对于碳基材料的兴趣还在增长[1,2]。

碳基材料的多样性主要由其内部的碳-碳杂化(sp^1、sp^2 及 sp^3)比率以及氢含量的差异决定。按照氢含量以及 sp^2/sp^3 的比率，碳基材料可以分为不同的族群。图 7.1 是不同杂化态及氢容量组分下的碳基薄膜材料相图。无定形碳(a-C)主要由碳原子的 sp^2 杂化组成，居于相图左下角的石墨就是这一族群的代表。烟灰，木炭以及玻璃相碳均属于无定形碳。碳氢聚合物、聚乙烯以及聚乙炔分布于相图的右下角。溅射氢化的无定形碳(a-C：H)在三角形中处于分散的区域内，在这一区域，sp^2 键开始向 sp^3 键转变。在三角形的正上角，sp^3 杂化占绝对优势，按照 Mckenzie 的定义，这一族群叫作四面体无定形碳(ta-C)[3]。由图可知，各种不同类型的碳材料并无精确分界线，可以采用不同的沉积方法和沉积气源生产不同类型的碳基薄膜。在碳基材料的相图中，金刚石薄膜和石墨分别处于相图的两个顶角位置，具有两种典型不同的杂化结构，也表现出了截然不同的物理、

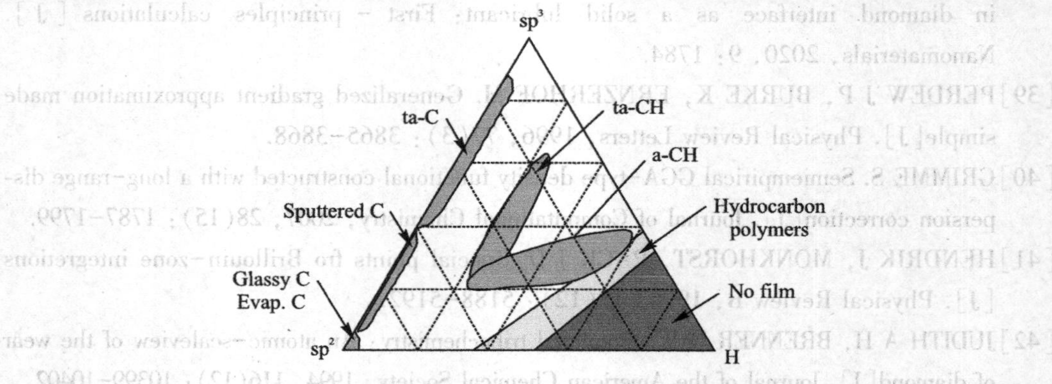

图 7.1　不同杂化比率及氢含量下的碳材料相图[2]

化学性质。例如,在电学上,石墨是导体,但金刚石是绝缘体;在硬度上,石墨是较软的材料,但金刚石却是世界上最硬的材料。

随着纳米科学技术的不断发展,以及人们对于器件微型化的不断追逐,低维碳基材料也不断涌现出来,比如近年来引起轰动的富勒烯、碳纳米管以及石墨烯等低维碳基材料。碳除了能直接形成低维材料之外,也能和别的元素构成低维化合物,碳氮、过渡金属碳、硼碳以及石墨的氟化物等涂层薄膜就是一些例子。这些低维材料大多具有超硬、超热导、超滑等特性,是构成微、纳观尺度器件的基础材料。许多器件已经应用于生产,并已产生了很大的经济效益。

在微观状态下,由于比表面积不断增大,表面作用显得尤为重要。而摩擦力和剪切力就是两种最重要的表面作用。因此对微观状态下碳基薄膜材料摩擦力性质的理解与控制决定着碳基薄膜纳米器件的性能。不同类型碳基薄膜材料的摩擦性质相差很大,除了与氢含量以及 sp^2/sp^3 的比值有关外,测量环境以及材料的接触参数也有很大的影响,因此测量得到的摩擦因数除了与材料的结构以及温度有关之外,还受涂层材料工作的环境以及材料中的杂质态的影响。实验研究发现,碳基薄膜涂层的机械及摩擦性质随薄膜的厚度、负载、湿度变化很大,测得的摩擦因数在0.001~0.7[4]。总的来说,碳基薄膜材料的结构及测量环境的复杂性增加了人们对其摩擦性质理解的难度。但另一方面,这种结构的复杂性使得碳基薄膜材料具有多样且可调的摩擦性质,利于人们对纳米摩擦的理解。

类金刚石(diamond-like carbon, DLC)薄膜和石墨烯(graphene)是块体金刚石和石墨两种材料在微观上的对应物。因此研究这两种低维材料的摩擦性能具有广泛的代表性,对于揭示低维碳基材料的摩擦机制具有重要作用。前面几章我们已经详细介绍了石墨烯系统的摩擦性质,在本章中,我们将着重介绍金刚石薄膜系统的摩擦性质及其机制。DLC 薄膜具有极高的硬度(90 GPa)、超低的摩擦因数和超强的抗磨损性能,它们的光学和电学性能也非常出色,还具有优良的耐腐蚀和抗氧化性。DLC 薄膜将如此广泛的优异性能结合在一起,能满足机械系统的多功能应用需求,在工业上具有广泛的应用前景,引起了工业界和研究界的极大兴趣。DLC 薄膜很早以来就是摩擦学研究的主要对象之一,从早期的宏观实验到现在的 AFM/FFM 实验,以及各种模拟计算对金刚石的摩擦性质进行了广泛的研究。已有研究发现,表面方向、压力载荷、成分、表面化学性质、衬底以及表面粗糙度均对金刚石摩擦具有重要影响[5-8]。

随着表征技术和模拟方法的进步,研究人员现在能够以更精细的方式探索 DLC 薄膜的润滑机制。目前,DLC 薄膜的润滑通常被归结为摩擦诱导石墨化[9,10]和钝化原子悬键两种机制[7,8,11]。DLC 薄膜滑动过程中会形成原子级别的磨损,在磨损处碳原子将发生 sp^3 到 sp^2 杂化,进而形成一个石墨摩擦润滑层,降低系统的摩擦,这便是 DLC 薄膜超低摩擦的石墨化机制[9,10]。另一些研究者认为金刚石薄膜的低摩擦来源于界面处未饱和原子的表面钝化。两个存在大量不饱和原子的表面相遇时,会形成很强的化学键,对应于较大的摩擦;但真实环境中存在水、氧气、二氧化碳等气体分子,这些气体分子会与不饱和碳原子发生化学作用,通过饱和悬键使表面钝化,进而降低摩擦[4]。这两种机制之间是一种协同竞争的关系,其在摩擦中的作用大小及主导程度和摩擦所处的环境与压力、速度等外界条件密切相关。因此对金刚石纳米摩擦性质的研究仍然面临着很大的挑战。

在本章中,结合已有的研究成果,我们简要介绍金刚石薄膜的摩擦性质,着重阐述界面环境以及掺杂效应对金刚石薄膜纳米摩擦性质的影响和调制[12,13]。首先介绍氢、氟钝化的金刚石薄膜层间相互作用及摩擦性质[12]。研究发现:相对于氢钝化,氟钝化金刚石薄膜的物理和化学性质更加稳定,两层氟钝化的金刚石薄膜间具有更大的平衡吸附距离以及更强的排斥作用;而氢钝化的金刚石薄膜具有较大的相对滑动势垒,其层间摩擦因数为氟钝化金刚石薄膜摩擦因数的两倍,计算结果与实验一致。原子层次的计算表明两种钝化薄膜摩擦性质的差异主要归因于钝化原子电子结构的不同。其次,我们进一步介绍掺杂效应对金刚石薄膜层间纳米摩擦性质的调制[13]。研究结果显示不同类型的掺杂薄膜摩擦性质也各不相同,表明掺杂可以调制金刚石薄膜的纳米摩擦性质。摩擦性质的调制归因于掺杂引起的金刚石薄膜电子结构的变化。

7.2 界面环境对金刚石薄膜纳米摩擦性质影响的理论研究

化学气相沉积方法制备金刚石薄膜选用的气源大多含有氢元素,因此氢元素存在于金刚石薄膜的整个制备过程。所以,通过这种方法制备的金刚石薄膜大多是氢钝化的[14]。实验上已经发现钝化氢原子能够减弱金刚石薄膜的化学物理活性,降低金刚石薄膜的摩擦因数[15]。与氢钝化相比,实验上发现氟钝化的金刚石薄膜具有更低的摩擦因数以及更强的抗磨损性[16],因此氟钝化能够提高金刚石薄膜器件的性能,延长器件的使用寿命。目前,氟钝化的金刚石薄膜已在涂层领域得到了广泛应用。由于氢、氟是电子结构差别很大的两种原子,上述实验也表明两种原子钝化的金刚石薄膜的摩擦性质也有显著差别。因此,氢、氟钝化的金刚石薄膜是研究界面环境对金刚石薄膜摩擦性质影响的理想模型。

模拟计算是理解宏观摩擦现象微观机制的一种有力工具。经验的分子动力学方法已经发现金刚石表面钝化的氢原子能够降低其摩擦因数[4,17,18]。相对于经验的分子动力学方法,原子层次的第一性原理计算能够从体系的电子结构出发,研究摩擦的内在本质。基于第一性原理方法,许多工作对氢钝化的金刚石薄膜的摩擦性质进行了计算[19-21]。但其中大部分工作只计算了零压力的情况,仅仅给出了一个定性的结果。关于氟钝化的金刚石薄膜摩擦性质的计算更加有限。目前仅有 Neitola 等人定量计算了氢、氟钝化的金刚石薄膜的摩擦性质[22,23],但他们计算发现:氟钝化的金刚石薄膜的摩擦因数大于氢钝化的值,这与上述实验结果相悖[24]。最近,Qi 等人研究了氢、氟钝化的金刚石薄膜的几何及电子结构,他们预测氟钝化的金刚石薄膜的摩擦因数应该小于氢钝化,但未给出进一步的计算[25]。综上所述,人们对于氢、氟钝化的金刚石薄膜摩擦性质的研究非常有限,研究结果也不统一。

金刚石薄膜的摩擦性质受诸如自身结构性质(sp^2 与 sp^3 杂化的比率)、衬底性质、接触压力、运动速度以及测试环境等诸多内外因素的影响。因此实验测得的金刚石薄膜的摩擦因数差别很大,在 0.001~0.7 区间内[4]。所以研究各种因素对摩擦的具体影响,理解不同环境下金刚石薄膜摩擦性质的差异成为金刚石薄膜摩擦性质的研究重点。但由于测量环境的复杂性,实验上很难确定某一特定因素对于摩擦的具体影响。而模拟计算通过设计特殊的模型,能够研究单一因素对于金刚石薄膜摩擦性质的影响,填补上述实验

缺陷。本节采用第一性原理计算方法,主要研究界面环境对金刚石薄膜摩擦性质的影响,探索一些调制金刚石薄膜摩擦性质的方法。

7.2.1　计算方法与模型

本节计算采用基于密度泛函理论的第一性原理 VASP 软件包[26]。离子-电子间的相互作用由 PAW 方法描述[27]。波函数平面波展开的截断能取为 480 eV。采用 GGA 框架内的 PBE 方法处理交换关联相互作用[28]。对于本节的计算体系,长程范德瓦耳斯相互作用非常重要。本章采用半经验的 DFT-D2 方法对计算的能量进行范德瓦耳斯修正[28]。倒空间中布里渊区的 K 点由 Monkhorst-Pack 方法产生[29],对于 1×1 的表面原胞,布里渊区 K 点取样为 21×21×1;对于掺杂计算时采用的 2×2 的表面超胞,布里渊区 K 点取样为 11×11×1。电子结构计算时总能的收敛标准为 10^{-4} eV。在几何优化时,力的收敛标准小于0.02 eV/Å,垂直于表面方向真空层的厚度取为 15 Å。

计算中采用块体金刚石最易解理的(111)面模拟金刚石薄膜。在界面处分别用氢、氟原子钝化未饱和的碳键。对于全氢化的金刚石(111)面,理论计算已经证明退重构的 1×1 的原胞 H—C(111)就是最稳定的结构,在该结构中,表面处每一个碳原子均有一个氢原子相连,以饱和其未饱和的化学键[30]。为了与 H—C(111)相比较,对于氟钝化的金刚石表面,本节同样采用退重构的 1×1 的原胞 F—C(111)。钝化的金刚石薄膜由 8 个碳原子层和上下两个表面的钝化原子层组成。两个相同的薄膜相对放置侧向移动就构成了摩擦计算模型。

优化得到的金刚石块体晶格常数为 3.57 Å,与实验及其他理论计算结果一致[25]。首先对 H—C(111)和 F—C(111)薄膜进行全弛豫优化计算,得到的薄膜结构如图 7.2 所示。由图可知碳氢键(C—H)的键长为 1.11 Å,小于碳氟键(C—F)键长(1.38 Å)。本节同时研究了钝化原子对碳膜几何结构的影响。由钝化原子引起的层间弛豫如表 7.1 所示。钝化原子对碳原子层间弛豫的影响主要集中在第 1、2 层;两种原子引起弛豫的趋势相同,只是氢原子引起的弛豫幅度稍大一些。

表 7.1　吸附原子引起的金刚石薄膜层间结构弛豫[12]

	Δd_{12} /%	Δd_{23} /%	Δd_{34} /%	Δd_{45} /%
H—C(111)	−5.13	0.50	−0.20	0.01
F—C(111)	−2.36	0.44	0.01	0.01

图 7.2(c)(d)分别为相应的由氢、氟原子引起的电荷密度差分图。由于碳氢原子间电负性比较接近,因此电子在碳氢原子间聚集,C—H 键具有高度共价的性质。但由于碳氟原子之间的电负性差别较大,电荷发生了由碳原子向氟原子的转移,因此 C—F 键具有典型的离子键性质。为了比较 C—H 与 C—F 键的强度,分别计算了把氢、氟原子从钝化的碳膜中拿到无穷远处所需要的能量,其中拿走氢原子所需能量为 4.75 eV,拿走氟原子所需能量稍大,为 4.95 eV。这些结果说明不同的钝化原子改变了金刚石表面的电子结构。

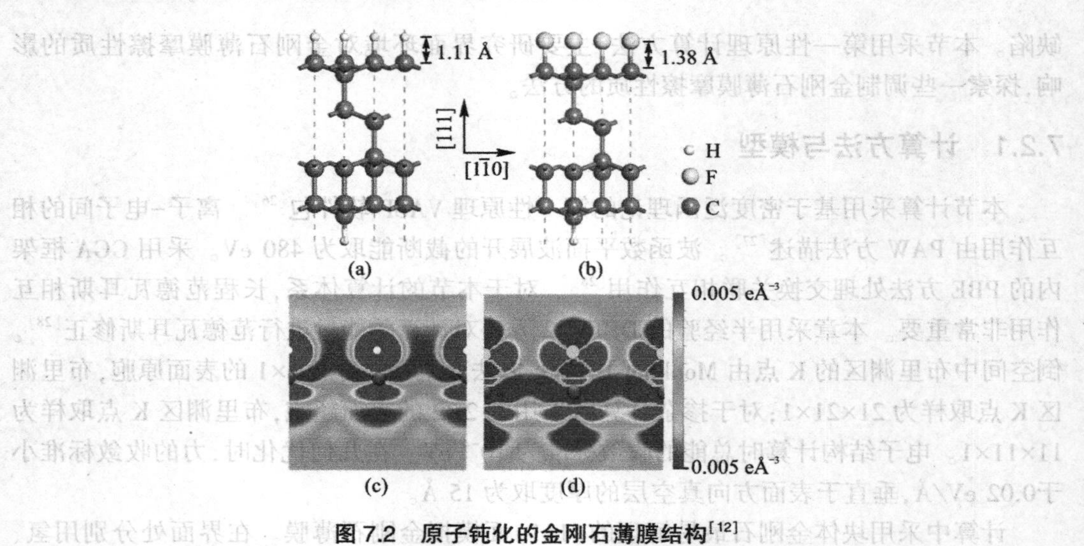

图 7.2　原子钝化的金刚石薄膜结构[12]

(a)和(b)分别为 H-C(111)和 F-C(111)薄膜的几何结构。(c)和(d)分别为相应的由钝化原子引起的电荷密度差分图。

基于优化的金刚石薄膜结构,构造了摩擦模型,如图 7.3 所示。将上下两层金刚石薄膜相对放置,选择块体金刚石[110]方向作为滑动路径方向。图 7.3(a)为滑动路径一个周期的起始位置,在这一位置上,来自两个薄膜的界面氢(氟)原子一一对顶,定义此位置为顶位。图 7.3(b)为滑动路径同一周期的末位置,此位置处,来自一个薄膜界面的氢(氟)原子处于另一薄膜界面的两个氢(氟)原子之间,定义此位置为桥位。从始位置顶位到末位置桥位,选择五个堆栈位置进行能量计算,每两个相邻堆栈之间的距离为 0.29 Å。

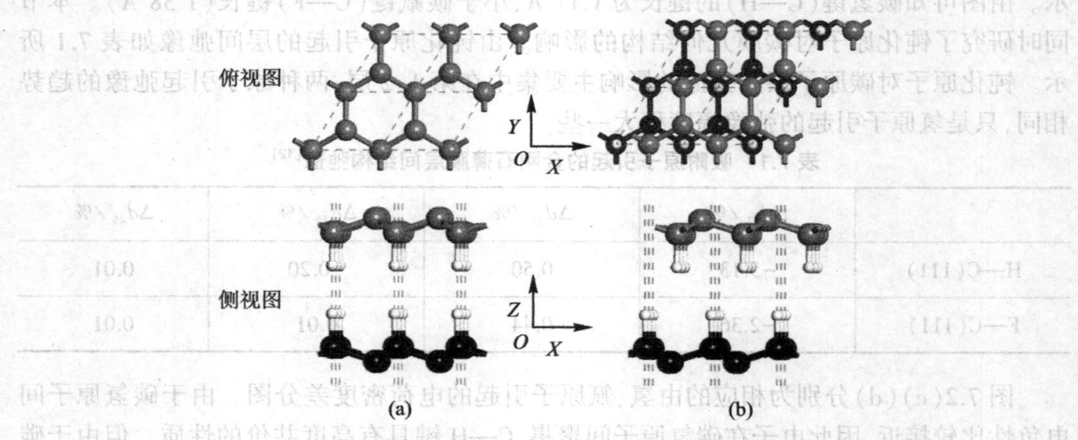

图 7.3　H-C(111)[F-C(111)]薄膜系统滑动摩擦模型[12]

(a)沿滑动路径滑动的初始位置顶位,(b)滑动的末位置桥位。为区别起见,上下层的碳原子分别用不同颜色深度的小球表示,其中黑色球代表衬底层碳原子,浅色球代表上层碳原子,小球代表氢(氟)原子。为简单明了,此图仅给出了界面原子。

7.2.2　氢、氟钝化的金刚石薄膜间相互作用能

原子尺度上薄膜间的摩擦性质与接触薄膜间的相互作用能密切相关。各个堆栈处相距为 r 时两层薄膜间的相互作用能 $\Delta E(r)$ 为

$$\Delta E(r) = E_{AB}(r) - E_A - E_B \tag{7.1}$$

式中，$E_{AB}(r)$ 为两个接触的 H-C(111)［F-C(111)］薄膜系统的总能，$E_A(E_B)$ 为每个孤立的 H-C(111)、［F-C(111)］薄膜的能量。r 定义为对立的两个薄膜最近邻碳原子层之间的垂直距离。对于每一个堆栈位置，以 0.05 Å 为步长，将两个薄膜从相距 6.0 Å 位置依次压缩到 2.5 Å，计算出每一个压缩位置的能量。考虑到金刚石的超强硬度，为节约计算量，本章取刚性模型（在每一步的计算中，除了界面处的氢、氟原子可以自由弛豫，其他原子固定不动）进行总能计算。

不同堆栈处金刚石薄膜间相互作用能与层间距离 r 之间的函数关系如图 7.4 所示。从图 7.4 可知，F-C(111)系统和 H-C(111)系统的相互作用能具有一些相同之处：①所有堆栈位置处的相互作用能均随层间距的压缩而增加，其中作用能最小的位置即为该堆栈处的平衡吸附位置；②对于每一个系统，在同样的层间距下，顶位置具有最大的相互作用能，而桥位置处的相互作用能最小。这说明顶位置具有最大的排斥力，桥位置处的排斥力小，吸附作用更强一些。另一方面，两个系统的相互作用能也有很大差别。首先，F-C(111)系统具有较小的吸附能（0.075 eV），而 H-C (111)系统的吸附能较大，约为 0.12 eV。其次，F-C(111)薄膜层间的平衡吸附距离约为 5.25 Å，远远大于 H-C(111)薄膜之间的平衡吸附距离 3.95 Å。这些都意味着相对于 H-C(111)薄膜系统，F-C(111)薄膜之间的排斥作用强，吸附作用弱。为了研究压力作用下金刚石薄膜层间作用情况，计算了不同压力下金刚石薄膜间的层间距离。

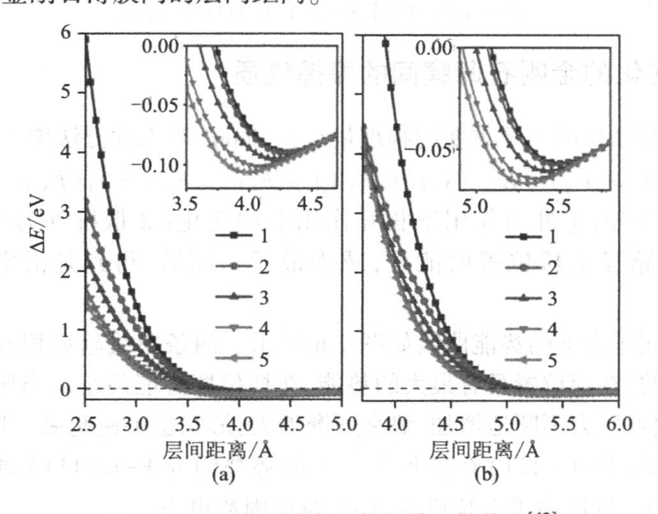

图 7.4　相互作用能与层间距的函数关系[12]

(a)H-C(111) 薄膜系统，(b)F-C(111)薄膜系统。插图为平衡位置附近的放大图像。从顶位置到桥位置不同堆栈位置的图像依次用数字 1~5 表示。其中 1 代表初始位置顶位堆栈，5 代表末位置桥位堆栈。

对相互作用能曲线进行多项式拟合,然后将拟合曲线对位移求导数即能模拟出正压力 F_N 与层间距之间的函数关系

$$F_N = -\partial E(r)/\partial r \tag{7.2}$$

本节中选取的压力范围为0.5~3 nN。压力与金刚石层间距之间的函数关系如图7.5所示。由图7.5可知:①两个系统的所有压力对应的层间距曲线具有相同的趋势,从顶位置到桥位置,相同压力下层间距逐渐减小;②压力较小时,相邻两条曲线的间距较大,随着压力增大,相邻两条曲线的间距逐渐减小。这是压力越大,层间排斥越大的原因。两条曲线的最大差别是,在压力作用下,相对于H-C(111),F-C(111)仍然具有较大的层间距。这与F-C(111)薄膜系统之间较强的排斥作用有关。

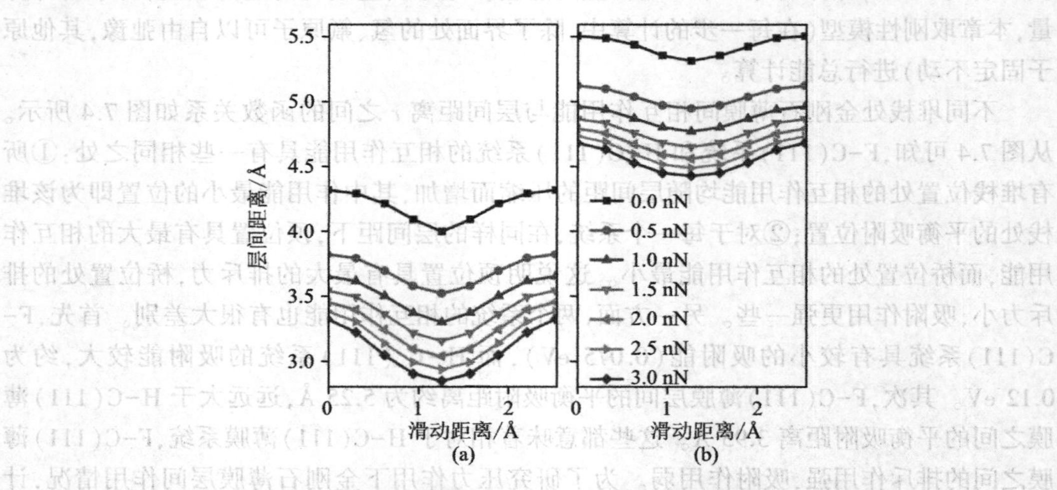

图7.5 不同堆栈下金刚薄膜层间距与正压力之间的函数关系[12]

(a)H-C(111)薄膜系统,(b)F-C(111)薄膜系统。

7.2.3 氢、氟钝化的金刚石薄膜间的摩擦性质

势能 V 是计算摩擦的一个重要的物理量。在Zhong等人的方法中[31],势能定义为

$$V(x,F_N) = E_{\text{inter}}(x,r(x,F_N)) + F_N r(x,F_N) - V_0(F_N) \tag{7.3}$$

式中势能包括两部分:①外力作用下相互作用能的变化;②抵抗外力所做的功。式中最后一项是滑动路径上桥位置的能量,减去最后一项后,得到是沿滑动路径的滑动势垒。

两个系统不同压力下的势能曲线如图7.6所示。两条曲线趋势相同,势能曲线沿滑动路径是周期性的,在顶位置具有最大的势能,在桥位置势能最小。当压力较小时,势能曲线较为光滑;随着压力不断地增加,势垒逐渐增大,形状也尖锐起来。比较图7.6(a)和图7.6(b)可以发现,H-C(111)在各种压力下的势垒约为F-C(111)薄膜系统的两倍。这一结果说明F-C(111)薄膜系统更易滑动,摩擦因数更小。

本节采用Zhong等人的方法计算系统的摩擦因数[31]。首先由公式(7.4)计算出系统的平均摩擦力

$$\langle F_f \rangle = \Delta V_{\max}/\Delta x = (V_{\max}(F_N) - V_{\min}(F_N))/\Delta x \tag{7.4}$$

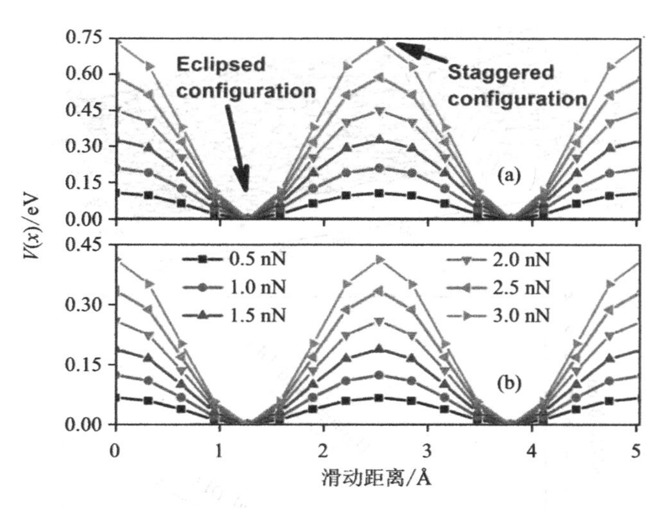

图 7.6　沿滑动路径滑动势垒与正压力之间的函数关系[12]

(a)H-C(111)系统,(b)F-C(111)系统。

平均摩擦力对正压力求导数可以得到系统的摩擦因数

$$\mu = \langle F_f / F_N \rangle = \Delta V_{max} / (F_N \Delta x) \tag{7.5}$$

计算得到的摩擦因数与正压力之间的函数关系如图 7.7 所示。在 0.5~3 nN 研究压力范围内,两种系统的摩擦因数随压力均变化很小,遵循 Amonton 法则。图中最显著的特点是 H-C (111)系统的摩擦因数为 0.15,约为 F-C (111)系统的两倍。这一结果与实验和其他理论计算结果一致[22,24]。Sung 等人研究了环境对金刚石薄膜摩擦性质的影响,如图 7.8 所示。他们以氢、氟两种特殊的钝化原子为例,发现氟钝化金刚石薄膜的摩擦性质小于氢钝化金刚石薄膜,且氟钝化的金刚石薄膜具有较强的抗磨损能力[24],与本计算结果一致。在计算方面,Neitola 的工作与本章模型最接近[22,23]。相对于 Neitola 的工作,本章计算得到的摩擦因数与实验更加接近[24]。最重要的是,Neitola 工作的结论:H-C(111)系统的摩擦因数小于 F-C(111)薄膜系统,这与实验相矛盾。而本工作发现 H-C(111)系统的摩擦因数大于 F-C(111)薄膜系统,结果与实验相符。我们仔细分析 Neitola 等人的工作,认为其过于简单的模型或许是计算结果与实验相悖的原因。

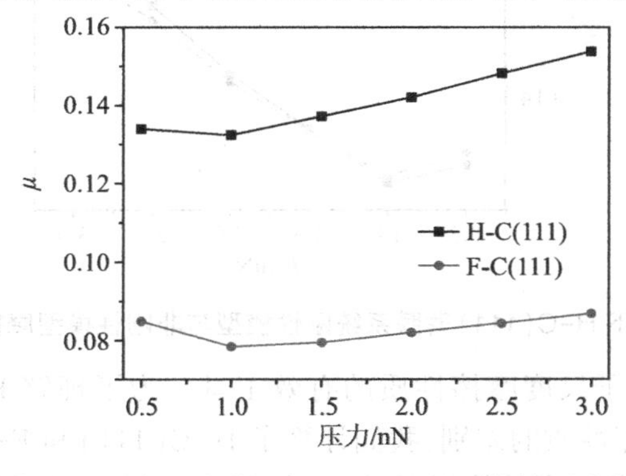

图 7.7　不同压力下 H-C(111)薄膜系统与 F-C(111)薄膜系统摩擦因数的对比[12]

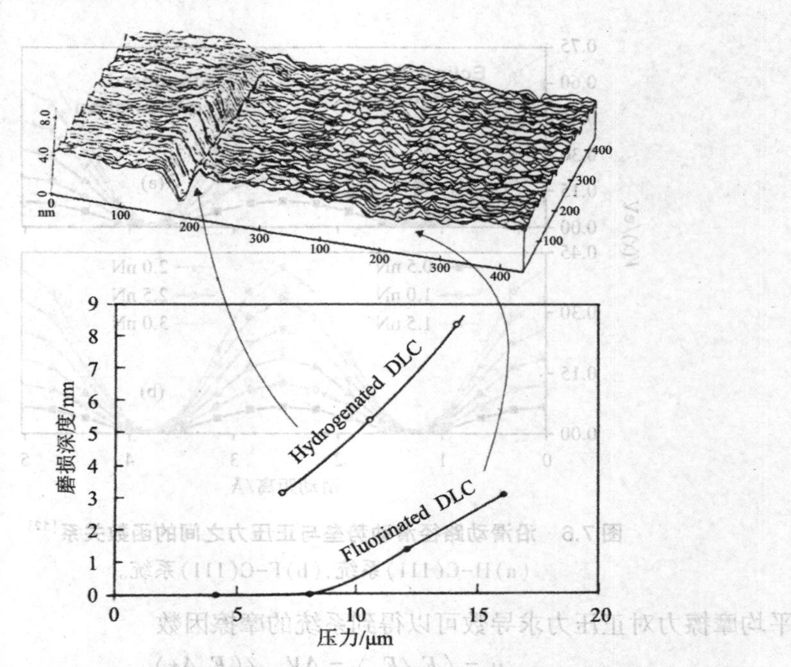

图 7.8　氢、氟钝化的金刚薄膜摩擦性质的实验对比研究[24]

为了验证计算金刚石薄膜摩擦性质时采用刚体近似的合理性,我们对非刚性模型进行了计算。在非刚性模型中,除了上层薄膜的顶部三层原子以及衬底层薄膜底部三层原子固定之外,所有其他原子可以自由弛豫。非刚性薄膜与刚性薄膜的摩擦因数对比如图 7.9所示。由图 7.9 可知,两种模型下的摩擦因数随压力变化的趋势完全相同,数值也非常接近,在最大压力 3 nN 下,摩擦因数也仅相差 1.8%。这一结果说明本章计算对金刚石薄膜采用刚性近似是合理的。也说明在计算硬度较大系统的摩擦性质时,可以采用刚性模型。

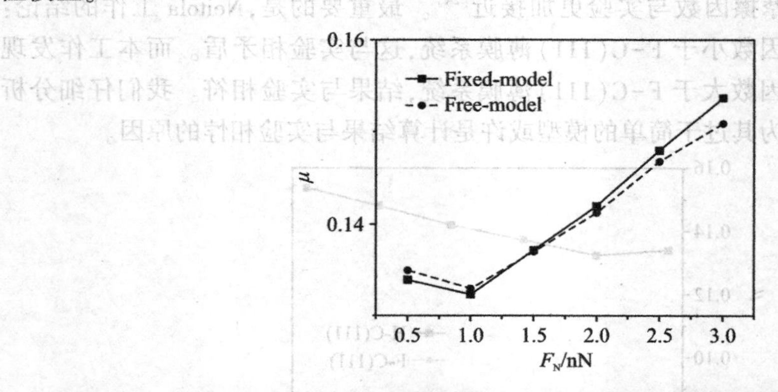

图 7.9　不同压力下 H-C(111) 薄膜系统刚性模型与非刚性模型摩擦因数的对比[12]

电子结构是理解原子尺度摩擦性质的有效工具。为了理解 H-C(111) 薄膜系统与 F-C(111) 薄膜系统摩擦性质的差别,我们计算了 H-C(111) 和 F-C(111) 薄膜的电荷密度,如图 7.10 所示。电荷密度的俯视图显示:在表面处,钝化氢原子周围的电荷仅仅覆盖了部分的金刚石表面,但钝化氟原子的电荷几乎覆盖了整个金刚石表面,说明氟原子能够很好地屏蔽不同金刚石薄膜间的碳原子作用。进而能够降低其层间摩擦因数。从电荷密度的侧视图还可以看出 H-C(111) 表面处的电荷分布起伏较大,而 F-C (111)表面处的电荷分布起伏较小。如前所述,表面处的势垒主要由电子的分布决定,因此表面处电荷分布起伏较大的 H-C(111)系统具有较大的势垒及摩擦因数。

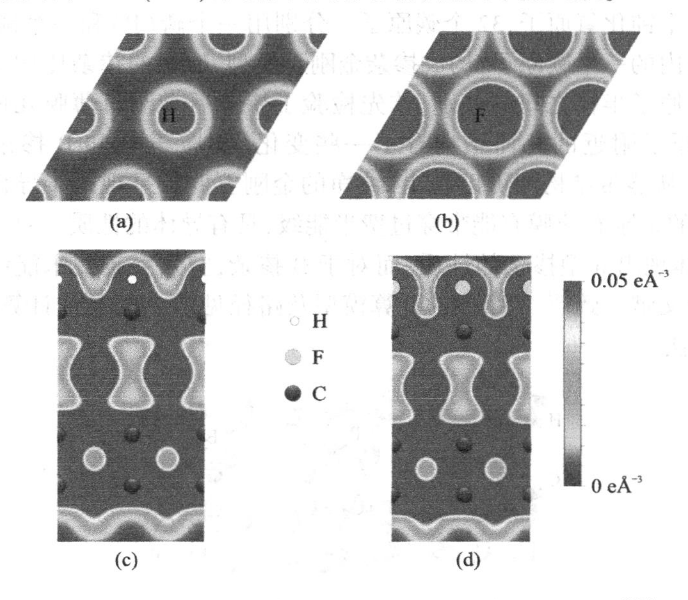

图 7.10　H-C(111)薄膜和 F-C(111)薄膜电荷密度图[12]

(a) H-C(111)薄膜和(b)F-C(111)薄膜的电荷密度俯视图,H、F 原子所在的平面为截断面。(c)和(d)为相应的侧视图。

7.3　掺杂对金刚石薄膜纳米摩擦性质的影响与调制

影响金刚石摩擦性质的因素可分为两类:①内在因素,比如碳膜中碳-碳键的类型、表面结构等;②外在因素,包括金刚石表面碳原子与外界环境的化学、物理及机械相互作用。因此人们可以通过调整金刚石薄膜的内外因素调制其摩擦性质。目前,包括表面改性、非公度性调制、增加分子作为润滑剂等一系列的调制金刚石薄膜摩擦性质的物理化学方法已被相继提出[6,32-35]。在这些方法中,实验上已经证明掺杂是调制金刚石薄膜表面能,机械和摩擦性质的一种有效方法[35,36]。一些综述文章已经对硅、磷、氮、硼等元素掺杂的金刚石薄膜的摩擦性质做了总结[2,35]。但是,由于研究目的差异以及测量环境的不同,不同实验测得的摩擦性质也不一致。更重要的是,实验也未能对这些差别给出合理解释。相对于实验,理论计算是理解金刚石薄膜摩擦性质差异内在机制的有效工具。尽管分子动力学方法和基于密度泛函理论的第一性原理方法已经对金刚石薄膜的摩擦性质进行了广泛的计算研究[2,22,23,19,20,21]。但关于掺杂金刚石薄膜摩擦性质的计算仍很有限。因此,本节应用基于密度泛函理论的第一性原理方法在原子层次上计算掺杂对金刚石薄膜摩擦性质的影响。研究结果说明金刚石薄膜纳米尺度下的摩擦性质受掺杂效应的调制。另外本章进一步研究了界面环境对于掺杂调制摩擦效应的影响。研究发现，掺杂引起的电子结构的变化是掺杂调制摩擦的根本原因。

7.3.1 掺杂金刚石薄膜的摩擦计算模型

这里采用(2×2)的H–C(111)超原胞进行金刚石掺杂的模拟计算，如图7.11所示。该模型共包括8个钝化氢原子，32个碳原子。分别用一个磷(P)和一个硼(B)原子替代第二个双原子层内的一个碳原子，构成掺杂金刚石模型，原子的掺杂比例在3%左右。由于掺杂原子与碳原子半径之间的差别，首先检验了掺杂后金刚石薄膜几何结构的变化。研究发现：掺杂原子附近的几何结构有了一些变化（相应于P和B掺杂，分别扩张了0.2 Å、0.03 Å）。从能带结构图可以看出，纯净的金刚石薄膜呈现出半导体性质，带隙约为3 eV；而掺杂的金刚石薄膜有能带穿过费米能级，具有导体的性质。对于P掺杂，电子穿越费米能级，体现出n型掺杂的性质；而对于B掺杂，空穴穿越费米能级，属于p型掺杂。计算结果与文献一致[37]。摩擦的计算模型及路径见图7.3，具体计算细节请参考本章7.2的计算方法。

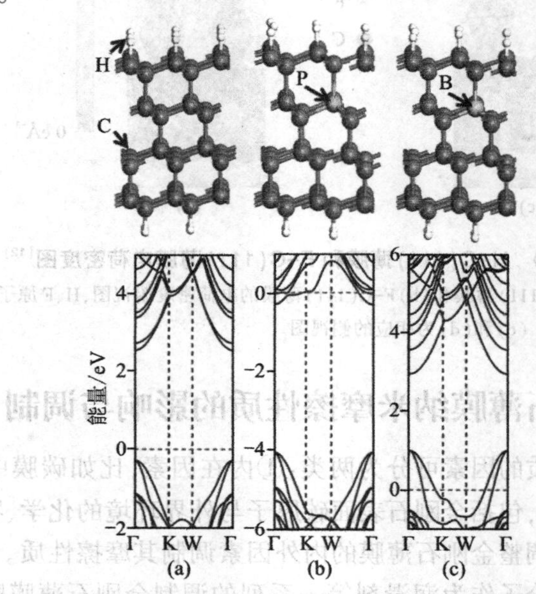

图7.11 (a)金刚石薄膜，(b)P、(c)B掺杂的金刚石薄膜的几何及电子结构[13]

7.3.2 掺杂对氢钝化金刚石薄膜层间相互作用的影响

相互作用能是计算薄膜层间纳米摩擦的重要物理量，两层薄膜之间的相互作用能$\Delta E(r)$由公式(7.1)求出。r取值范围为5.0~2.5 Å，步长间隔为0.05 Å。在相互作用能的计算中，界面间的H和F原子可以自由弛豫，其他原子固定。各个堆栈不同层间距下的相互作用能如图7.12所示。在图7.12中，各个掺杂组合的相互作用能曲线有两个共同特性：①在平衡吸附距离以下，随着层间距减小，相互作用能曲线逐渐增加。这是由薄膜之间的排斥力随距离减小逐渐增加造成的。②通过同一系统不同堆栈下相互作用能的对比，在相同的层间距下，始位置顶位的相互作用能大于末位置桥位。这是因为在相同的距离下，桥位处的界面原子有更大的空间移动，从而能够减小原子之间的排斥力。由图还可以看出，受掺杂原子的诱导，不同掺杂组合的相互作用能曲线也有很大差别，尤其是 n-type/n-type 和 n-type/p-type 系统。与未掺杂的系统相比，n-type/n-type 两层薄膜之间的平衡距离有所增加，这意味着层间排斥作用有所增强；更重要的是，相同距离下不同堆栈之间的相互作用能差别也有所减小。与 n-type/n-type 系统相反，对于n-type/p-type 系统，两层薄膜之间的平衡距离显著减小，吸附作用显著增加如图 7.12(d)所示。不同组合下，吸附能与层间距的详细数据如表 7.2 所示。

表 7.2　不同掺杂 H-C(111)系统的相互作用能与吸附高度[13]

	顶位		桥位	
	E_{ad}/eV	d_0/Å	E_{ad}/eV	d_0/Å
Undoped/Undoped	−0.33	4.31	−0.41	4.00
n-type/n-type	−0.43	5.25	−0.34	5.31
p-type/p-type	−0.19	4.29	−0.27	3.97
p-type/n-type	−1.07	4.21	−1.21	3.92

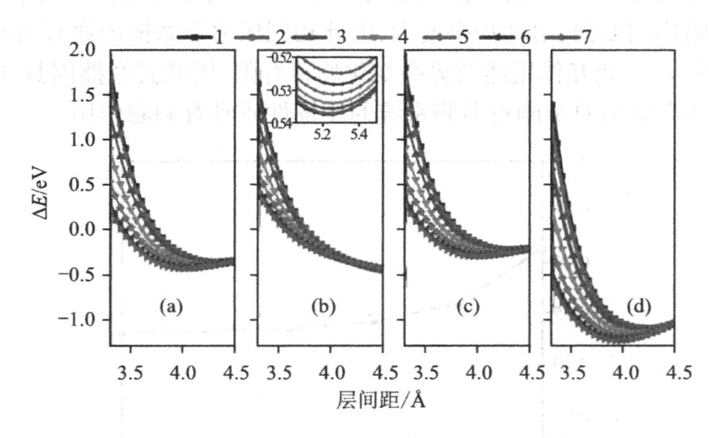

图 7.12　不同堆栈下相互作用能与层间距之间的函数关系

1~7 分别代表滑动路径上从始位置到末位置所选的不同堆栈。(a) Undoped/Undoped，(b) n-type/n-type，(c) p-type/p-type，(d) n-type/p-type[13]。

7.3.3　掺杂对氢钝化金刚石薄膜层间摩擦性质的影响

正压力、势垒、平均摩擦力和摩擦因数等与摩擦有关的物理量均根据 Zhong 等人的方法计算[31]。各个系统在 0.5~3.0 nN 正压力范围内的势垒如图 7.13 所示。对于研究的四个系统，各种压力下，势垒沿滑动路径是周期性的。最小势垒在桥位置处，最大势垒在顶位置处。随着压力的不断增加，滑动势垒也在逐渐变大。对比四种模型可见，n-type/n-type 系统具有最小的势垒，尤其对于较小的 0.5 nN 的正压力，势垒几乎消失。相反地，n-type/p-type 系统的势垒有所增加，这与前面相互作用能的分析一致。

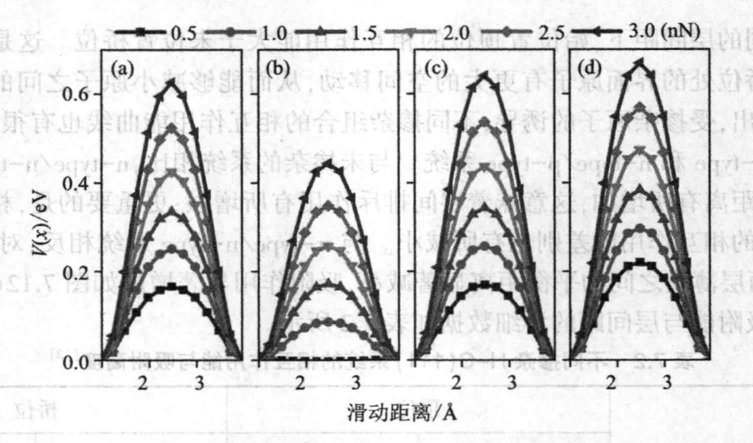

图 7.13 滑动势垒随滑动路径的函数关系

(a) Undoped/Undoped, (b) n-type/n-type, (c) p-type/p-type, (d) n-type/p-type[13]。

由滑动势垒,可以计算出不同压力下沿滑动路径的摩擦因数,摩擦因数随正压力变化的函数关系如图 7.14 所示。对于未掺杂的金刚石薄膜系统,摩擦因数约为 0.15,这与实验值以及本章前面计算的结果一致。对于 n-type/n-type 系统,研究发现,摩擦因数有所降低,特别是压力较小的时候,摩擦因数几乎为 0。而对于 n-type/p-type 系统,如前所示,由于相互吸附作用变强,滑动势垒变大,因此相同压力下摩擦因数有所增加。对于 p-type/p-type 系统,由于相互作用能及势垒变化均很有限,因此其摩擦因数几乎没有变化。这些结果表明:掺杂效应对金刚石薄膜系统的摩擦性质具有调制作用。

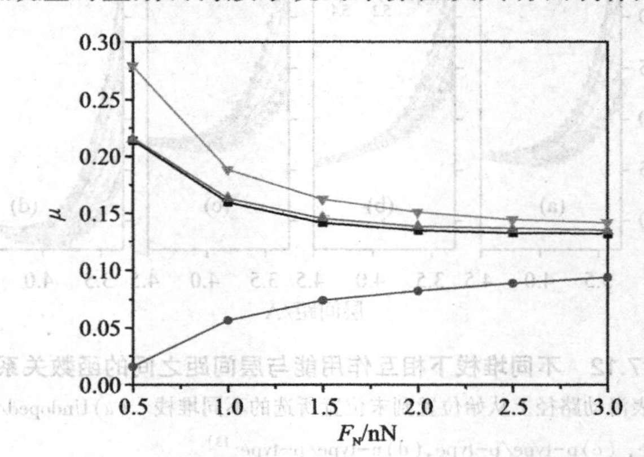

图 7.14 各种掺杂系统不同压力下摩擦因数的对比[13]

前一节对比研究了氢、氟钝化的金刚石薄膜层间摩擦性质。研究发现,由于氢、氟原子电子结构的差别,其摩擦性质也不相同,即界面环境影响金刚石薄膜的摩擦性质。为了证明前面得出的掺杂对金刚石薄膜摩擦性质影响规律的普遍性,在本节中还计算了掺杂对氟钝化金刚石薄膜摩擦性质的影响。掺杂氟钝化的金刚石薄膜的结构如图 7.15 所示。同氢钝化薄膜的掺杂一样,我们在相同的位置进行替代掺杂。能带结构显示,P 和 B 掺杂的 F-(111)也呈现出 n 型和 p 型掺杂的性质。在计算掺杂的氟钝化金刚石薄膜摩擦性质时同样采用图 7.3 中的模型进行计算。

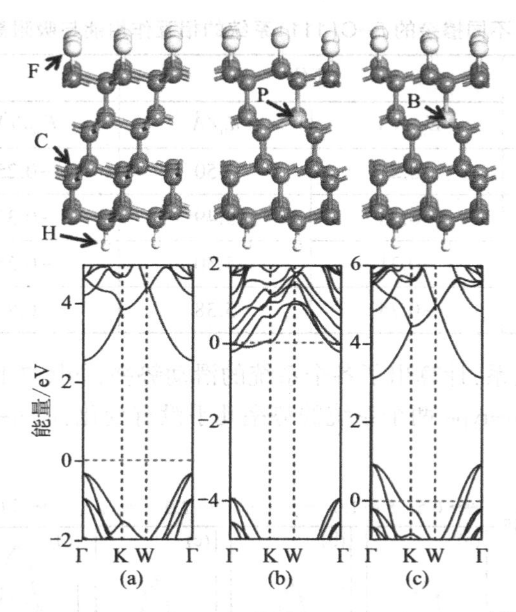

图 7.15　氟钝化金刚石薄膜的几何及电子结构[13]

(a) 未掺杂,(b)P、(c)B 掺杂的 F-C(111)。红色虚线代表费米能级。

7.3.4　掺杂对氟钝化金刚石界面摩擦的影响与调制

氟钝化的掺杂金刚石薄膜层间相互作用能随层间距变化的函数关系如图 7.16 所示。与未掺杂的薄膜相比,p-type/p-type 和 n-type/n-type 两个系统的相互作用能几乎没有变化,但 n-type/p-type 系统的吸引作用增强仍然显著。不同组合下,相互作用能与层间距的详细数据如表 7.3 所示。

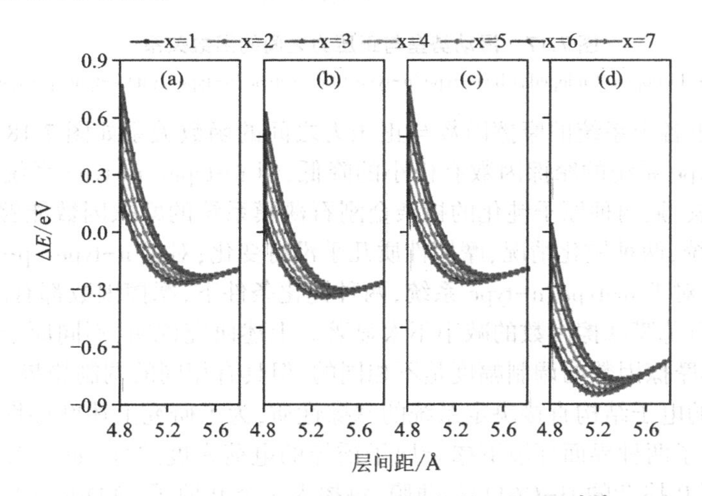

图 7.16　相互作用能随层间距变化的函数关系[13]

(a) Undoped/Undoped, (b) n-type/n-type, (c) p-type/p-type, (d) n-type/p-type。

表 7.3 不同掺杂的 F-C(111) 系统的相互作用能与吸附高度[13]

	顶位		桥位	
	E_{ad}/eV	d_0/Å	E_{ad}/eV	d_0/Å
Undoped/Undoped	−0.21	5.50	−0.25	5.31
n-type/n-type	−0.28	5.49	−0.33	5.29
p-type/p -type	−0.21	5.50	−0.25	5.31
p-type/n-type	−0.75	5.38	−0.83	5.18

通过相互作用能关系，计算出了各个系统的滑动势垒，如图 7.17 所示。由图可知，p-type/p-type 和 n-type/n-type 两个系统的势垒几乎没有变化，而 n-type/p-type 系统的势垒有所增加。

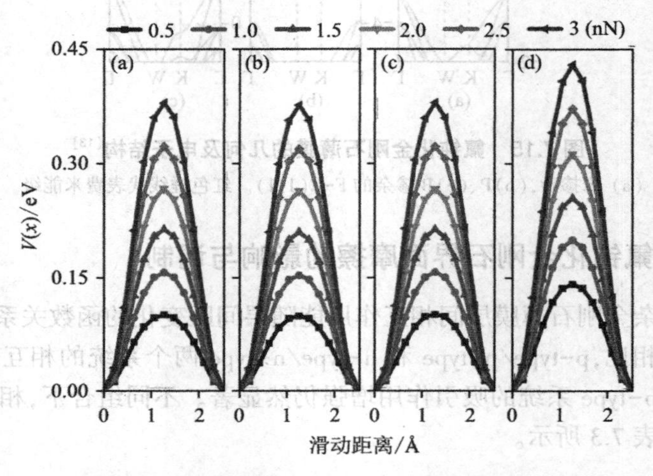

图 7.17 滑动势垒与正压力之间的函数关系[13]

(a) Undoped/Undoped，(b) p-type/p-type，(c) n-type/n-type，(d) n-type/p-type。

不同压力下各个系统的摩擦因数与正压力之间的函数关系如图 7.18 所示。由图可知，n-type/n-type 系统的摩擦因数有极小的降低，但 n-type/ p-type 系统的摩擦因数增加很多。对比氢、氟两种原子钝化的掺杂金刚石薄膜系统的摩擦因数能够发现：对于 p-type/p-type 系统，两种钝化情况，摩擦性质几乎没有变化；对于 n-type/ p-type，摩擦因数都有很大增加；对于 n-type/n-type 系统，两种钝化条件下，摩擦因数都有减小的趋势，但是氟化的金刚石薄膜摩擦因数的减小不太显著。上述研究说明：不同原子钝化的金刚石薄膜，掺杂对其摩擦因数的调制幅度是不相同的，但具有相同的调制趋势。

由于系统的电子结构直接决定系统的摩擦性质，为了研究上述摩擦性质差别的根本原因，本节做出了两种界面环境下掺杂原子诱导的电荷密度差分，如图 7.19 所示。由图可知，对于 n 型 P 掺杂的 H-C(111) 薄膜，每掺入一个 P 原子，就能向金刚石薄膜释放出一个电子，释放的电子汇集到表面处，增加了表面的电荷密度，进而更加有效地屏蔽两层金刚石薄膜的相互作用，导致摩擦因数降低。而对于 p 型 B 掺杂的 H-C(111) 薄膜，表面处电荷密度未明显变化，因此摩擦因数改变也不显著。但是对于 n-type/p-type 型系

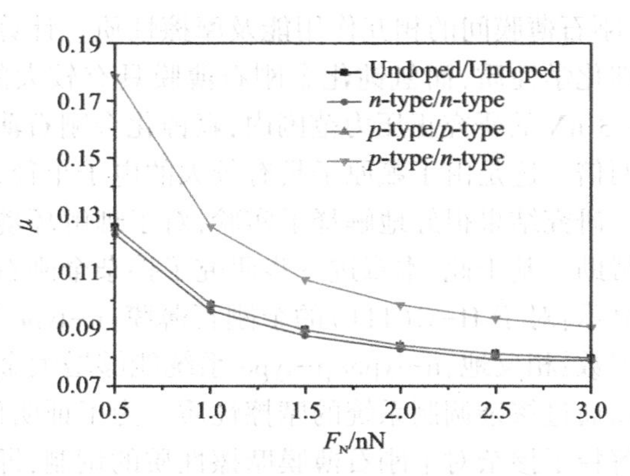

图 7.18　各个压力下不同系统之间的摩擦因数[13]

统，由于两边分别增加了空穴和电子，两层薄膜间的库仑相互作用增强，因此吸引作用增强，平衡吸附距离减小，摩擦因数增大。相应地，未掺杂的 F-C(111)薄膜已经具有密闭的电荷密度，由图可见，由掺杂引起的电荷密度的改变很小。因此，掺杂原子引起的摩擦因数的调制也很有限。

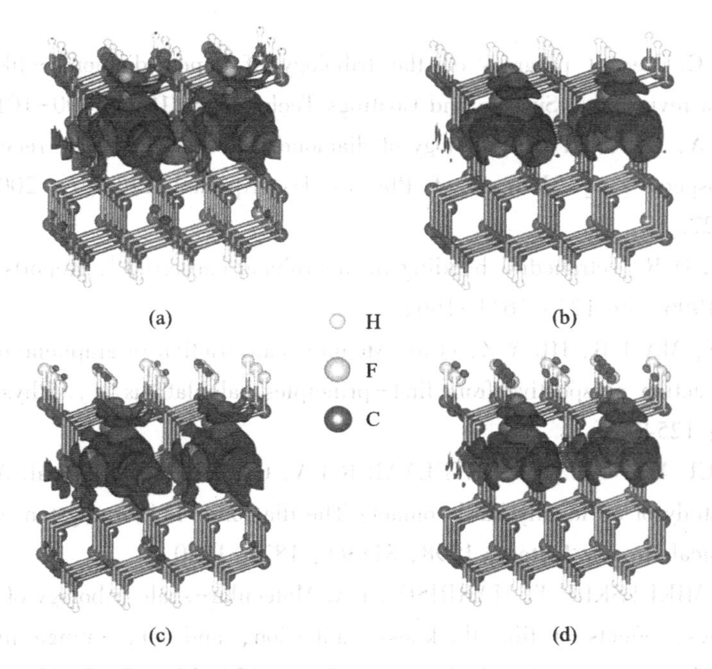

图 7.19　电荷密度差分示意图[13]

(a)和(b)分别表示 P 和 B 掺杂的 H-(111)薄膜，(c)和(d)分别表示 P 和 B 掺杂的 F-(111)薄膜，图中仅画出了绝对值大于 0.005 e/Å^3 的电荷密度。

尽管本章的计算是在 0 K 下进行的，未考虑声子以及电-声耦合对于摩擦的影响。但是这些因素并不会改变原子层次的基态的性质。另外，该机制还可以推广到 GaAs、BN 及 Si 等半导体材料。

本章介绍了界面环境及掺杂效应对金刚石薄膜摩擦性质的影响及调制。首先对比计算了氢、氟钝化的金刚石薄膜间的相互作用能及摩擦性质。计算发现氟钝化金刚石薄膜具有更加稳定的物理化学性质，而氢钝化金刚石薄膜具有较大的吸引作用，以及较小的薄膜层间距；在 0.5~3 nN 的研究正压力范围内，氟钝化金刚石薄膜的摩擦因数约为氢钝化的金刚石薄膜的两倍。这是由于氟原子具有较大的电子半径，能够更好地屏蔽金刚石薄膜层间相互作用。研究结果很好地解释了实验，对于理解环境对金刚石薄膜间摩擦性质的影响具有一定帮助。基于此，本章进一步研究了掺杂金刚石薄膜层间相互作用及摩擦性质。研究结果显示：对于 H-C(111) 的金刚石薄膜，n-type/n-type 系统能够降低金刚石薄膜间的摩擦因数；相反地，n-type/p-type 系统能够增大金刚石薄膜间的摩擦因数。研究结果说明可以通过掺杂调制系统的摩擦性质。为了证明研究结果的普适性，本章从电子结构的角度解释了掺杂对金刚石薄膜摩擦性质的调制，即掺杂原子引起的界面电子结构的改变是金刚石薄膜摩擦性质变化的根本原因。结果表明，电荷分布粗糙度度机制不仅对于二维材料有效，对于金刚石薄膜仍发挥作用，本章的结果进一步丰富了纳米摩擦的电荷分布粗糙度机制。

参考文献

[1] DONNET C. Recent progress on the tribology of doped diamond-like carbon alloy coatings: a review[J]. Surface and Coatings Technology, 1998, 100-101: 180-186.

[2] ERDEMIR A, DONNET C. Tribology of diamond-like carbon films: recent progress and future prospects [J]. Journal of Physics D: Applied Physics, 2006, 39 (18): R311-R327.

[3] MCKENZIE D R. Tetrahedral bonding in amorphous carbon[J]. Reports on Progress in Physics, 1996, 59(12): 1611-1664.

[4] WANG L F, MA T B, HU Y Z, et al. Atomic-scale friction in graphene oxide: An interfacial interaction perspective from first-principles calculations[J]. Physical Review B, 2012, 86: 125436.

[5] ENACHESCU M, VAN DEN OETELAAR R J A, CARPICK R W, et al. Atomic force microscopy study of an ideally hard contact: The diamond(111)/tungsten carbide interface [J]. Physical Review Letters, 1998, 81(9): 1877-1880.

[6] GAO G T, MIKULSKI P T, HARRISON J A. Molecular-scale tribology of amorphous carbon coatings: effects of film thickness, adhesion, and long-range interactions [J]. Journal of the American Chemical Society, 2002, 124(24): 7202-7209.

[7] KONICEK A R, GRIERSON D S, GILBERT P U P A, et al. Origin of ultralow friction and wear in ultrananocrystalline diamond [J]. Physical Review Letters, 2008, 100 (23): 235502.

[8] CUI L, LU Z, WANG L. Probing the low-friction mechanism of diamond-like carbon by varying of sliding velocity and vacuum pressure[J]. Carbon, 2014, 66: 259-266.

[9] SEAL M. Graphitization of diamond[J]. Nature, 1960, 185(4): 522-523.

[10] LIU Y, ERDEMIR A, MELETIS E I. An investigation of the relationship between graphitization and frictional behavior of DLC coatings[J]. Surface and Coatings Technology, 1996, 86-87: 564-568.

[11] CHEN X, ZHANG C, KATO T, et al. Evolution of tribo-induced interfacial nanostructures governing superlubricity in a-C:H and a-C:H:Si films[J]. Nature Communications, 2017, 8: 1675.

[12] WANG J, WANG F, LI J, et al. Comparative study of friction properties for hydrogen- and fluorine-modified diamond surfaces: A first-principles investigation[J]. Surface Science, 2013, 608: 74-79.

[13] WANG J, LI M, ZHANG X, et al. An atomic scale study of ultralow friction between phosphorus-doped nanocrystalline diamond films[J]. Tribology International, 2015, 86: 85-90.

[14] RISTEIN J. Surface science of diamond: Familiar and amazing[J]. Surface Science, 2006, 600(18): 3677-3689.

[15] WANG F, LU Z, WANG L, et al. Effect of tribochemistry on friction behavior of fluorinated amorphous carbon films against aluminum[J]. Surface and Coatings Technology, 2016, 304: 150-159.

[16] PASTEWKA L, MOSER S, MOSELER M. Atomistic insights into the running-in, lubrication, and failure of hydrogenated diamond-like carbon coatings[J]. Tribology Letters, 2010, 39(1): 49-61.

[17] CONTACTS S mated D L C, SCHALL J D, GAO G, et al. Effects of adhesion and transfer film formation on the tribology of self-mated DLC contacts[J]. Journal of Physical Chemistry C, 2010, 114: 5321-5330.

[18] HAYASHI K, TEZUKA K, OZAWA N, et al. Tribochemical reaction dynamics simulation of hydrogen on a diamond-like carbon surface based on tight-binding quantum chemical molecular dynamics [J]. Journal of Physical Chemistry C, 2011, 115: 22981-22986.

[19] DAG S, CIRACI S. Atomic scale study of superlow friction between hydrogenated diamond surfaces[J]. Physical Review B, 2004, 70(24): 241401.

[20] ZILIBOTTI G, RIGHI M C, FISICA D, et al. Ab initio calculation of the adhesion and ideal shear strength of planar diamond interfaces with different atomic structure and hydrogen coverage[J]. Langmuir, 2011, 27: 6862-6867.

[21] ZILIBOTTI G, RIGHI M, FERRARIO M. Ab initio study on the surface chemistry and nanotribological properties of passivated diamond surfaces[J]. Physical Review B, 2009, 79(7): 075420.

[22] NEITOLA R, PAKKANEN T A. Ab initio studies on the atomic-scale origin of friction between diamond (111) surfaces[J]. Journal of Physical Chemistry B, 2001, 105: 1338-1343.

[23] NEITOLA R, PAKKANEN T A. Ab initio studies on nanoscale friction between fluorinated diamond surfaces: effect of model size and level of theory [J]. Journal of Physical Chemistry B, 2006, 110: 16660-16665.
[24] SUNG J C, KAN M C, SUNG M. Fluorinated DLC for tribological applications[J]. International Journal of Refractory Metals and Hard Materials, 2009, 27(2): 421-426.
[25] SEN F G, QI Y, ALPAS A T, et al. Surface stability and electronic structure of hydrogen- and fluorine-terminated diamond surfaces: A first principles investigation[J]. Journal materials Research., 2009, 24(8): 2461-2470.
[26] KRESSE G, FURTHMÜLLER J. Efficient iterative schemes for ab initio total-energy calculations using a plane - wave basis set [J]. Physical Review B, 1996, 54 (16): 11169-11186.
[27] KRESSE G, JOUBERT D. From ultrasoft pseudopotentials to the projector augmented-wave method[J]. Physical Review B, 1999, 59(3): 11-19.
[28] PERDEW J P, BURKE K, ERNZERHOF M. Generalized gradient approximation made simple[J]. Physical Review Letters, 1996, 77(3): 3865-3868.
[29] HENDRIK J. MONKHORST, PACK J D. Special points fro Brillouin-zone integretions [J]. Physical Review B, 1976, 13(12): 5188-5192.
[30] HONG S, CHOU M. Effect of hydrogen on the surface-energy anisotropy of diamond and silicon[J]. Physical Review B, 1998, 57(11): 6262-6265.
[31] ZHONG W, TOMÁNEK D. First-principles theory of atomic-scale friction[J]. Physical Review Letters, 1990, 64: 3054.
[32] CARPICK R W. Controlling friction[J]. Science, 2006, 313: 184.
[33] URBAKH M, MEYER E. Nanotribology: The renaissance of friction[J]. Nature Materials, 2010, 9(1): 8-10.
[34] FILIPPOV A E, DIENWIEBEL M, FRENKEN J W M, et al. Torque and twist against superlubricity[J]. Physical Review Letters, 2008, 100: 046102.
[35] MOOLSRADOO N, WATANABE S. Modification of tribological performance of DLC films by means of some elements addition[J]. Diamond and Related Materials, 2010, 19(5-6): 525-529.
[36] PARK J Y, OGLETREE D F, THIEL P A, et al. Electronic control of friction in silicon pn junctions[J]. Science, 2006, 313: 186.
[37] OGUCHI T. Electronic structure of B-doped diamond: A first-principles study[J]. Science and Technology of Advanced Materials, 2006, 7: S67-S70.

第 8 章　分子与石墨系统间的摩擦行为及其调控

本章主要介绍分子与石墨烯之间吸附与摩擦性质，研究分子的摩擦性质对于纳米润滑剂的设计具有重要意义。采用基于密度泛函理论的第一性原理方法研究了芘基分子与石墨烯之间的相互作用。计算结果表明：芘基分子和石墨烯之间的相互作用能大于石墨烯层间的相互作用能，然而，其摩擦却低于双层石墨烯的层间摩擦。对比不同分子在石墨烯上的吸附能和摩擦说明芘基分子上的附加侧链的长度和类型会影响摩擦的大小。从吸附能的角度来看，芘基分子不仅容易吸附于石墨，还能容易地在石墨烯面上滑动。该研究很好地解释了利用芘基分子直接从石墨中剥离石墨烯的实验，为理解溶液法制备石墨烯提供了理论支持。

8.1　石墨烯的制备方法

石墨烯是一种碳原子组成的蜂窝状二维结构，因其在纳米电子学、传感器以及纳米复合材料等许多技术领域具有极高的潜在应用前景已经成为一种明星材料[1]。目前石墨烯已经在透明电极、气体传感器，超级电容器等方面得到了广泛应用。但是，大规模制备高质量的石墨烯一直是制约石墨烯应用的一个关键问题。目前，主要有三种自下而上或自上而下的制备石墨烯的方法：①微机械剥离方法，目前实验上研究石墨烯性质所采用的样品大多是通过这种方法制备的[2]。该方法的优点是能够制备出高质量的石墨烯，但生产效率较低，不能满足工业上批量生产的要求。②化学气相沉积和外延生长方法，镍表面上分解乙烯得到石墨烯就是这种方法的一个典型例子[3]。尽管高达1 cm^2 的大面积单层到多层的石墨烯已经能够通过化学气相沉积得到，但是利用该方法均匀地生长单层石墨烯仍然是一个挑战[4]。③还原氧化石墨烯方法[5]，目前透明电极、气体传感器、超级电容器等器件使用的石墨烯大多是采用这种方法制备的。该方法主要包括氧化和还原两个过程，由于在制备过程中使用了强酸以及强氧化剂，因此与直接从石墨中剥离的石墨烯相比，该方法得到的石墨烯存在很多缺陷[6,7]，质量较差。综上所述，寻找简单且能够大规模生产高质量石墨烯的方法仍然是石墨烯研究的重要内容。

基于上述各种制备石墨烯方法的缺点，最近 An 等人设计了一种简单的批量制备石墨烯的方法[8]。该方法将石墨溶解到水或者有机溶液中，然后将芘羧酸（PCA）加入石墨有机溶液中充当分子楔剥离石墨烯。其原理为：在 PCA 分子中，芘基团具有疏水性，可以与石墨结合起来，羧基具有亲水性，可以与溶液作用。当有外界扰动的时候，PCA 分子就能够游离于石墨层中，实现石墨烯的剥离。该方法的详细过程及原理如图 8.1 所示。这种方法的优点是在制备过程中未使用强酸及强氧化剂，保持了石墨烯的结构及其优良的物理化学特性。该方法不仅能从石墨中剥离石墨烯，同样可用作碳纳米管的制备。Simmons 等人使用该方法实现了无缺陷碳纳米管的批量生产[9]。

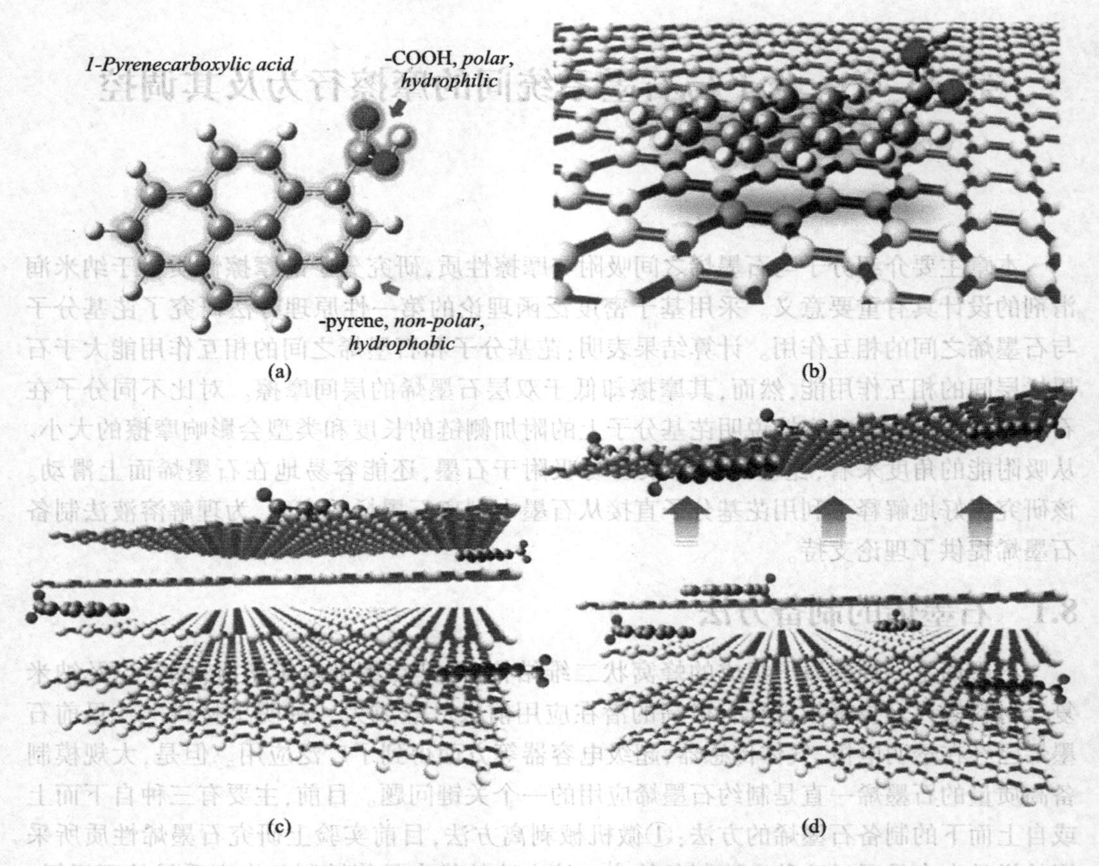

图 8.1 芘基分子剥离石墨烯的过程及原理[8]

(a)芘羧酸(PCA)的分子结构，PCA 分子由极性(亲水)和非极性(疏水)两部分组成。(b)PCA 分子能够通过π键与石墨平面结合。(c)在搅动的极性溶液(水)中，PCA 分子的非极性部分更倾向通过 π-π 作用与石墨结合起来，而极性部分更容易与溶液结合，从而能够拖拽 PCA 分子在石墨中穿行。随着搅拌的不断进行，更多的 PCA 分子能够穿入到石墨的层间深处，破坏石墨层间的 π 键作用。(d)持续这样的过程，就能生产出单个或者几个原子层厚度的石墨烯。

在本章中，结合实验和编者的研究成果，主要介绍芘基分子和石墨烯之间的相互作用和摩擦行为[10,11]。从摩擦学的观点给出芘基分子充当分子楔子剥离石墨烯的机制：芘基分子与石墨烯之间的较大的结合能和较低的摩擦是分子层次上芘基分子剥离石墨烯的主要原因。该研究结果有利于理解 PCA 分子在极性溶液中剥离石墨烯的实验，对探索通过调整侧链调制纳米摩擦性质也具有重要意义。

8.2 芘基分子结构

范德瓦耳斯散射作用在分子与石墨烯的相互作用中非常重要，我们采用 Grimme 提出的半经验的 DFT-D2 方法计算芘基分子和石墨烯间的长程散射作用[12]，这种方法已经成功地应用在许多类似的体系中,得到了满意的研究结果。所有的计算采用 VASP 软件包完成[13],电子-离子相互作用由 PAW 方法描述[14]。采用 GGA 框架内的 PBE 方法处理交换关联相互作用[15]。对于 C、H 和 O 原子,散射因子 C_6 分别取标准值 1.75、0.14 和 0.7,范德瓦耳斯半径分别为 1.452、1.001 和 1.342。波函数平面波展开的截断能为 480 eV。电子弛豫的总能收敛标准为 10^{-4} eV,几何优化内部坐标到 Hellmann-Feynman 力小于0.02 eV/Å。为了避免相邻单元之间相互作用,垂直石墨烯表面上的真空层取为 15 Å。

在计算中我们主要研究芘基分子中的附加侧链对芘基分子与石墨烯吸附与摩擦的影响。基于 An 等人的工作,本章在原子层次研究 PCA 分子在极性溶液中剥离石墨烯的基本原理。同时对比研究无侧链的芘(Pyrene)分子、有羧基(—COOH)的 PCA 分子、有更长侧链(—CH_2—CH_2—CH_2—COOH)的芘丁酸(PBA)分子及碱性氨基芘(PA)分子与石墨烯之间的吸附及摩擦性质。所选几种分子的结构如图 8.2 所示。目的是解释实验,同时探索不同性质、不同侧链基团对芘基分子与石墨烯层间纳米摩擦的影响。

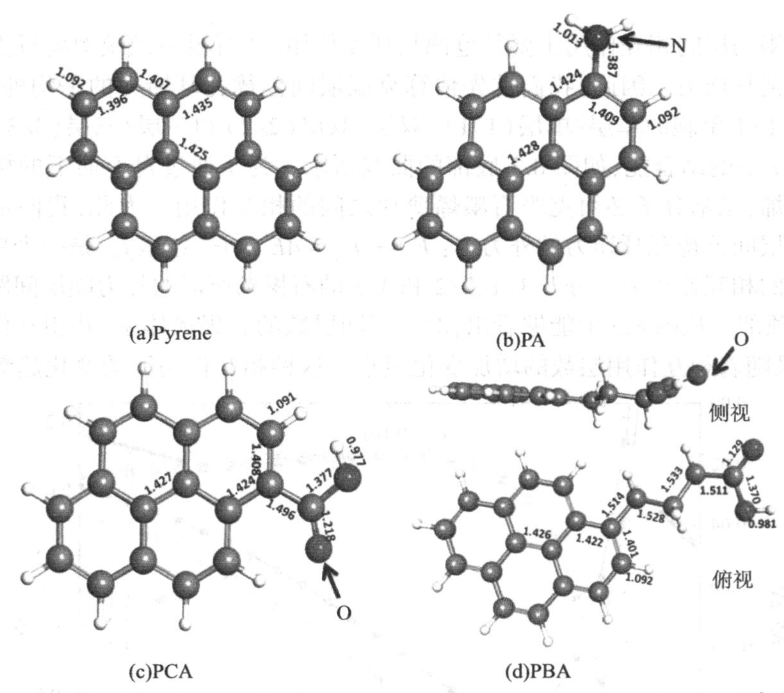

图 8.2　芘、氨基芘(PA)、芘羧酸(PCA)和芘丁酸(PBA)分子的优化结构[11]

8.3　芘基分子与石墨烯之间的相互作用

计算的石墨烯面内晶格常数 a 为 2.47 Å,这与实验值和其他的理论计算吻合[16]。AB 堆栈的双层石墨烯层间结合能和层间距分别为 0.05 eV 和 3.25 Å,也与实验值吻合[17]。应用这些晶格常数,我们首次研究了剥离石墨烯所需的平均力,然后讨论了芘和芘基分子作为分子楔子剥离石墨烯的可行性。

在研究芘基分子与石墨烯之间的相互作用之前,首先优化得到了芘、PCA、PBA 及

PA 分子的几何结构，如图 8.2 所示。芘分子由四个苯环连接而成，由图 8.2(a)可见，芘分子中的碳碳键长(C—C)是不等长的，相对于石墨烯中的 C—C 键长(1.426 Å)，其中一些 C—C 键长拉伸了，另一些变短了。这是由于碳原子在芘分子中的不等价性引起的。但是芘分子中所有的碳氢键长(C—H)几乎完全相同，为 1.092 Å。酸性的羧基(—COOH)和丁羧基(—CH_2—CH_2—CH_2—COOH)取代芘分子中的一个氢原子形成 PCA 和 PBA。氨基(—NH_2)为碱性分子，该分子取代芘分子中的一个氢原子形成 PA 分子。氢原子在芘分子中有三个不等价的位置，因此基团也有三种不同的取代形式，即芘基分子存在三种同素异形体。经过计算验证，图 8.2 中的取代位置是最稳定的结构，下面相互作用能及摩擦的计算采用的均为图 8.2 中所示的分子结构。不同芘基分子的结构对比可以发现：当基团的链长较短时，分子能够保持平面结构，但对于长链分子 PBA，分子不再是平面结构。研究还发现，对于不同的侧链，芘基中的 C—C 键长也有少许变化。

8.3.1 从石墨片上分离石墨烯所需的平均力

由于石墨的层间相互作用主要是范德瓦耳斯作用，从石墨中机械剥离石墨烯必须克服层间范德瓦耳斯力。因此，我们首先估算克服层间范德瓦耳斯力的平均外力。为此，我们计算了 1×1 单胞的单层/单层(1/1)、双层/双层(2/2)和三层/三层(3/3)的石墨烯不同层间距 r 下的结合能，如图 8.3 底部的曲线所示。为了通过自上而下的机械剥离方法获得石墨烯，芘基分子必须克服石墨烯薄片之间的相互作用。为此，我们定义克服石墨烯薄片的层间范德瓦耳斯力的外力为：$F=-f_{\text{int}}=\mathrm{d}E_{\text{ad}}/\mathrm{d}z$，这里 f_{int} 是一个单胞的石墨烯薄片之间的相互作用力。分开 1/1、2/2 和 3/3 的石墨烯所需的外力随层间距的变化显示在图 8.3 顶部。从图 8.3 中能够看出，对于不同层数的石墨烯体系，其相互作用能的变化相似，并且随着相互作用层数的增加变化很小。这种相互作用能的变化趋势也适用于

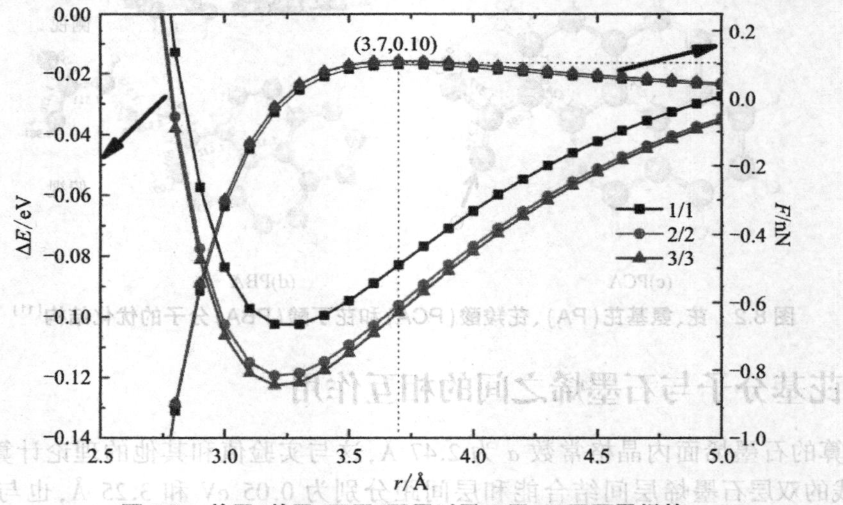

图 8.3 单层/单层、双层/双层以及三层/三层石墨烯的层间结合能和所需的相应外力随着层间距的变化趋势[11]

层间结合能在底部，所需的外力在顶部

外力随层数的变化。此外,值得一提的是,克服不同层数的石墨烯层间相互作用所需要外力的最大值也没有明显的变化,大约是 0.1 nN,所对应的层间距在 3.7 Å 附近。也就是说,不管相互作用的石墨烯多少层,0.1 nN 是分开一个单胞石墨烯的最大力,分开的距离为 3.7 Å。由图 8.3的顶部图可以看出,从两层石墨烯最大作用力为0.1 nN的层间距 3.7 Å 开始,体系间的相互作用力随着层间距的增加几乎呈线性增加趋势。因此,从 3.7 Å 的层间距到石墨烯体系不再相互作用,相互作用力的平均值可近似为最大相互作用力的一半,即 0.05 nN。由于计算使用的是单胞,因此分开一个石墨烯 C 原子需要 0.025 nN 的力。

8.3.2　单层石墨烯模型的几何结构与相互作用

选取三个吸附位置研究芘分子与一个 7 ×7 的石墨烯超胞之间的相互作用。一个是顶位(top,T),在此位置芘分子中的所有 C 原子处在石墨烯衬底中的 C 原子的顶部;另一个是桥位(brideg,B),该位置芘分子中的所有 C 原子位于石墨烯的 C—C 键的中点上方;最后一个是空位(hollow,H),其中芘分子一半的 C 原子处在石墨烯六角 C 环中心的上方,另一半处在石墨烯 C 原子的顶部。这些吸附构形如图 8.4 的插图所示。固定石墨烯的面内晶格常数 a,芘分子和石墨烯间距为 r 时的层间相互作用能 $\Delta E(r)$ 按如下公式计算:

$$\Delta E(r) = E_{AB}(r) - E_A - E_B \tag{8.1}$$

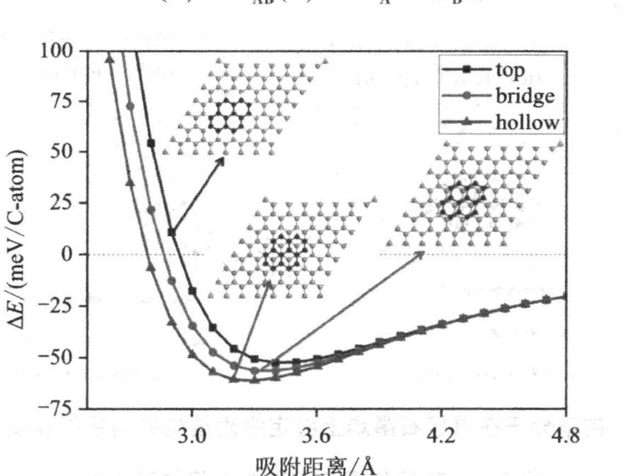

图 8.4　芘分子在石墨烯面上的吸附位置和吸附间距随吸附能的变化关系[11]

吸附位置分别为 T(黑色)、B(红色)和 H(蓝色)。

这里,$E_{AB}(r)$、E_A 和 E_B 分别为吸附系统的总能量、芘分子的能量和石墨烯衬底的能量。我们计算了不同层间距 r 时芘分子和石墨烯的相互作用能,r 从 4.8 Å 以 0.1 Å 为步长变化到 2.65 Å。三种构形下(T、B 和 H 位)芘分子和石墨烯之间的相互作用能作为层间距 r 的函数关系如图 8.4 所示。从图中可知,H 位相互作用能大于 T 位和 B 位,并且平衡层间距离也稍小于 T 位和 B 位。因此,H 位是最稳定的吸附堆栈位置。所以下面研究芘基分子与石墨烯的吸附时,只考虑空位堆栈结构。

PCA、PBA 和 PA 分子均由两部分组成:一部分是芘基团,另一部分是侧链。在这些吸附系统中，芘基团放置在石墨烯的 H 位上，而侧链却处在某处以使整个体系保持在最弛豫的状态。计算这些吸附作用时，所有原子的坐标都自由弛豫，PCA、PBA 和 PA 分子在石墨烯 H 位的优化吸附构形如图 8.5 所示。图 8.5 说明芘基分子的结构改变不大，最显著的变化就是 PBA 分子中的长侧链—CH_2—CH_2—CH_2—COOH 与石墨烯的平面平整起来。各种芘基分子与石墨烯之间的吸附高度差别不大，均在 3.3 Å 附近，具体的吸附能数据如表 8.1 所示。由表 8.1 可知，芘、PCA、PBA 及 PA 分子的吸附能均大于两层石墨烯层间的吸引作用，即分子更容易与石墨烯结合。而带侧链的芘基分子的吸附能又大于芘分子，说明侧链进一步增强了芘分子与石墨烯之间的吸附。接下来研究不同侧链对吸附能的影响。对于相同基团的 PCA 和 PBA 分子，PBA 分子的吸附能大于 PCA 分子，这意味着，侧链越长，吸附能越大，系统越稳定。而 PA 分子的吸附能大于 PCA 分子，说明不同类型的侧链对芘基分子的吸附能也有影响。总的来说，相应于双层石墨烯之间的吸附，芘分子与石墨烯之间的吸附更强，而侧链能够进一步增强芘基分子与石墨烯之间的吸附。

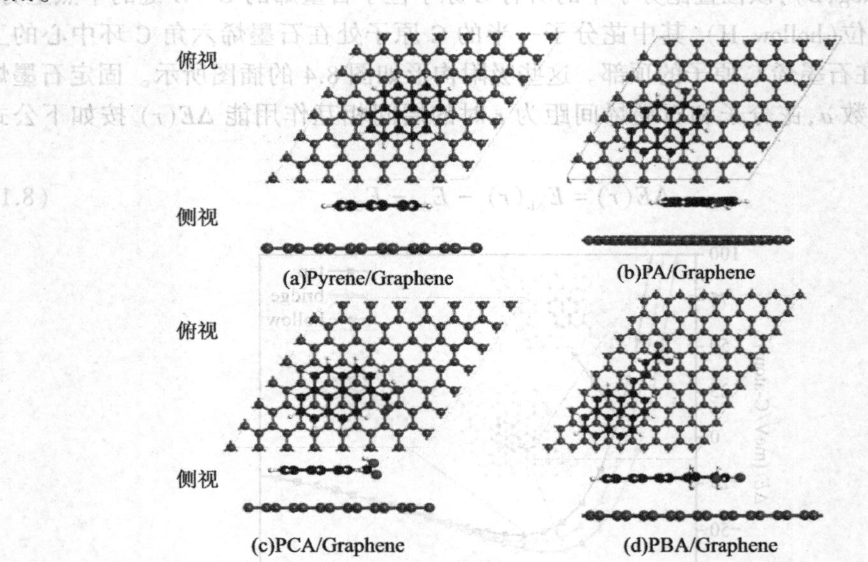

图 8.5　芘基分子在单层石墨烯上稳定吸附结构的俯视图和侧视图[11]

表 8.1　芘基分子与石墨烯之间的吸附能[11]

	Graphene (AA, AB)	Pyrene	PCA	PA	PBA
单层石墨烯(eV/ per carbon atom)	−0.038	−0.062	−0.064	−0.070	−0.071
单层石墨烯(eV/ molecule)	−0.050	−0.992	−1.088	−1.120	−1.420
石墨烯层间(eV/ per carbon atom)		−0.155	−0.155	−0.163	−0.172
石墨烯层间(eV/ molecule)		−2.480	−2.635	−3.260	−3.440

注：为了比较，同时给出了双层石墨烯在 AA 及 AB 堆栈下的吸附能。

为了理解不同分子吸附差别的原因，我们给出了这些吸附体系的差分电荷分布，如图 8.6 所示。石墨烯和芘或芘基分子的电荷密度只变化了 10^{-4}的量级，这么微小的变化表明这里所讨论的吸附是典型的物理吸附。与其他的芘基分子相比，PBA 分子具有较长的侧链，它与石墨烯衬底相互作用的原子数目要多于其他的芘基分子，因此，PBA 分子在石墨烯上具有最大的吸附能。

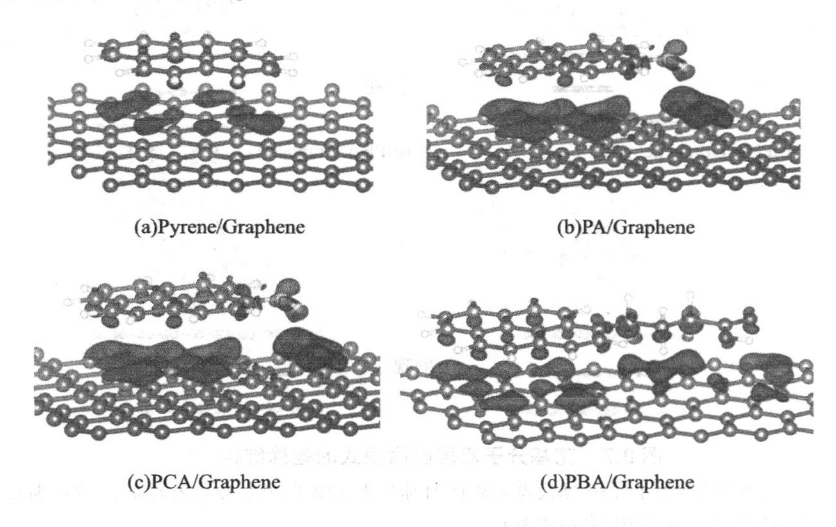

(a)Pyrene/Graphene　(b)PA/Graphene

(c)PCA/Graphene　(d)PBA/Graphene

图 8.6　分子吸附引起的电荷密度差分图[11]

(a) Pyrene/Graphene，(b) PA/Graphene，(c) PCA/Graphene，(d) PBA/Graphene。图中仅给出了数值上大于 4×10^{-4} eÅ^{-3}的电荷密度差分值。红色的部分代表电荷增加，蓝色部分代表减小。

8.3.3　双层石墨烯吸附模型的几何结构与相互作用

实验上发现 PCA 分子中的芘基团能够与石墨结合，并进入到石墨夹层[5]。因此研究芘基分子与双层石墨烯之间的相互作用对于理解上述实验具有一定意义。在这一节中，主要研究了芘、PCA、PBA 和 PA 分子在石墨夹层中与双层石墨之间的相互作用。

基于优化得到的单层吸附稳定结构，可以在芘基分子的另一侧对称吸附另一片石墨烯，完全弛豫之后的双层吸附结构如图 8.7 所示。与单层吸附模型比较，由于芘分子是平面分子，其在双层模型中的平衡吸附距离稍稍减小，为 3.27 Å。因为附加侧链的存在，PCA、PBA 和 PA 分子为非平面结构，因此这些分子两侧的吸附几何结构不同。比较可见，尽管两种模式下的吸附结构变化不大，但吸附能却有很大差别。详细的吸附能数据见表 8.1，直观的对比如图 8.8 所示。由图 8.8 可知：对于不同的芘基分子，双边吸附的吸附能与单边吸附时吸附能趋势相同，即芘基分子的吸附能大于双层石墨烯层间吸附能，且附加侧链能够增大芘基分子与石墨烯之间的吸附作用。图 8.8 的最大特点是双边吸附时平均到每个碳原子的吸附能比单边吸附时的两倍还要大。意味着相对于表面，芘基分子更倾向于吸附到石墨的夹层中。从图中还可以看到，PBA 分子与石墨烯的相互作用能大于 PCA 分子与石墨烯的相互作用能，这说明侧链的长度对相互作用能有一定的影响；碱性分子 PA 的吸附能比 PCA 的吸附能还要大，说明碱性 PA 分子也可以用于剥离石墨烯。

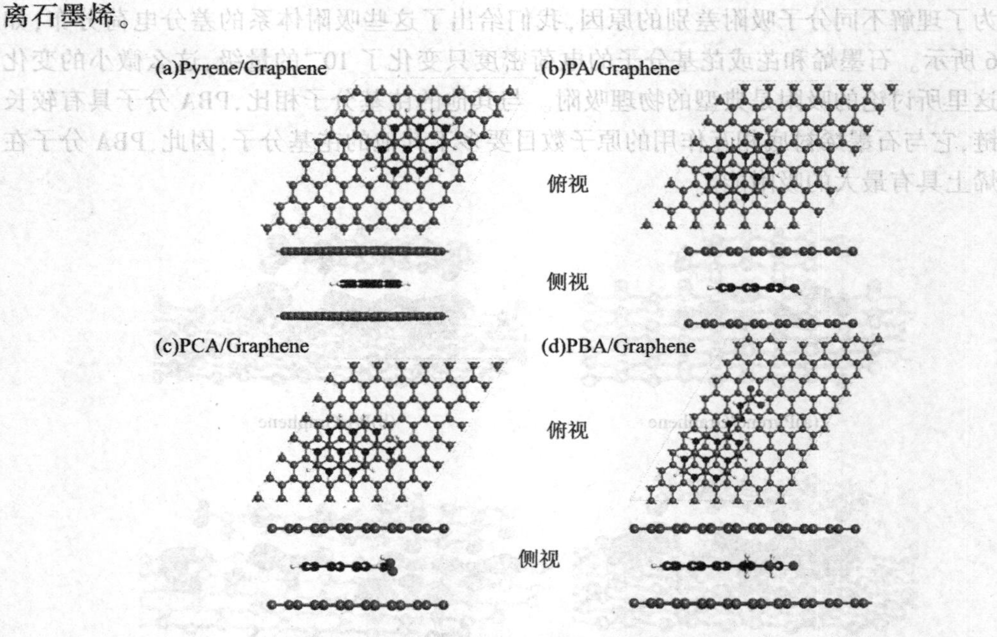

图 8.7　芘基分子双层吸附模式的弛豫结构[11]

灰色球代表碳原子,白色球代表氢原子,红球代表氧原子,蓝色球代表氮原子,为区别起见,芘基团中的碳原子用黑色小球表示。

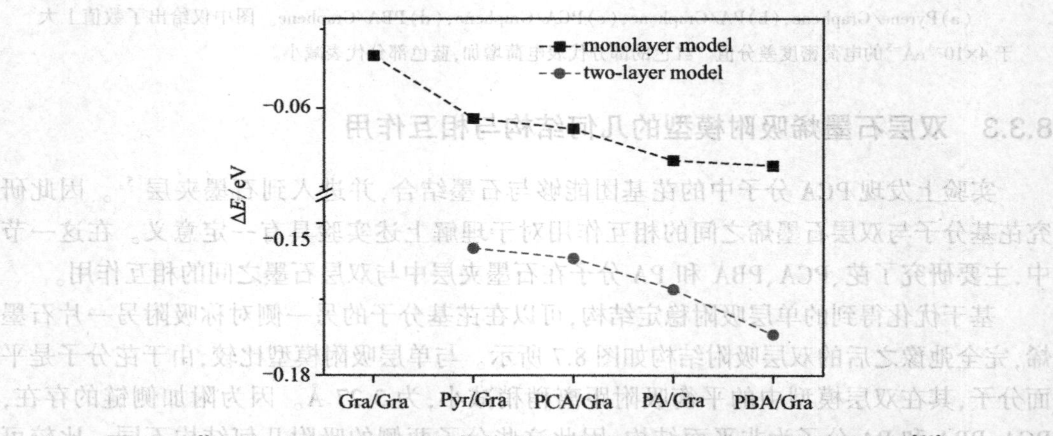

图 8.8　芘、PCA、PA 和 PBA 分子与单层石墨烯和双层石墨烯间的结合能比较[11]

8.4　芘基分子剥离石墨烯的摩擦学机制

前面一节研究了芘基分子与石墨烯之间的吸附作用。在制备石墨烯的过程中,要求芘基分子不仅能吸附到石墨烯上,还要容易在石墨层间扩散,从而剥离出高质量的石墨烯。因为芘基分子在石墨层间是有压力存在的,因此,芘基分子在石墨烯上的扩散实际上是芘基分子与石墨烯之间的摩擦行为。本节将从摩擦的角度理解芘基分子剥离石墨烯的实验;研究芘基分子的侧链对芘基分子与石墨烯层间摩擦性质的影响。

为了深刻理解吸附分子与石墨烯间的相互作用，我们计算了原子尺度下的芘、PCA和PA分子在石墨烯面上的摩擦性质，这里采用Zhong等人提出的方法进行计算[18]。受计算资源所限，我们没有计算PBA分子和石墨烯间的摩擦性质。摩擦模型如图8.9所示。选择两条基矢的对角线方向作为摩擦路径，如图8.9中的红色箭头所示（这里，我们只用芘在石墨烯面上的滑动路径来显示，其他芘基分子的情况都与此类似）。为了计算出合理势垒，在两种特殊堆栈位置处芘基分子的放置遵循以下原则：①在顶位时，分子侧链上的碳原子尽量多的位于衬底碳原子上；②在空位堆栈处，分子侧链上的碳原子尽量多的位于衬底碳原子六角环的中心位置。

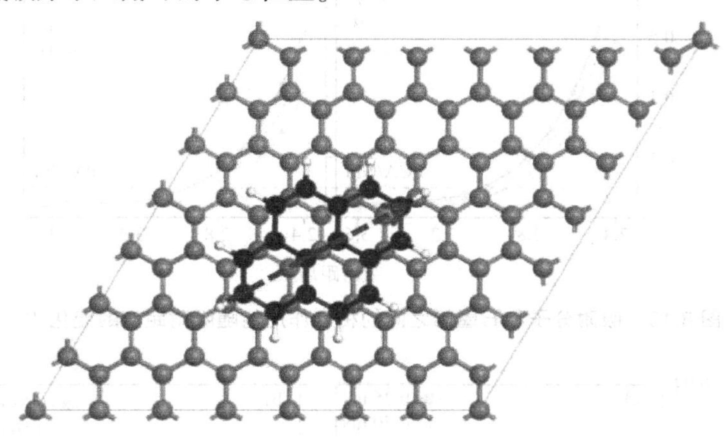

图8.9　芘分子在石墨烯上的滑动路径[11]

在计算沿着滑动路径的摩擦性质时，我们研究了T、B和H三种构形。为了模拟压力下的摩擦特点，我们应用公式(8.1)计算相互作用能，层间距从3.6 Å开始以0.1 Å为步长压缩到2.8 Å，如图8.10所示。为了与双层石墨烯之间的情形相比较，图中也给出了双层石墨烯的结果。由图8.10可知：所有堆栈下的相互作用能都随着层间距的减小而减小，这是因为吸附分子与石墨烯之间的排斥作用增强所致。同时可知，所有的计算体系在相同层间距时T构形的相互作用能比B构形和H构形都要小，更重要的是PCA分子与石墨烯的相互作用能最大。

将图8.10中的相互作用能曲线对吸附分子和石墨烯之间的距离求导可得到正压力。然后，按照Zhong等人的方法[18]，可以计算出各种分子沿滑动路径的滑动势垒，如图8.11所示。由图8.11可知，滑动势垒随正压力增加而增大，但增大的趋势不断减小。所有几种分子中，顶位堆栈具有最大的势垒，而空位堆栈具有最小的势垒。另外可以看到，相对于其他分子，PCA分子具有最小的势垒，而双层石墨烯之间的滑动具有最大的滑动势垒。这意味着PCA分子在石墨烯衬底上更易滑动。

基于势垒，可以计算出各种分子体系不同压力下的滑动摩擦因数，如图8.12所示。在0.075 nN和0.4 nN的研究压力下，各种系统的摩擦因数曲线趋势相同，在0.02~0.16。四种分子中，两层石墨烯层间摩擦具有最大的摩擦因数，芘基分子与石墨烯之间的摩擦因数次之；PCA分子与石墨烯之间的摩擦因数最小。因此PCA分子在石墨层间最容易滑动，PA和芘基分子次之，PCA分子在石墨烯上摩擦因数最小，这意味着芘基分子比石

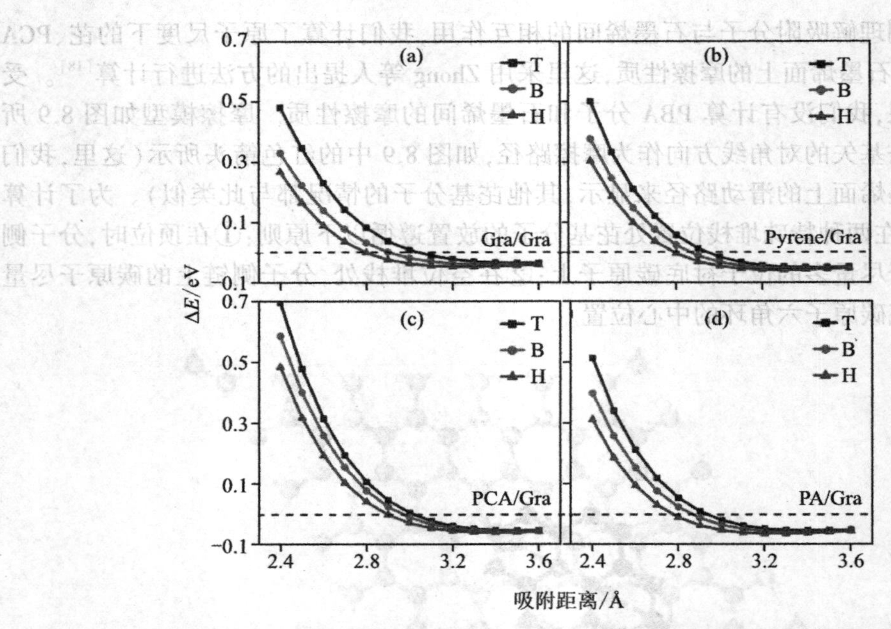

图 8.10 吸附分子和石墨烯之间的相互作用能随吸附距离的变化[11]

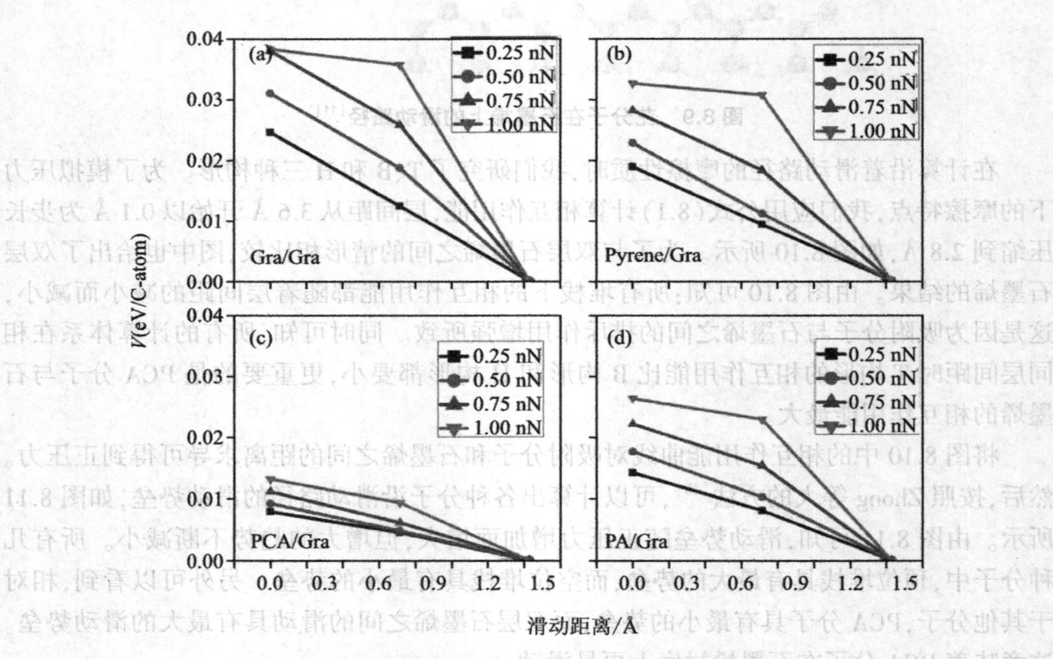

图 8.11 沿滑动路径不同压力下的滑动势垒[11]

(a) Graphene/Graphene, (b) Pyrene/Graphene, (c) PCA/Graphene, (d) PA/Graphene。

墨烯更容易在石墨烯上滑动。应当注意的是:PBA 分子在石墨烯上的相互作用能和电荷差分不同于石墨烯和其他芘基分子。因此,我们预测 PBA 分子在石墨烯上也具有不同于其他体系的摩擦行为,这也表明摩擦会受芘基分子侧链的类型和长度的影响。

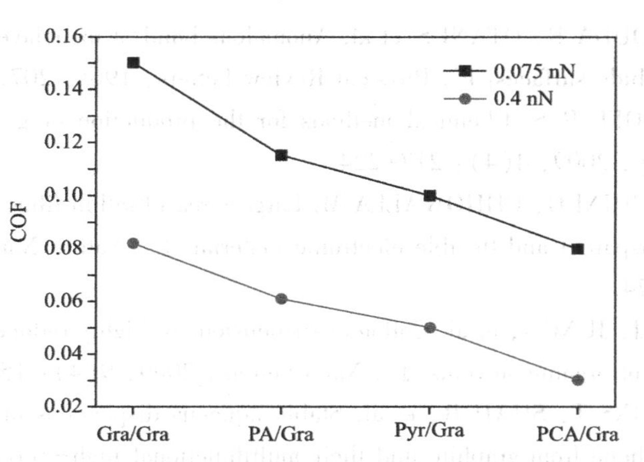

图 8.12　0.075 和 0.40 nN 下不同的芘基分子在石墨烯面上的摩擦因数[11]

从上述摩擦的讨论中,我们能够推断,与双层石墨烯相比,芘和芘基分子在石墨烯上具有较强的结合能和较低的摩擦。因此,我们认为芘、PCA 和 PA 分子能够充当分子楔从石墨中剥离出石墨烯,并且可以通过不同的附加侧链获得不同特性的石墨烯。我们预测应用分子楔从三维石墨中得到二维石墨烯的方法可推广至其他一些相似的体系中去,例如单层的过渡金属二硫族化合物和磷烯。充当分子楔的分子也会因为二维材料特性的不同而有所不同。不管哪一种分子楔都应当满足与二维材料有强相互作用以及较低摩擦这两个先决条件。

本章基于密度泛函理论的第一性原理计算方法,系统地研究了芘、PCA、PBA 和 PA 等芘基分子与单层以及双层石墨烯之间的吸附作用,研究发现:芘基分子与石墨烯之间的相互作用为物理吸附;芘基分子与石墨烯之间的吸附作用大于石墨层间的吸附作用;夹在双层石墨烯之间的作用大于单层之间的作用,说明芘基分子更容易进入到石墨层中。摩擦性质的研究表明:PCA 和 PA 等芘基分子与石墨烯层间的摩擦因数小于双层石墨之间的摩擦因数。说明插入到石墨夹层中的芘基分子在外界的扰动下更容易在石墨夹层中扩散。综合吸附与摩擦两方面的研究,可以认为芘基分子在剥离石墨烯的实验中充当了分子楔的作用,能够将石墨层层剥离下来,形成石墨烯。该研究为通过芘基分子剥离石墨烯的实验提供了理论支持。另一方面,不同侧链的芘基分子与石墨烯之间的吸附和摩擦性质也各不相同。因此可以根据不同的需要,通过选择侧链,实现摩擦性质的调制。

参考文献

[1]GEIM A K. Graphene: Status and prospects[J]. Science, 2009, 324: 1530-1534.

[2]NOVOSELOV K S, GEIM A K, MOROZOV S V, et al. Electric field effect in atomically thin carbon films[J]. Science, 2016, 306: 666-669.

[3]EIZENBERG M, BLAKELY J M. Carbon monolayer phase condensation on Ni(111)[J]. Surface Science, 1979, 82(1): 228-236.

[4] AIZAWA T, SOUDA R, OTANI S, et al. Anomalous bond of monolayer graphite on transition-metal carbide surfaces[J]. Physical Review Letters, 1965, 207(7): 768.
[5] PARK S, RUOFF R S. Chemical methods for the production of graphenes[J]. Nature Nanotechnology, 2009, 4(4): 217-224.
[6] EDA G, FANCHINI G, CHHOWALLA M. Large-area ultrathin films of reduced graphene oxide as a transparent and flexible electronic material[J]. Nature Nanotechnology, 2008, 3(5): 270-274.
[7] PARK S, AN J, JUNG I, et al. Colloidal suspensions of highly reduced graphene oxide in a wide variety of organic solvents[J]. Nano Letters, 2009, 9(4): 1593-1597.
[8] AN X, SIMMONS T, SHAH R, et al. Stable aqueous dispersions of noncovalently functionalized graphene from graphite and their multifunctional high-performance applications [J]. Nano Letters, 2010, 10(11): 4295-4301.
[9] SIMMONS T J, BULT J, HASHIM D P, et al. Noncovalent functionalization as an alternative to oxidative acid treatment of single wall carbon nanotubes with applications for polymer composites[J]. ACS Nano, 2009, 3(4): 865-870.
[10] LI L, ZHENG X, WANG J, et al. Solvent-exfoliated and functionalized graphene with assistance of supercritical carbon dioxide[J]. ACS Sustainable Chemistry & Engineering, 2013, 1: 144-151.
[11] CAI X, WANG J, CHI R, et al. Direct exfoliation of graphite into graphene by pyrene-based molecules as molecular-level wedges: A tribological view[J]. Tribology Letters, 2016, 62(2): 27.
[12] GRIMME S, ANTONY J, EHRLICH S, et al. A consistent and accurate ab initio parametrization of density functional dispersion correction (DFT-D) for the 94 elements H-Pu [J]. Journal of Chemical Physics, 2010, 132(15).
[13] KRESSE G, FURTHMÜLLER J. Efficient iterative schemes for ab initio total-energy calculations using a plane-wave basis set[J]. Physical Review B, 1996, 54(16): 11169-11186.
[14] BLÖCHL P E. Projector augmented-wave method[J]. Physical Review B, 1994, 50(24): 17953-17979.
[15] PERDEW J P, BURKE K, ERNZERHOF M. Generalized gradient approximation made simple[J]. Physical Review Letters, 1996, 77(3): 3865-3868.
[16] OOI N, RAIRKAR A, ADAMS J B. Density functional study of graphite bulk and surface properties[J]. Carbon, 2006, 44: 231-242.
[17] ZACHARIA R, ULBRICHT H, HERTEL T. Interlayer cohesive energy of graphite from thermal desorption of polyaromatic hydrocarbons [J]. Physical Review B, 2004, 69: 155406.
[18] ZHONG W, TOMÁNEK D. First-principles theory of atomic-scale friction[J]. Physical Review Letters, 1990, 64: 3054.

第 9 章　外电场对二维材料摩擦性质的影响与调制

理解摩擦的起源及其机制，进而控制摩擦一直是摩擦学研究的根本任务和目标。在前面章节中，通过对一些典型二维系统摩擦性质的研究，我们提出了纳米摩擦的电荷分布粗糙度机制[1,2]。在本章中，我们将基于电荷分布粗糙度机制，阐述纳米摩擦的电场调控方法。

从摩擦的电荷分布粗糙度机制来看，低维系统的摩擦性质取决于系统的电荷分布。因此，调制系统的电子结构与电荷分布是实现摩擦调控的基础。基于这一思想，许多物理、化学方法，如表面改性[1-3]、构造非公度结构[4]和尺寸效应[5]等，已被用来调控低维系统的纳米摩擦。尽管这些方法可以调制摩擦，但同时存在容易破坏晶格结构，无法精确控制等缺点。因此，寻找一种温和且精确可控的纳米摩擦调控方法具有重要的意义，已成为纳米摩擦性质研究的焦点之一。

外加电场是一种可以精准控制的调控材料物理、化学性质的方法。近年来，越来越多的科学家也在尝试通过施加电场调控材料的纳米摩擦性质。本章主要以典型二维材料为例，阐述通过外加电场调控纳米摩擦的思路和方法。

9.1　外电场对双层石墨烯层间纳米摩擦调制的理论计算

已有研究发现，可以通过在石墨烯层间施加电场调控石墨烯的能带结构[6]。更进一步的研究表明，外电场诱导的双层石墨烯的能隙对层间距的变化非常敏感[7]。从摩擦的电荷分布粗糙度机制可知，摩擦与电子结构和电荷密度分布紧密相关；更为重要的是，石墨烯层间相对滑动时会经历不同的堆栈，其压力也与层间距离密切相关。因此预计可以通过外电场调制石墨烯层间摩擦。

本节以笔者所在课题组的研究内容为基础，介绍外电场对石墨烯层间纳米摩擦的调控及其机制。研究发现，通过外加电场可以将石墨烯的摩擦因数在-30%～30%进行调控，在电场和杂质耦合作用下，摩擦的调控范围可以扩大到-100%～100%[8]。摩擦的调控归因于 AA 和 AB 两种堆栈下电子结构和吸附能对电场响应的差异。该研究提供了一种精确可控的调控石墨烯摩擦特性的方法。

9.1.1　计算模型与方法

本节采用以 DFT 平面波赝势方法为基础的 VASP 软件包计算系统的摩擦性质。采用 Grimme 的 DFT-D2 方法修正散射作用[9]。采用 500 eV 的平面波截断能和 31×31×1

的网格用于布里渊区积分[10]。对于计算超胞，真空层的厚度为 15 Å，电子收敛标准为 10^{-4} eV，力的收敛标准为小于 0.02 eV/Å。基于优化的石墨烯结构，构建双层石墨烯的层间滑动建模，如图 9.1 所示。沿着滑动方向，相对移动上下双层石墨烯片段，在一个滑动周期内我们选取 13 个高对称堆栈进行能量计算。

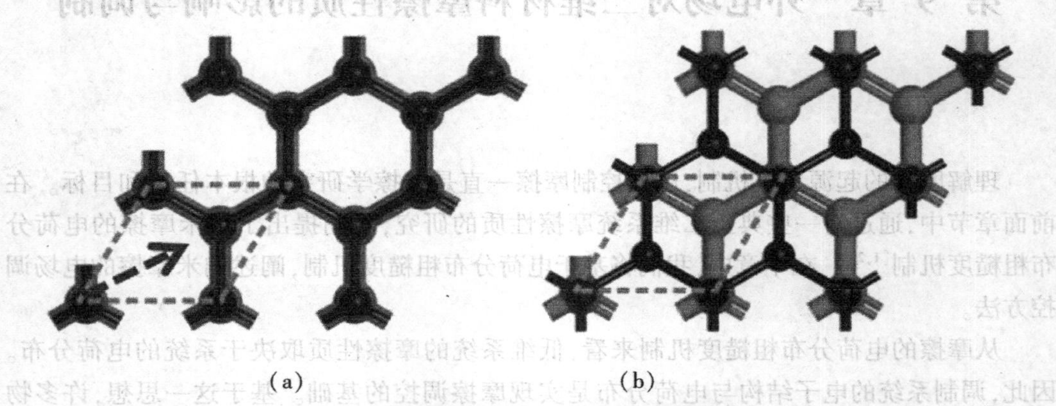

图 9.1　石墨烯层间纳米摩擦的计算模型[8]

箭头蓝色虚线表示滑动轨迹。从初始的(a) AA 堆栈到最后的(b) AB 堆栈经历了 5 步，每一步距离为 0.285 Å，不同层的碳原子用不同的颜色和尺寸表示。

9.1.2　外加电场对石墨烯层间相互作用能的影响

首先采用公式 $\Delta E(r)=E_{AB}(r)-E_A-E_B$ 计算两层石墨烯之间的相互作用能，其中 $E_{AB}(r)$ 是双层石墨烯在距离为 r 时的总能量，$E_A(E_B)$ 是孤立的单层石墨烯的能量。每隔 0.05 Å 计算一次 $\Delta E(r)$，在计算时，所有的原子保持不动，计算结果如图 9.2(a) 所示。所有堆栈一个共同的特点是，$\Delta E(r)$ 随层间距离减少而增加，这是因为石墨烯层间的相互排斥作用随距离减小而增加。通过比较不同堆栈状态下的 $\Delta E(r)$ 可得到另外一个特点，在给定 r 时，AA 状态的 $\Delta E(r)$ 更高，AB 状态的 $\Delta E(r)$ 最低，这是因为 AB 结构存在更大的弛豫空间以减少相互排斥作用。所以平均摩擦因数主要依赖于 AA 和 AB 两个堆栈之间的势能差别[1]，因此，在下面的讨论中我们只考虑 AA 和 AB 型堆栈的相互作用能。

本书通过增加一个偶极子实现外加电场，电场的大小取 0.1~0.3 V/Å 的范围。通过比较不同外电场下的相互作用能，来检查外电场对两片石墨烯层间摩擦的影响。当施加电场时，不管是 AA 型还是 AB 型，相互作用能都随着外电场的增加而增加，但是其增加的幅度不同。在平衡吸附位置，AB 堆栈的 $\Delta E(r)$ 比 AA 堆栈对外电场的反应更加强烈，且响应差别随着电场的增加而增加。我们还通过 PAW-LAD 的方法计算了 AA 和 AB 堆栈方式之间相互作用能量的差别。对于响应差异值来说，PAW-LDA 方法低于 PAW-PBE 方法，但是变化趋势是一致的，表明电场对相互作用能的影响独立于赝势。

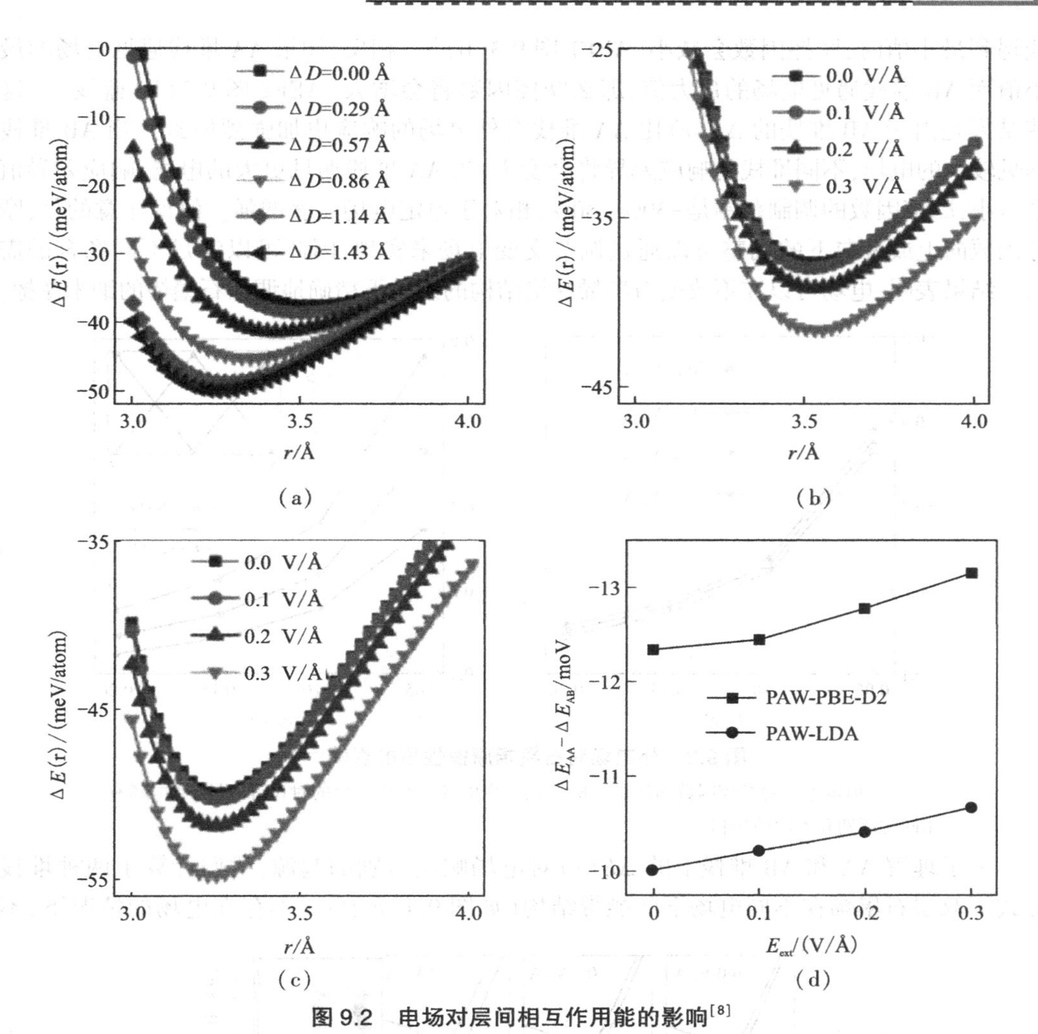

图 9.2　电场对层间相互作用能的影响[8]

(a)相互作用能随层间距 r 变化的函数关系。ΔD 表示两层石墨烯相对侧向滑动距离,0 Å 和 1.43 Å分别对应于 AA 和 AB 堆栈。外电场对(b) AA 和(c) AB 两种堆栈结构的相互作用能的影响,(d)平衡吸附高度处,不同的外电场下 AA 和 AB 堆栈相互作用能的差异。

9.1.3　外电场对石墨烯层间摩擦性质的影响

本书采用 Zhong 等人的方法计算系统的势能及平均摩擦力[11],详细过程见文献[1,2],计算出的摩擦因数随压力的变化关系如图 9.3 所示。通过数据比较发现,在相同的压力下计算出的摩擦因数随着电场强度的增加而增加,当电场强度最大为 0.3 V/Å 时对应的摩擦因数最大,增加大约 8%。虽然调制效应比较小,但为通过施加电场调控摩擦提供了一个思路。

如前所述,电场对石墨烯系统的摩擦调制归因于不同堆栈下的 $\Delta E(r)$ 对外电场响应的差异。鉴于一个交变电场可以不对称地作用于两个不同的石墨烯层间堆栈,我们预测交变电场可以增强调制效果。作为一个例子,我们计算了交变电场对石墨烯层间摩擦的影响。如果交变电场的频率 f 与滑动速度 v 相匹配,满足 $Nv=Df$(其中 N 是一个整数,D 是 AA 和 AB 堆栈沿着滑动方向之间的距离),当 AA 堆栈遇到外电场的最大值而 AB 堆栈遇到最小值时,摩擦因数会减小[AEF1 图 9.3(b)]。相反,如果 AA 堆栈遇见电场的最小值而 AB 堆栈遇见电场的最大值,那么摩擦因数将会增大[AEF2 图 9.3(b)蓝线]。这些结果是由于 AB 堆栈的 $\Delta E(r)$ 比 AA 堆栈对外电场的响应更加强烈所致。当 AB 堆栈遇见较大的电场,不同堆栈的响应差异将会变大;当 AA 堆栈遇见更大的电场,响应差异值会减小,摩擦因数的调制范围是-30%~30%,相对于恒定电场显著增强。值得注意的是,摩擦因数向上或者向下的调整可以通过调节交变电场来实现,因此可以满足不同场合的需求。结果表明,电场可以在不改变石墨烯晶格结构的条件下精确地调控石墨烯的纳米摩擦。

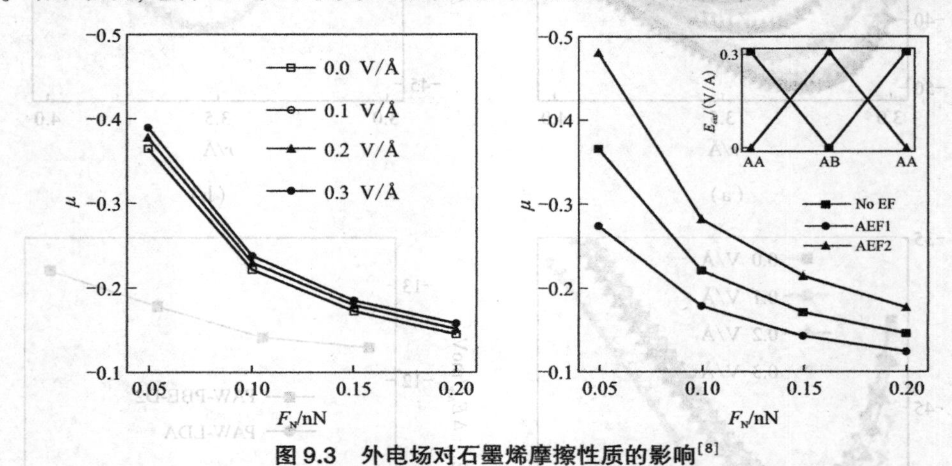

图 9.3 外电场对石墨烯摩擦性质的影响[8]

(a)恒定电场对摩擦因数的调制,(b)不同交变电场下摩擦因数的对比,两种交变电场有相同的周期和不同的初相。

为了理解 AA 和 AB 堆栈下的 $\Delta E(r)$ 对电场响应差别的起源,我们计算了两种堆栈方式下双层石墨烯在不同电场下的能带结构(如图 9.4 所示)。不存在电场的情况下,不

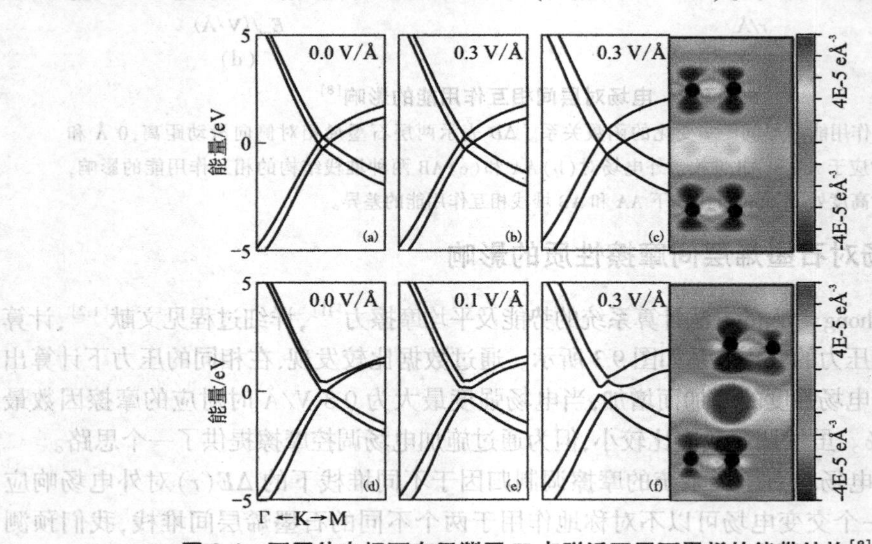

图 9.4 不同外电场下布里渊区 K 点附近双层石墨烯的能带结构[8]

(a)~(c)代表 AA 堆栈的情况;(d)~(f)代表 AB 堆栈。同时给出了双层石墨烯沿着[110]和[001]切面在 0.3 V/Å 下的电子结构图,黑色的小球代表了碳原子。

管是 AA 还是 AB 堆栈结构，都具有类金属的性质，在费米能级附近形成一个抛物线。施加电场时，在不同的电场条件下 AA 堆栈的能带结构仍然是无带隙的；然而 AB 堆栈下石墨烯系统从类金属转变成了半导体性质，中间出现了能隙[图 9.4(e)(f)]，且能隙随着电场的增加而增加，这与先前的计算一致[7]。这些结果表明，外电场引起的能带结构的变化对堆栈有很强的依赖性。为了检查电场对电荷分布的影响，我们计算了差分电荷密度 $\Delta\rho_{\mathrm{bilayer}}=\rho_{\mathrm{bilayer}}^{\mathrm{ext}}-\Delta\rho_{\mathrm{bilayer}}$，其中 $\rho_{\mathrm{bilayer}}^{\mathrm{ext}}$ 和 $\Delta\rho_{\mathrm{bilayer}}$ 分别是存在和不存在电场情况下双层石墨烯的电荷密度。图 9.4(c)(AA 堆栈)和图 9.4(f)(AB 堆栈)的结果表明，0.3 V/Å 的电场可以把部分电子从碳原子区域转移到夹层区域。对比图 9.4(c)和(f)可以发现，AB 堆栈的电荷积累的更多，AB 堆栈的能带结构比 AA 堆栈有更明显的变化。相反，电场驱动电荷积累可以提高双层石墨烯的层间耦合，降低石墨烯系统的能量[12]。因此，不同堆栈的电子结构对电场的非等价响应是外电场诱导摩擦因数变化的最根本原因。

9.1.4　电场和杂质耦合效应对石墨烯层间纳米摩擦性质的影响与调制

掺杂是一种调制低维材料电子结构的直接方法。为了提高调制效果，我们进一步研究了电场杂质耦合效应对石墨烯摩擦性质的影响。硼和氮原子分别比碳原子多一个或者少一个电子，而且原子半径相近，不仅有助于改变电子结构，而且能够维持石墨烯的平面结构，因此是良好的可选掺杂剂。目前在实验中已经实现了石墨烯的氮和硼原子掺杂。本书采用 5×5 的晶胞中的一个碳原子被氮或硼原子取代来检查掺杂效果。5×5×1 Monkhorst-Pack 网格用于二维布里渊区积分。在掺杂石墨烯样本上加交变电场探究对其摩擦因数的影响。研究发现 4 GPa 和 1 GPa 有类似的趋势[图 9.5(a)(b)]。

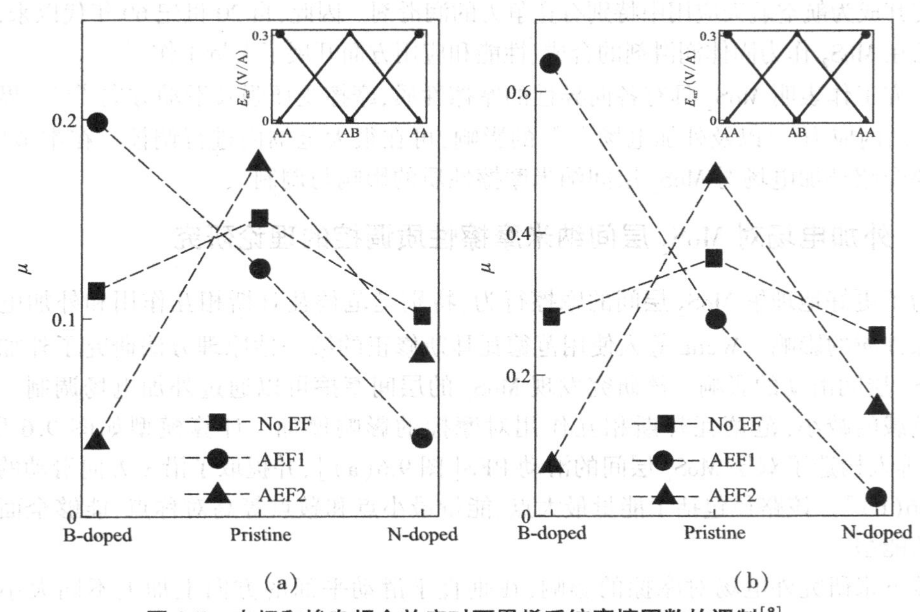

图 9.5　电场和掺杂耦合效应对石墨烯系统摩擦因数的调制[8]

(a) 1 GPa 和(b) 4 GPa 插图给出了相应的交变电场情况，两个交变电场有相同的周期和不同的初相。

如前所述,交变电场为 0.3 V/Å 时,对石墨烯调制范围为-30%~30%。然而,在相同的交变电场下,硼掺杂可以增强电场调控摩擦的幅度,调制范围扩大到-100%~100%,氮掺杂石墨烯的调制范围也出现了一定程度的增加。这些结果表明,有掺杂的时候电场对摩擦因数的调制影响将会变大,掺杂石墨烯可作为纳米润滑剂广泛地应用于纳米机械系统。应该强调,虽然这些结果是绝对零度下的基态结果,电声耦合对其必有影响。但这不会根本改变基态原子水平的摩擦机制。

该节介绍了电场对两层石墨烯层间纳米摩擦的调制。第一性原理的计算表明双层石墨烯层间摩擦可以通过外加电场来调制,且掺杂可进一步增强调制效果。这些调制归因于电子结构对外电场的非等价响应。该研究提出了一个精确可控的调制石墨烯层间纳米摩擦的方法,也能扩展到其他的低维系统。

9.2 外加电场对二硫化钼层间纳米摩擦性质的调控

二硫化钼(MoS_2)是二维过渡金属硫化物家族中的典型代表,具有良好的润滑性能,通常用作微/纳机电系统(MEMS/NEMS)的固体润滑剂。与石墨类似,二硫化钼具有六角晶格结构,一层 Mo 原子被夹在两层 S 原子之间。三明治结构的 S—Mo—S 是共价键,不同的三明治结构通过微弱的范德华力结合在一起,因此层间容易沿密排面滑动。实验表明,纯 MoS_2 在高真空条件下摩擦因数为 0.002,具有超润滑性能[13]。MoS_2 作为固体润滑剂在现代技术中的使用可以追溯到 20 世纪。像石墨一样,MoS_2 可以单独用作干润滑剂,也可以作为油或润滑脂的添加剂,或作为复合涂层成分。与石墨不同的是,MoS_2 不需要潮湿的环境就能表现良好的润滑性能,而且实验证明,它的润滑性能在缺氧环境中显著提高。MoS_2 能够在大范围的温度(从低温到数百摄氏度)下可靠工作,在真空中有效工作的性能使其成为航空航天应用中特别有竞争力的润滑剂。因此,自 20 世纪 60 年代以来,研究人员已在 MoS_2 作为固体润滑剂的合成、性能和应用方面开展了大量工作[14]。

研究工作表明 MoS_2 具有各向异性的摩擦性质,摩擦受压强及滑动方向[15,16]、界面环境[17]、面内应力[18]以及外加电场[19,20]的影响,可在很大范围内进行调控。在本节中,我们主要介绍外加电场对 MoS_2 层间纳米摩擦性质的影响与调制。

9.2.1 外加电场对 MoS_2 层间纳米摩擦性质调控的理论研究

为了更好地理解 MoS_2 层间的摩擦行为,特别是范德瓦耳斯相互作用和外加电场对其摩擦性质的影响。Wang 等人使用范德瓦耳斯修正的第一性原理方法研究了外加电场对 MoS_2 层间滑动的影响。该研究发现 MoS_2 的层间摩擦可以通过外加电场调制。而且随着负载的减小,范德瓦耳斯相互作用对摩擦的影响增加。计算模型如图 9.6 所示。Wang 等人构造了双层 MoS_2 层间的滑动 PES[图 9.6(a)],并提取了沿 x 方向滑动的能垒[图 9.6(b)]。该路径包括了能量最大点、能量最小点和鞍点等高对称点,能够全面反映滑动的能垒。

接下来研究外电场对摩擦的影响,在垂直于滑动平面的方向上加上不同大小的电场,计算不同荷载(0.5 GPa、1.5 GPa、2.5 GPa)情况下沿 x 方向滑动过程中的摩擦势垒 $\Delta E = E_{max} - E_{min}$ 和最大侧向摩擦力 f_{max} 随外加电场的变化关系,如图 9.7 所示。由图可以看

出摩擦势能强度 ΔE 和相应的 f_{max} 有相同的变化趋势：都是随着电场增加先稍微增加，外加电场大于 0.25 V/Å 时，它们又急剧下降。通过双层 MoS_2 的电子结构可以看出，0.25 V/Å恰好是 MoS_2 由半导体向金属转变的临界电场。

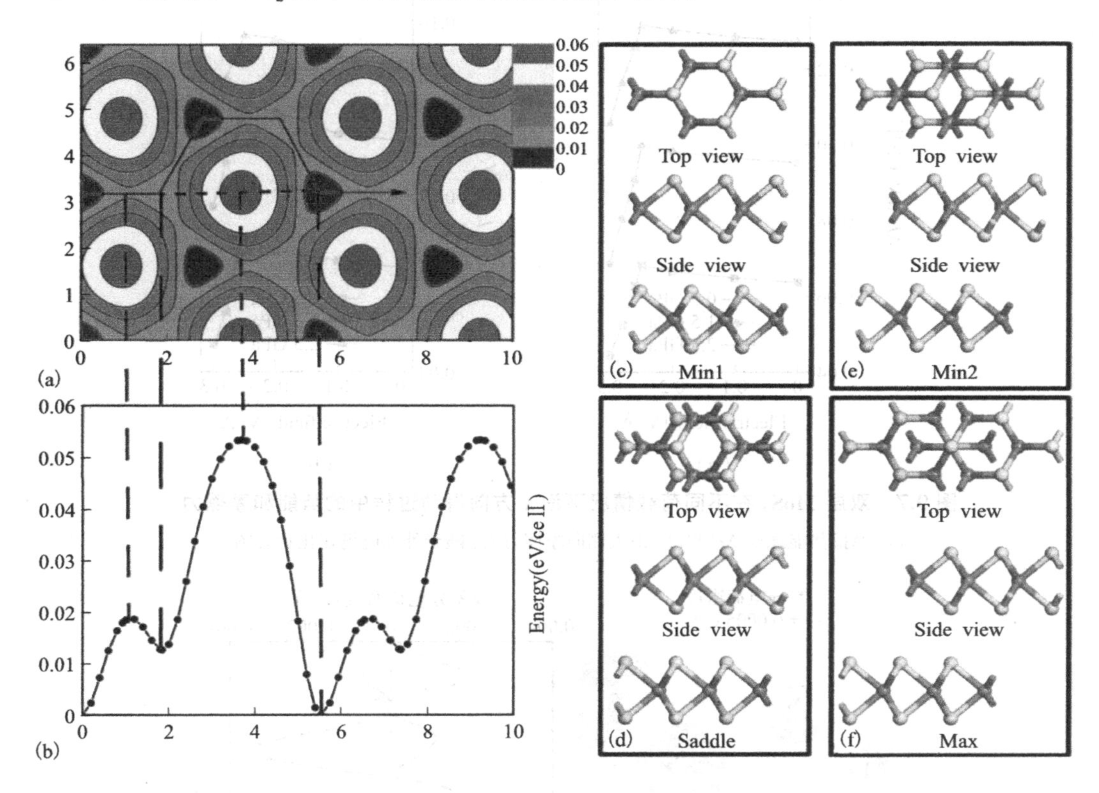

图 9.6　计算模型[20]

(a)双层 MoS_2 在零载荷零电场下静态势能面。(b)双层 MoS_2 在零载荷情况下沿 x 方向滑动的势能曲线。(c)~(f)分别代表沿 x 方向滑动过程中的四个高对称堆栈 Min1、Saddle、Min2 和 Max 的结构。插图中上面的是俯视图，下面的是侧视图。

电荷分布是理解原子尺度摩擦的基础，为了深入理解电场对双层 MoS_2 层间摩擦特性的影响，该研究还计算了 0.5 GPa 载荷下双层 MoS_2 的电荷密度。双层 MoS_2 在不同电场下电荷密度差分及沿 z 方向的线电荷密度分布如图 9.8 所示。沿 z 方向的线电荷密度差分是通过对电荷密度差分沿着 z 方向的积分所得。z 方向的线电荷密度差分如果是正值就说明得电子，如果是负值则是失电子。滑动界面处的电荷分布(也即是在邻近的两个 S 原子面之间)对双层 MoS_2 的摩擦起决定性作用。从图 9.8(a)电荷密度差分图上可以看出，当外加电场是 0.20 V/Å 时，在邻近的两个 S 原子面之间，聚集了更多的负电荷，更多的负电荷聚集促使界面之间的相互作用增强，也即是电子云交叠程度更大，从而促使双层 MoS_2 之间的摩擦变大。而当外加电场是 0.30 V/Å 时，在邻近的两个 S 原子面之间，失去了更多的负电荷，促使界面之间的静电相互作用减少，也即是电子云交叠程度减少，从而促使双层 MoS_2 之间的摩擦变小。从图 9.8(b)双层 MoS_2 沿 z 方向的线电荷密度差分图上也可以看出当外加电场是 0.20 V/Å 时，在邻近的两个 S 原子面之间，得到更多的电子，而当外加电场是 0.30 V/Å 时，在邻近的两个 S 原子面之间，失去了更多的电子。这就是摩擦在临界电场附近急剧下降的主要原因。

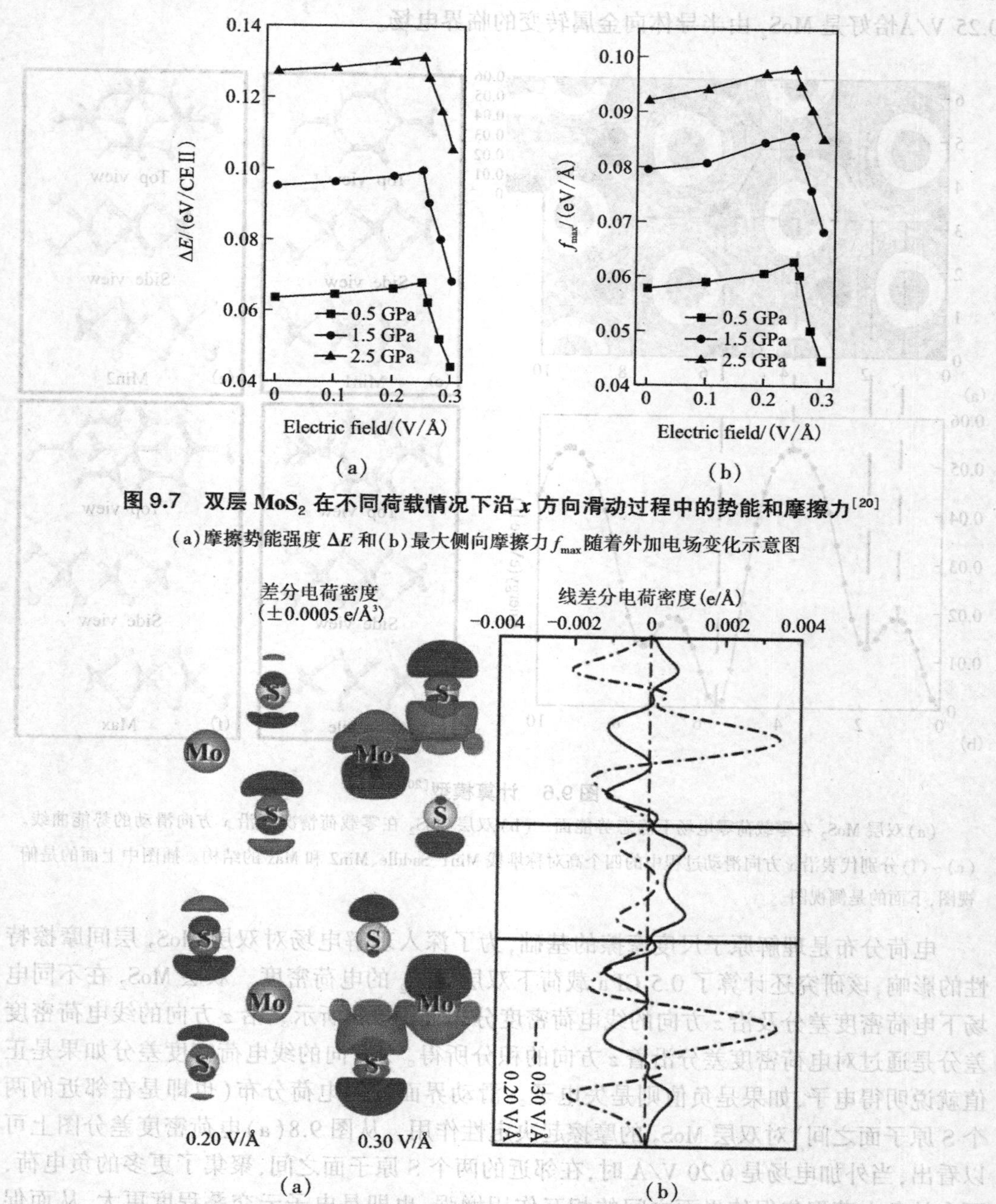

图 9.7　双层 MoS_2 在不同荷载情况下沿 x 方向滑动过程中的势能和摩擦力[20]

(a)摩擦势能强度 ΔE 和(b)最大侧向摩擦力 f_{max} 随着外加电场变化示意图

图 9.8　双层 MoS_2 在不同电场下差分电荷密度[20]

(a)双层 MoS_2 在 0.5 GPa 的载荷不同电场下的电荷密度差分。红色代表得电子，蓝色代表失电子，(b)双层 MoS_2 在相同荷载(0.5 GPa)不同电场下沿 z 方向的线电荷密度差分。正、负值分别代表得、失电子。实线和虚线分别代表外加电场 0.20 V/Å 和 0.30 V/Å。

9.2.2　外加电场对探针与 MoS_2 之间纳米摩擦性质调控的实验研究

除了理论计算,实验上也研究了电场对 MoS_2 摩擦性质的影响。Zeng 采用原子力显微镜研究了微晶 MoS_2 的摩擦磨损行为,通过对导电探针和衬底间施加正、负电场,进一步研究了电场对摩擦的影响[21]。

该实验的模型如图 9.9 所示,在 300 nm 厚的氧化硅晶片上从上到下分别镀上 20 nm 和 80 nm 的 Cr 和 Au 薄膜,然后将通过机械剥离方法得到的 MoS_2 片段放置到 Au 衬底上形成测试样本。可以通过在探针尖端和 Au 衬底之间施加电压研究电场对 MoS_2 摩擦的影响[21]。

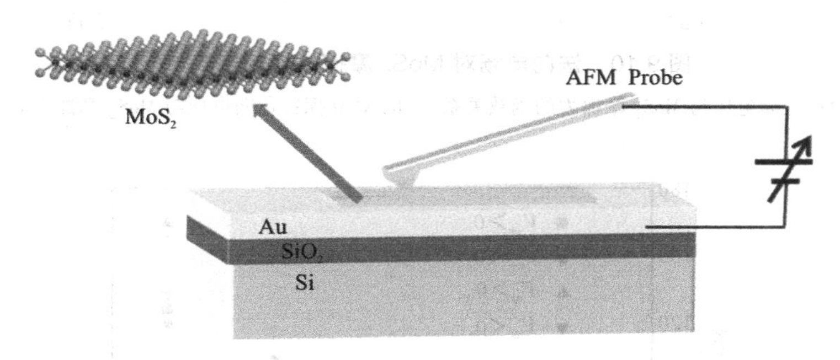

图 9.9　垂直电场对 MoS_2 纳米片摩擦性质影响研究的实验示意图[21]

实验结果表明,MoS_2 纳米片与 AFM 探针之间的纳米摩擦可以通过外加法向电场来调控。摩擦力会随着外电压的增加而增加,最大外电压有一个阈值。如果偏压超过阈值,则会促进 MoS_2 电荷转移的形成,摩擦突变。与无电压条件下的摩擦力相比,摩擦力提高了 2 倍。

他们研究了 AFM 探针对不同厚度 MoS_2 纳米片施加法向电压后 MoS_2 摩擦力的变化。实验结果表明,法向电场对 MoS_2 纳米片的摩擦特性有显著影响。MoS_2 纳米片在单层、3 层和 8 层情况下的摩擦变化如图 9.10(a)所示。当尖端电压增加到+7 V 时,MoS_2 摩擦值增加到 0 V 时的 2.16 倍,三层 MoS_2 的摩擦值提高 2.10 倍,8 层 MoS_2 摩擦值增加到 2.16 倍。当 AFM 探针尖端电压增大为+7 V 时,AFM 的形态和结构没有变化。他们同时研究了 AFM 探针尖端反向电压对摩擦的影响,实验结果如图 9.10(b)所示。摩擦因数的变化趋势与正电压的结果相一致。当尖端电压为 7 V 时,单层 MoS_2 摩擦值约为 0 V 时尖端偏置摩擦值的 1.94 倍,3 层 MoS_2 的摩擦值增加了约 1.78 倍,8 层时的摩擦值增加了约 2.21 倍。

他们进一步研究了探针尖端与 MoS_2 纳米片之间的吸附力随电压变化的关系,如图 9.11 所示。研究发现,当 AFM 尖端或衬底施加电压时,吸附力有明显增加的趋势。而吸附力对 MoS_2 纳米片的摩擦力也有影响[22]。因此,外加电压后探针衬底间吸附能的增加是摩擦力增加的主要原因。

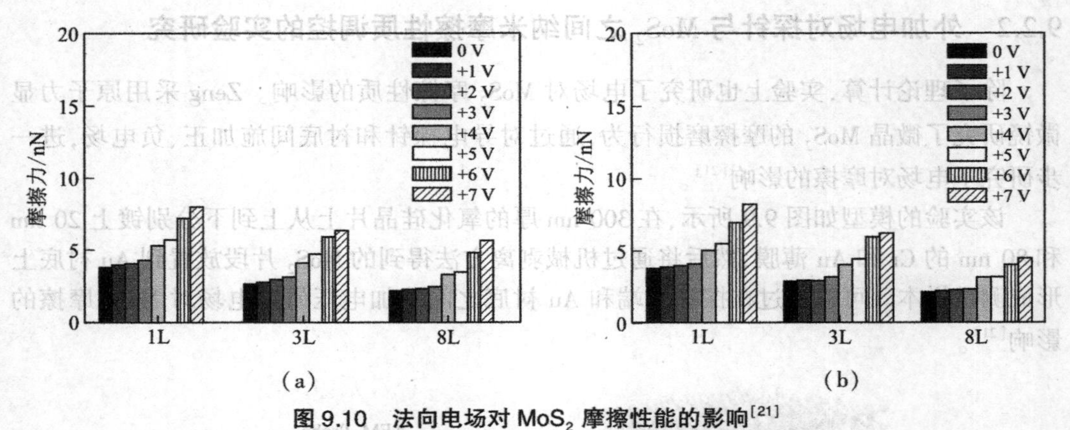

图 9.10　法向电场对 MoS_2 摩擦性能的影响[21]

(a) AFM 探针正向电压与 MoS_2 摩擦力的函数关系。(b) AFM 探针负向电压与 MoS_2 摩擦力的函数关系。

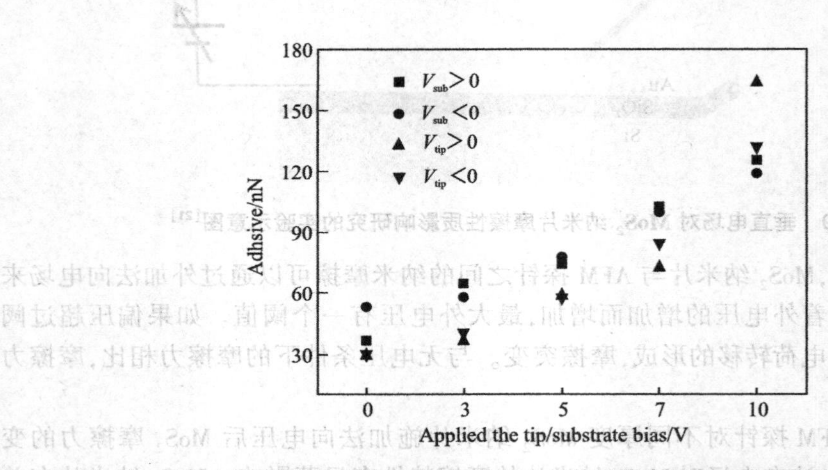

图 9.11　探针尖端与 MoS_2 纳米片之间的吸附力随电压的变化关系[21]

9.3　外加电场对六方氮化硼层间纳米摩擦性质的调控

六方氮化硼(h-BN)是由硼和氮通过 sp^2 杂化组成的蜂窝单原子层。h-BN 是一种近 6 eV 的宽禁带半导体,相对于石墨烯,h-BN 具有更高的化学稳定性和热稳定性[23]。因此,它可以应用于介电层和深紫外发射极。h-BN 也是石墨烯生长的良好衬底,与 SiO_2 相比,h-BN 作为衬底可以抑制石墨烯的表面褶皱,因此在单晶 h-BN 衬底上生长的石墨烯具有更高的质量和更少的本征掺杂。但 h-BN 与接触滑动界面间的摩擦和吸附力对石墨烯纳米电子器件的性能、寿命和可靠性至关重要。

利用不同电导率的 AFM 探针与样品之间的电位差,可以研究与探针样品间电压有关的摩擦性质[24]。此外,Fann 等人报道了金属和半导体的电子动力学,为利用电场控制 h-BN 的纳米摩擦提供了可能性[25]。在此基础上,Yu 等人通过在导电 AFM 尖端和衬底上施加电场,研究了不同电场作用下 h-BN 纳米摩擦性质[26]。该研究提供了一种通过外加电场控制 h-BN 纳米摩擦的方法,对于纳米器件的设计具有重要意义,本节将对这一工

作进行简述。

不同电场下纳米摩擦和黏附测量的实验装置如图 9.12 所示。将 h-BN 沉积在带有 300 nm 厚度 SiO_2 层的 Si 衬底上，底面涂覆 60 nm Au。导电探针和衬底之间可以施加正向或负向电压，通过该装置，可以测得 h-BN 的形貌和摩擦力。

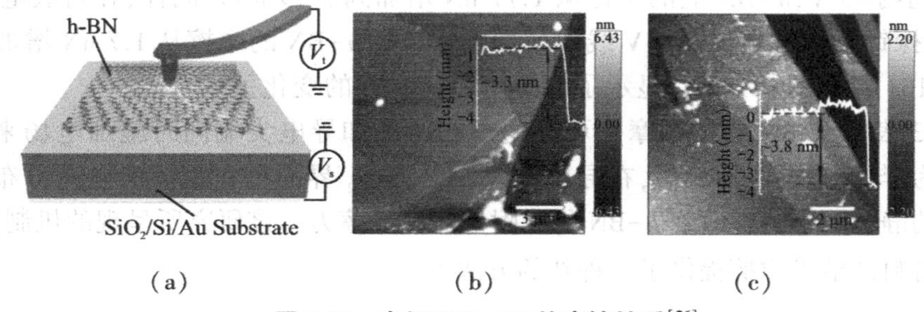

图 9.12　电场下 h-BN 的摩擦性质[26]

(a) 导电原子力显微镜实验装置示意图。(b,c) h-BN 的高度形貌图。插图显示了 h-BN 的高度剖面。

该研究发现，h-BN 的摩擦与施加的电场存在明显的依赖关系。图 9.13 显示了不同衬底电压下，摩擦作为尖端电压的函数关系。

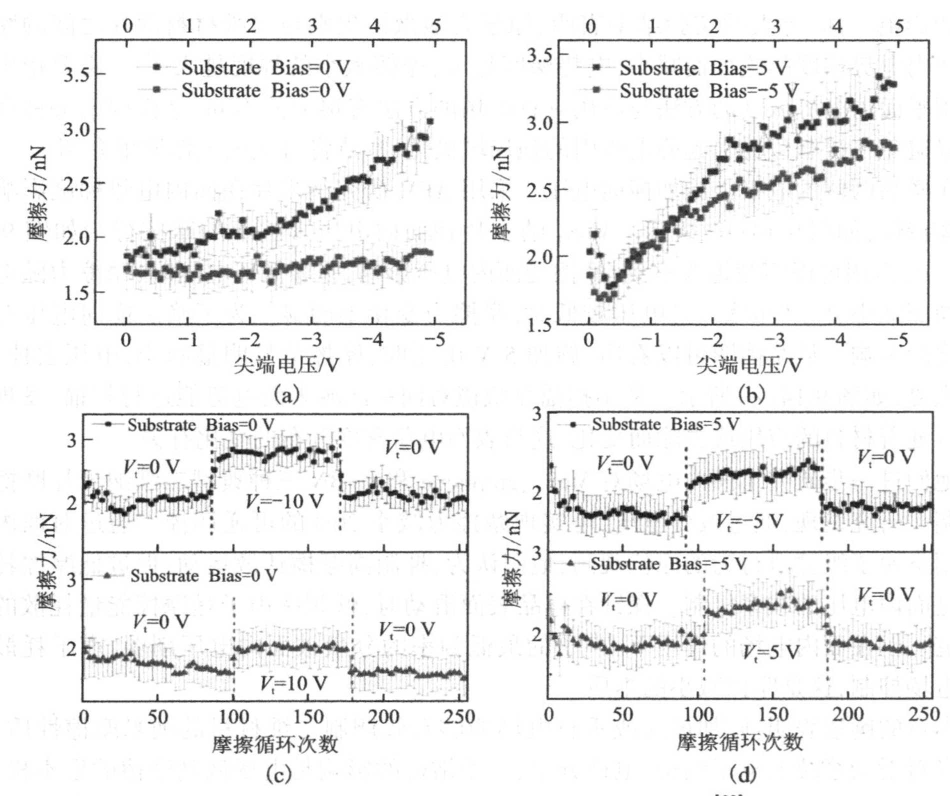

图 9.13　摩擦力随探针衬底间电压的变化关系[26]

衬底电压为 (a) 0 V，(b) 5 V 和 −5 V。在探针尖端施加不同的电压前后，摩擦随循环次数的变化关系。(c) V_t = 10 V 和 −10 V，(d) V_t = 5 V 和 −5 V，法向力为 60 nN。

由图 9.13 可以看出,无论尖端电压的正负,摩擦都随着尖端电压的增加而增加。在图 9.13(a)中,当衬底偏压为 0 V 时,随着探针尖端的电压从 0 V 增加到-5 V,摩擦力由 1.8 nN 增加到 3.1 nN。同样,随着探针尖端的电压从0 增大到 5 V,摩擦从 1.7 nN 增大到 1.9 nN。从图 9.13(b)可以看出,在衬底电压为5 V时,随着探针尖端的电压从 0 V 线性增加到约-5 V,*h*-BN 上的摩擦从 1.77 nN 增加到 3.29 nN。同样,在衬底电压为 5 V 时,随着探针尖端的电压从 0 V 线性增加到近 5 V,*h*-BN 的摩擦从 1.7 nN 增加到 2.8 nN。图 9.13(c)和图 9.13(d)显示了摩擦随循环次数的变化关系。

图 9.13 表明 *h*-BN 的纳米摩擦可以通过在衬底和导电尖端同时施加电场来调控。该研究认为,与充电电容器相似,在导电针尖和 Si/SiO_2 界面存在相反的电荷分布,电荷效应产生的静电吸引能够改变 *h*-BN 的吸附性能和摩擦力。该研究所呈现的机制为控制二维绝缘材料的纳米摩擦提供了一种新的方法[26]。

9.4 平面内电场对二维材料表面摩擦的影响与调控

综上所述,垂直于滑动平面的电场可以有效控制二维材料界面摩擦性质,在大多数情况下,摩擦力随着面外电场的施加而增加。本节介绍平面内电势梯度对二维材料表面摩擦的影响。He 等人的实验结果表明,原子力显微镜尖端与二维材料薄片之间的摩擦随着面内电势梯度的施加而减小,电势梯度越大,摩擦减小的幅度越大[24]。需要指出的是应用平面内电势梯度的方法与应用垂直电场的方法有很大的不同,平面内电势梯度方法可以避免在接触位置引起静电吸引的强局域极化,本节将对这项工作简单介绍。

在样品两侧的电极上施加横向电压。采用 AFM 研究纳米片在面内电势梯度影响下的摩擦特性,如图 9.14(a)所示。MoS_2 纳米片在面内电压影响下的摩擦行为如图 9.14(b)所示,由图可以清楚地观察到,摩擦受面内电压影响,施加循环电压时,摩擦力随电压的增加而减小,反之亦然。当电压较低时,摩擦力变化不明显。为了确定横向电压对摩擦变化的影响。从摩擦图可以看出,施加 5 V 电压时,摩擦信号明显减小;电压去掉后,摩擦恢复,如图 9.14(c)所示。利用扫描显微镜对同一区域表面电势能进行扫描,发现表面电位随着材料的应用或去除而变化,这与表面电荷密度分布的变化有关。

他们进一步研究了面内电场对 MoS_2、graphene 和 *h*-BN 三种典型二维纳米片摩擦力的调制。研究发现,通过改变电压,可实现摩擦力减小 30%的可逆调控。通过对面内电压作用下原子级黏滑行为的原位观测,他们认为,抑制高摩擦耗散运动,促进低摩擦耗散运动是面内电压的减摩机制。探针在样品表面滑动时,低频率声子是摩擦能量耗散的主要通道。但在面内电场的作用下,声子的最低频率的分量被面内电压削弱,声子耗散被内部电场抑制,这是摩擦减小的本质。

本章的阐述表明:施加横向或垂直电场能够有效调制二维材料的纳米摩擦性质,外加电场对滑动系统的电子结构、电荷分布、声子结构的影响是电场调制摩擦的根本机制。通过电场调控摩擦具有易于精准控制、不破坏材料结构等优点,为纳米摩擦的设计与调控提供了新的思路,在微/纳机电系统中也具有广阔的应用前景。

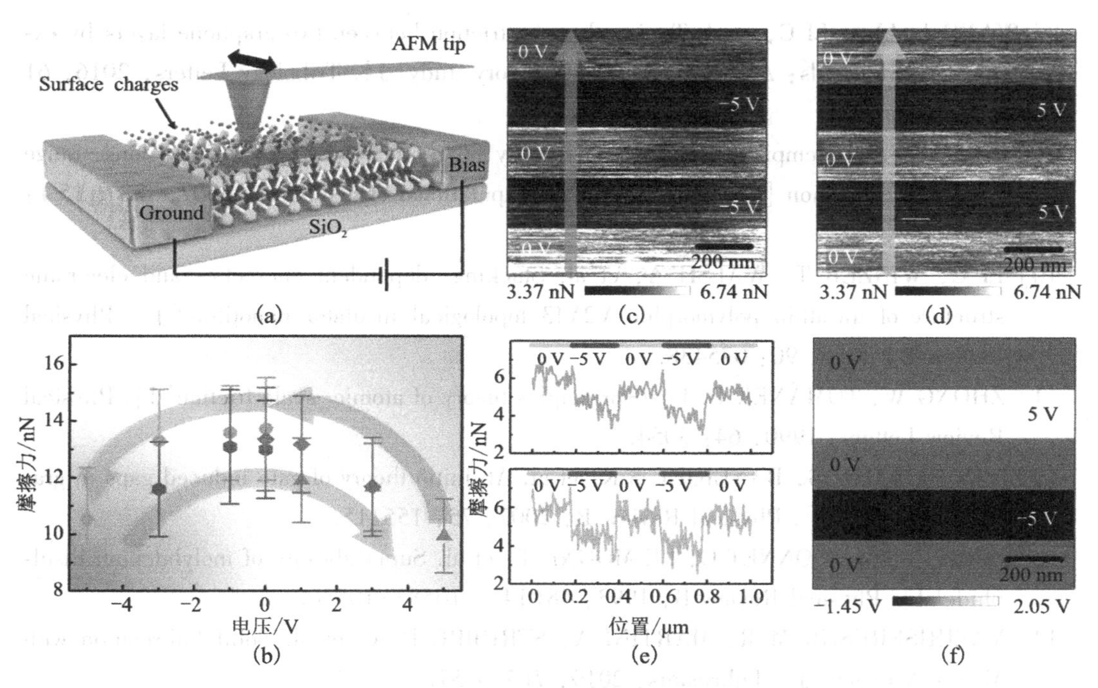

图9.14　平面内电场作用下摩擦实验的工作原理示意图[24]

(a)侧向电压影响下AFM摩擦实验示意图,(b)在250 nN的负载下,摩擦力随电压的变化关系,(c)和(d)不同偏向电压下的摩擦力。(e)表示(c)和(d)中紫色和青色箭头线表示的摩擦力分布。(f)为不同电压下同一区域表面电势能的图像。

参考文献

[1] WANG J, WANG F, LI J. Theoretical study of superlow friction between two single-side hydrogenated graphene sheets[J]. Tribology Letters, 2012, 48: 255-261.

[2] WANG J, LI J, FANG L, et al. Charge distribution view: Large difference in friction performance between graphene and hydrogenated graphene systems[J]. Tribology Letters, 2014, 55: 405-412.

[3] KWON S, KO J H, JEON K J, et al. Enhanced nanoscale friction on fluorinated graphene [J]. Nano Letters, 2012, 12: 6043-6048.

[4] GUO Y, GUO W, CHEN C. Modifying atomic-scale friction between two graphene sheets: A molecular-force-field study[J]. Physical Review B, 2007, 76: 155429.

[5] LEE C, LI Q, KALB W, et al. Frictional characteristics of atomically thin sheets [J]. Science, 2010, 328(5974): 76-80.

[6] MAK K F, LUI C H, SHAN J, et al. Observation of an electric-field-induced band gap in bilayer graphene by infrared spectroscopy [J]. Physical Review Letters, 2009, 102: 256405.

[7] GUO Y, GUO W, CHEN C. Tuning field-induced energy gap of bilayer graphene via interlayer spacing[J]. Applied Physics Letters, 2008, 93: 243101.

[8] WANG J, LI J, LI C, et al. Tuning the nanofriction between two graphene layers by external electric fields: A density functional theory ttudy[J]. Tribology Letters, 2016, 61(1): 4.

[9] GRIMME S. Semiempirical GGA-type density functional constructed with a long-range dispersion correction [J]. Journal of Computational Chemistry, 2007, 28 (15): 1787-1799.

[10] LI C, WINZER T, WALSH A, et al. Stacking-dependent energetics and electronic structure of ultrathin polymorphic V2VI3 topological insulator nanofilms[J]. Physical Review B, 2014, 90: 075438.

[11] ZHONG W, TOMÁNEK D. First-principles theory of atomic-scale friction[J]. Physical Review Letters, 1990, 64: 3054.

[12] MIN H, SAHU B, BANERJEE S K, et al. Ab initio theory of gate induced gaps in graphene bilayers[J]. Physical Review B, 2007, 75: 155115.

[13] MARTIN J M, DONNET C, LE MOGNE T, et al. Superlubricity of molybdenum disulphide[J]. Physical Review B, 1993, 48(14): 10583-10586.

[14] VAZIRISERESHK M R, MARTINI A, STRUBBE D A, et al. Solid Lubrication with MoS_2: A review[J]. Lubricants, 2019, 7(7): 57.

[15] ONODERA T, MORITA Y, NAGUMO R, et al. A computational chemistry study on friction of h-MoS_2. Part Ⅱ. Friction anisotropy[J]. Journal of Physical Chemistry B, 2010, 114(48): 15832-15838.

[16] LEVITA G, CAVALEIRO A, MOLINARI E, et al. Sliding properties of MoS_2 layers: Load and interlayer orientation effects[J]. Journal of Physical Chemistry C, 2014, 118(25): 13809-13816.

[17] CIHAN E, IPEK S, DURGUN E, et al. Structural lubricity under ambient conditions [J]. Nature Communications, 2016, 7: 12055.

[18] WANG C, LI H, ZHANG Y, et al. Effect of strain on atomic-scale friction in layered MoS_2[J]. Tribology International, 2014, 77: 211-217.

[19] SUN J, ZHANG Y, FENG Y, et al. How vertical compression triggers lateral interlayer slide for metallic molybdenum disulfide? [J]. Tribology Letters, 2018, 66: 21.

[20] WANG C, CHEN W, ZHANG Y. Effects of vdW interaction and electric field on friction in MoS_2[J]. Tribology Letters, 2015, 59: 7.

[21] ZENG Y, HE F, WANG Q, et al. Friction and wear behaviors of molybdenum disulfide nanosheets under normal electric field [J]. Applied Surface Science, 2018, 455: 527-532.

[22] WOLLOCH M, LEVITA G, RESTUCCIA P, et al. Interfacial charge density and its connection to adhesion and frictional forces [J]. Physical Review Letters, 2018, 121: 026804.

[23] GOLBERG D, BANDO Y, HUANG Y, et al. Boron nitride nanotubes and nanosheets

[J]. ACS Nano, 2010, 4(6): 2979-2993.

[24] HE F, YANG X, BIAN Z, et al. In-plane potential gradient induces low frictional energy dissipation during the stick-slip sliding on the surfaces of 2D materials[J]. Small, 2019, 15: 1904613.

[25] FANN W S, STORZ R, TOM H W K, et al. Electron thermalization in gold[J]. Physical Review B, 1992, 46(20): 13592-13595.

[26] YU K, ZOU K, LANG H, et al. Nanofriction characteristics of h-BN with electric field induced electrostatic interaction[J]. Friction, 2021, 9(6): 1492-1503.

第 10 章　磁性材料中的自旋摩擦

摩擦是人类认识和利用的最古老的现象之一。40 多万年前，我们的祖先就已经开始利用摩擦生火。虽然亚里士多德已经认识到摩擦的重要性并开始研究摩擦力，但直到达·芬奇第一次对相对运动中的相互作用表面进行了定量研究，才开创了摩擦学领域。16 世纪以来，宏观摩擦定律（Amontons 法则）长期统治着摩擦学领域。20 世纪 20 年代普朗特提出了独立谐振子模型来理解摩擦现象，该模型又叫作普朗特-汤姆林森模型（Prantl-Tomlinson model，PT），在 PT 模型中，摩擦能量假定以晶格振动的形式即声子耗散出去[1]，即声子摩擦。最近，随着先进的实验方法，如石英晶体微天平、表面力或摩擦力显微镜的出现，对摩擦现象的研究进入了原子分子层次，人们对摩擦的微观起源也有了更深入的认识。在纳米尺度上，经典摩擦定律失去主导地位，声子和电子相互作用的贡献变得越发重要，甚至量子涨落也可能发挥重要作用[2]。例如，利用正常态和超导态之间的转换，已经在实验上证实了金属态下电子激发是主要的能量耗散通道，即电子摩擦起主导作用[3,4]，而超导态下则是声子摩擦占主要地位。由于普通金属的摩擦现象主要由电子自由度控制，而磁性材料的自旋是电子自由度的一个重要分量，因此磁性材料中摩擦力与自旋自由度必然存在某种依赖关系。基于此，近来人们在理论和实验上对磁性与摩擦之间的关系进行了广泛的研究，初步建立了自旋、磁性与摩擦之间的关系，并提出了自旋摩擦的概念[5-13]。本章围绕课题组的研究工作，着重对自旋摩擦进行介绍。

10.1　自旋摩擦的研究现状及进展

随着磁性材料的广泛应用以及先进实验方法的发展，如磁力显微镜（magnetic force microscopy，MFM）和自旋极化扫描隧道显微镜（spin-polarized scanning tunnelling microscopy，SP-STM）的出现，自旋摩擦已经激发了人们越来越多的研究兴趣[5-13]。理论上，Fusco 等人通过研究经典自旋通过偶极相互作用和交换相互作用的动力学模型，从理论上研究了纳米尺寸尖端扫描磁表面时发生磁摩擦的现象，研究发现磁性探针相对于磁性表面的运动会产生自旋波，进而增加了一个自旋能量耗散通道[6]。Magiera 使用包含有限温度随机场的带有 Landau-Lifshitz-Gilbert（LLG）动力学的经典海森堡模型，研究了硬铁磁探针尖端扫描软磁单层时能量耗散的自旋激发模。研究发现：在所有温度下，摩擦力与速度呈线性关系，这些发现可以用与尖端一起拖拽的自旋极化云的特性来解释[8]。然而，这些研究由于缺乏实验支撑而不能揭示纳米摩擦中自旋的作用。最近，Wolter 等人通过 SP-STM 实验结合蒙特卡洛（Monte Carlo，MC）模拟研究了 Co 原子和 Mn/W(110) 表面之间的自旋摩擦[10]。他们发现引入自旋自由度之后随着探针-吸附原子之间交换作用的增强平均摩擦力可在很大范围内变化(-50%~60%)。这个工作给出了磁性体系和非磁性体系的摩擦区别,证明了磁性材料中自旋在纳米摩擦中的重要性。但是这个工作需要磁性探针的辅助,并且要不断地改变探针-吸附原子的交换作用强度,也不能直接得到运动过程中每一个磁性原子的磁矩变化。

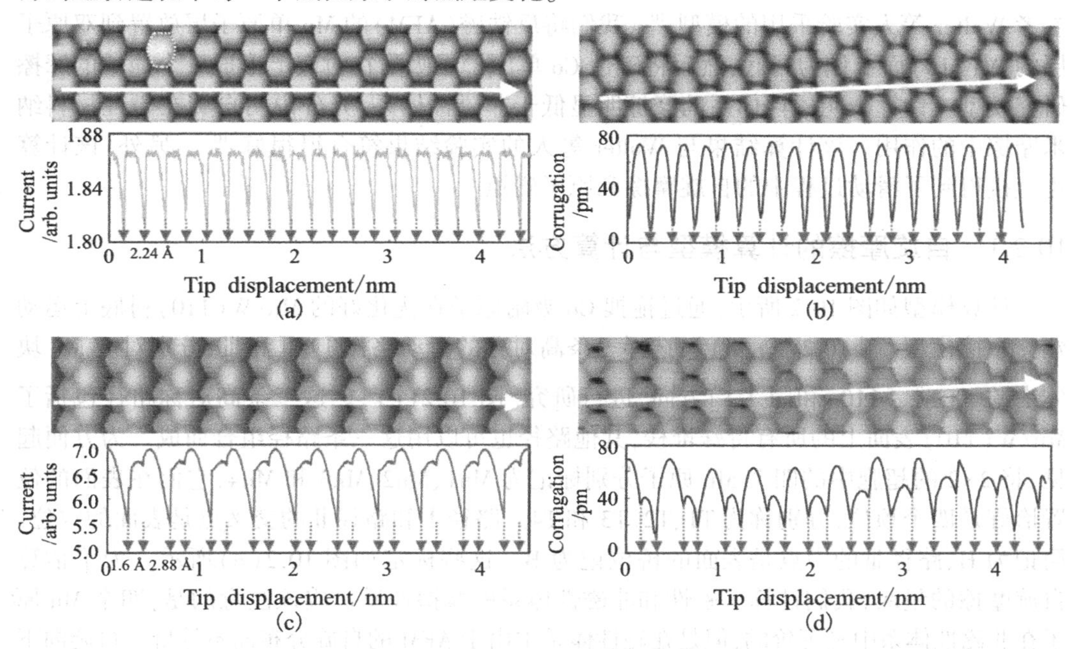

图 10.1　自旋摩擦的模拟与实验对比[10]

(a)非磁性探针的模拟图像(针尖高度 6 Å)。吸附原子在图中不连续下三角标记处跳到下一个位置。(b)是与(a)相对应的实验图像。(c)自旋极化电压 J_{Tip} 为 188 meV、尖端高度为 5.45 Å 的模拟图像。(d)是与(c)相对应的实验图像。(c)和(d)中吸附原子连续跳跃的距离变化反映了自旋摩擦的发生。

计算能力的提升极大地促进了摩擦的模拟计算,分子动力学方法能够获得摩擦的动力学过程,是研究摩擦的常用模拟方法之一。然而,经典的分子动力学方法过分地依赖于经验势,不能获得系统电子结构的信息,因此也不能用于具有自旋的量子体系的摩擦计算。相比之下,基于密度泛函理论的第一性原理计算能够获得系统的精确电子结构,是在电子层次上研究摩擦的理想方法,也是研究自旋摩擦的有力工具。近来研究者已经开始采用第一性原理方法研究磁性系统的自旋摩擦。Li 等人基于第一性原理计算和 Tomlinson 模型,揭示了 2D 反铁磁 Mn_2C 晶体层间以自旋为主的摩擦和黏滑行为[13]。虽然 Mn_2C 在自旋非极化状态下的摩擦力是各向同性的,且与前后移动方向无关,但反铁磁有序不仅降低了势能面的旋转对称性,而且极大地改变了最低滑动路径上的能垒形貌,进而引起与方向相关的摩擦力和黏滑行为。该研究加深了人们对自旋摩擦行为的理解,对高性能磁盘和非接触运动控制技术等自旋相关器件和技术的发展具有一定的指导意义。前期我们采用基于密度泛函理论的第一性原理方法研究了 Co 单原子层在 Mn/W(110)表面滑动的自旋摩擦特性。结果显示磁性体系的摩擦明显地高于相应的非磁性体系,这可通过自旋的电子机制来解释,这项研究同时提供了一种在密度泛函理论框架下估算自旋摩擦的方法。在本章中我们将对这项研究做系统介绍。

10.2 Co 单原子层在 Mn/W(110)表面滑动的自旋摩擦

本节使用基于密度泛函理论的第一性原理方法研究自旋自由度对纳米摩擦的贡献。参考 Wolter 等人实验采用的模型[10]，我们将反铁磁(AFM)的 Mn 单原子层放置到双原子层的 W(110)面上作为衬底，然后将磁性 Co 单原子层吸附在衬底上形成一个简单的摩擦研究模型。计算表明磁性体系的摩擦明显低于非磁性体系，充分说明自旋在磁性材料纳米摩擦中的作用。该计算结果与 Wolter 等人的实验结果符合得很好[10]。另外，该计算也直接得到了滑动过程中的自旋摩擦和原子磁矩。

10.2.1 自旋摩擦的计算模型与计算方法

计算模型如图 10.2 所示，通过拖拽 Co 吸附原子在优化好的 Mn/W(110)衬底上运动建立摩擦模型[图 10.2(a)(b)]，选择三条高对称的滑动路径 Ⅰ、Ⅱ 和 Ⅲ，分别对应 Mn 块体中的[001]、[$1\bar{1}0$]和[$\bar{1}\,1\,\bar{1}$]方向，进行研究[图 10.2(c)]。这三条高对称路径包括了 Mn/W(110)表面上的所有特殊堆栈，其他路径也可以用这三条路径组合而成。为方便起见，将 2×2 的超胞中的四个 Mn 原子分别标记为 Mn1、Mn2、Mn3 和 Mn4，它们在表面的位置恰好是四个顶位，分别称为 T1、T2、T3 和 T4。路径 Ⅰ 和路径 Ⅱ 的交叉点是表面的空位，简记为 H，路径 Ⅲ 的中点是表面的桥位记为 B。这些标定如图 10.2(c)所示。为了估算自旋摩擦的量级，我们计算了磁性和非磁性体系的摩擦性质。应该注意的是：四个 Mn 原子在非磁性体系中是等价的，但是在磁性体系中由于 AFM 的自旋分布而不等价。自旋向下的 Mn1 和 Mn3 的自旋方向与自旋向上的 Mn2 和 Mn4 的自旋方向反平行。为了得到每条滑动路径上的势垒，通过从初始位置移动 Co 原子到最终位置来模拟滑动过程：路径Ⅲ上移动 10 步，每步 0.274 Å；路径Ⅰ和Ⅱ移动 8 步，每步分别是 0.198 Å 和 0.280 Å。

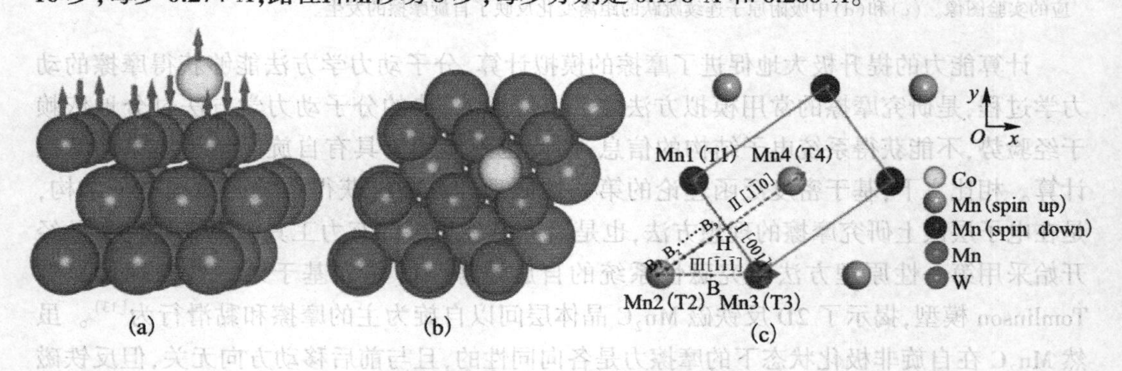

图 10.2 自旋摩擦的计算模型[12]

(a)和(b)分别表示计算模型的侧视图和顶视图，Co 原子在 2×2 的 Mn/W(110)超胞表面滑动，Mn 原子的自旋方向按 AFM 顺序排列。绿色的箭头表示 Co 和 Mn 原子的自旋方向。(c)三条滑动路径的示意图，绿色矩形表示一个磁胞，灰色和黑色的球分别代表自旋向上和自旋向下的 Mn 原子。用 B1–B9 标记沿路径 Ⅱ 上连续的不同构形。

本节采用 VASP 软件包进行第一性原理计算[14]，用投影缀加波(PAW)的方法描述电子-离子相互作用[15]。采用 Perdew-Burke-Ernzerhof(PBE)参数化的广义梯度近似

(GGA)处理交换关联相互作用[16]。波函数用截断能为 500 eV 的平面波基组展开。选择具有周期结构的 2×2 的 Mn/W(110)超胞模拟摩擦表面,Co 单原子层在其上滑动。选取至少 15 Å 的真空层来避免相邻单元之间的相互作用。采用 11 ×11 ×1 的 Monkhorst-Pack 格子实现不可约布里渊区积分[17]。电子结构弛豫的能量收敛为 10^{-4} eV。对于几何结构的弛豫,所有的内部坐标均弛豫到 Hellmann-Feynman 力小于 0.02 eV/Å。我们分别用自旋极化(SP)和非自旋极化(NSP)的计算结果来分析磁性体系和非磁性体系。

除了声子摩擦之外,电子和自旋均可引起摩擦,即电子摩擦和自旋摩擦。在我们的模型中,我们仅考虑电子和自旋一起对摩擦的贡献,定义磁性材料中由于自旋相互作用而诱发的自旋摩擦为

$$f_{\text{spins}} = f_{\text{mag}} - f_{\text{non-mag}} \tag{10.1}$$

其中,f_{mag}和$f_{\text{non-mag}}$是磁性材料分别在考虑自旋和不考虑自旋时的摩擦。式(10.1)表明自旋摩擦f_{spins}是磁性体系和其相应的非磁性体系的摩擦差别。本节中,我们根据上式来计算f_{mag}和$f_{\text{non-mag}}$。

10.2.2　自旋系统的相互作用能

原子尺度内的摩擦性质与相互运动的两个界面的相互作用能紧密相连。Co 单原子层与 Mn/W(110)表面的相互作用主要由吸附能(E_{ad})来描述

$$E_{\text{ad}}(z) = E_{\text{total}}(z) - E_{\text{Mn/W(110)}} - E_{\text{Co}} \tag{10.2}$$

式中,E_{total}是系统的总能量,$E_{\text{Mn/W(110)}}$(E_{Co})是 Mn/W(110)衬底(Co 单原子层)的能量,距离 z 是 Co 在垂直于吸附表面上的吸附高度。从距离衬底高度为 2.60 Å 开始,Co 原子层以 0.05 Å 为步长靠近衬底,每一个步点计算一次能量。在计算总能时,所有的原子均固定,只改变 Co 与 Mn/W(110)表面之间的距离。这不同于 Wolloch 等人提出的方法,他们认为能量是通过滑动物体自身的弛豫来耗散的[18]。我们计算了磁性和非磁性体系在不同堆栈位上不同吸附高度下的吸附能,如图 10.3 所示。在化学吸附中,吸附能在平衡吸附位置上具有最大的值,而且它随着吸附原子到平衡位置距离的增加而减小。对于体心立方结构晶体的(110)密排面而言,沿着图 10.2(c)中路径Ⅱ的最稳定的吸附位不是 H 位而是一个非常靠近 H 位的位置,导致 H 位上的吸附能小于最稳定位置上的吸附能。这些特点完全反映在图 10.3 中的吸附能曲线中。

10.2.3　自旋诱发的吸附行为的变化

磁性体系和非磁性体系的 Co 在 Mn/W(110)表面上的不同吸附行为可由 1 GPa 下两个体系的吸附能的比较清楚地说明,如图 10.4 所示。由于自旋耦合作用,在相同的压力下磁性体系呈现出了比非磁性体系较低的吸附能。而且,从 T 位到 H(B)位,磁性体系的吸附能差别 $\Delta E_{\text{ad}} = E_{\text{ad}}(\text{T}) - E_{\text{ad}}(\text{H } or \text{ B})$远小于非磁性体系,这可用过渡态理论来理解。相对于 T 位,Co 在 Mn 表面的 H(B)位的吸附更稳定。我们可以把 Co 在 H(B)位的吸附当作一个稳定态而其在 T 位的吸附当作一个过渡态。自旋对 Co 吸附能的影响在稳定态要比过渡态小很多。因此,虽然自旋减小了 Co 原子在磁性体系的吸附能,但是在 T 位上减小的量比在 H(B)位上要大很多,这就导致磁性体系中的 T 位和 H(B)位之间的吸附

能差低于非磁性体系。这就是磁性体系中沿滑动路径的势垒(摩擦)低于非磁性体系的主要原因。

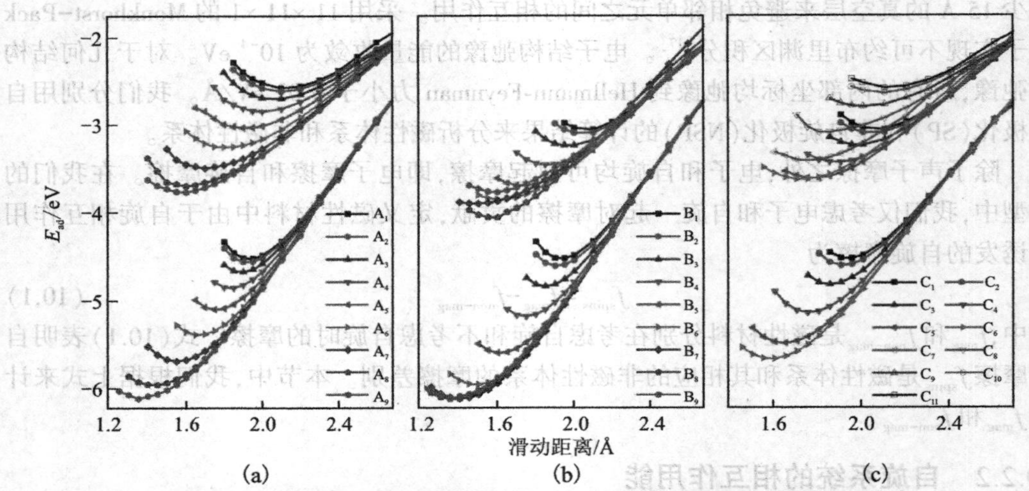

图 10.3　磁性和非磁性体系在不同堆栈位上不同吸附高度下的吸附能[12]

(a)、(b)和(c)分别表示 Co 在 Mn/W(110)表面上沿路径Ⅰ、路径Ⅱ和路径Ⅲ的吸附能。图中的每一幅小图中,顶(底)部是磁性(非磁性)体系的吸附能曲线。由于对称性,我们只计算了路径Ⅰ和Ⅱ的前半周期。在路径Ⅲ中,自旋导致体系失去了对称性,对于磁性体系我们考虑了整个周期的运动。这些连续的不同构形在路径Ⅰ中用 $A_1 \sim A_9$ 来标记,在路径Ⅱ中用 $B_1 \sim B_9$ 来标记,在路径Ⅲ中用 $C_1 \sim C_{11}$ 来标记,其中 A_1、B_1(C_1)、C_{11}、A_9(B_9)和 C_6 分别对应于高对称位 T1、T2、T3、H 和 B 位。

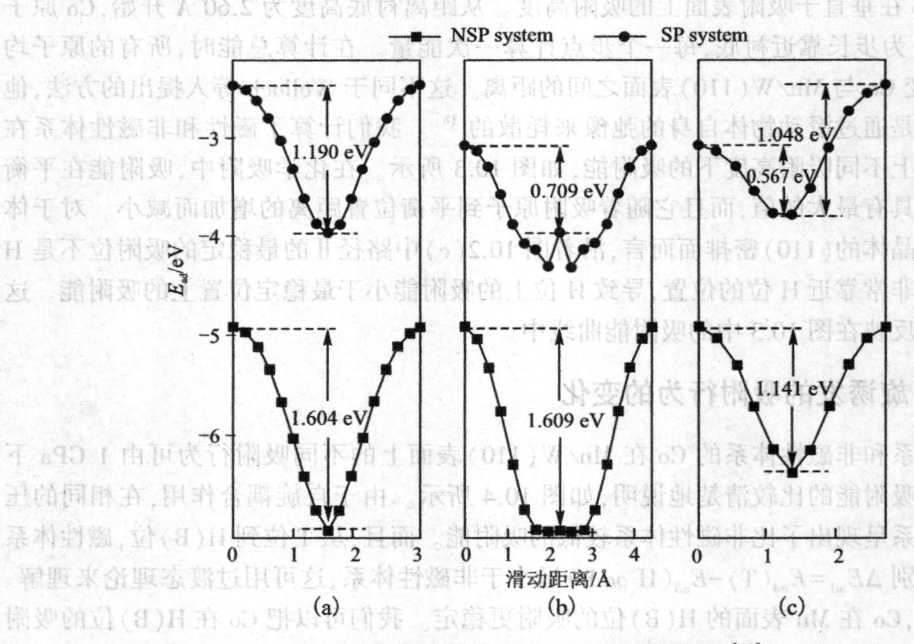

图 10.4　磁性与非磁性系统吸附能的对比[12]

在图中,NSP 和 SP 系统分别用黑色的和红色的曲线来描述。每幅图中的能量值表示 T 位和 H(B)位之间的吸附能差。

Co 与其最近邻的 Mn 原子之间的自旋相互作用对吸附能的影响可用海森堡理论解释,这种理论也被其他的一些纳米尺度磁性模型的摩擦研究所采用[6-8]。在此之前,我们分别计算了 Co 和四个 Mn 原子在作用前和作用后的磁矩(在自旋极化计算中,我们忽略了 W 原子微弱的磁性)。在相互作用前,Co 原子和四个 Mn 原子的磁矩分别是 2.508 μ_B 和±3.424 μ_B。相互作用后,电荷在 Co 和 Mn 原子之间的互相转移会导致其磁矩改变。在图 10.5 中,我们分别计算了 T1、H 和 B 位上磁矩随着吸附高度的变化。与 Co 在 Mn 表面上吸附前的磁矩一致。图 10.5 说明:随着吸附高度的增加,Co 和其最近邻的 Mn 原子的磁矩显著变化并逐渐接近相应的未吸附时的磁矩,但是对其他的 Mn 原子的磁矩变化较小甚至保持在它们未吸附 Co 原子时的 AFM 态的值不变。根据海森堡理论,磁性体系和非磁性体系的吸附能的差别可表示为

$$\Delta E = \delta_1 + \delta_2 - J\sum_i S \cdot S_i \quad J>0 \tag{10.3}$$

式中,$\delta_1(\delta_2)$是 Co 单原子层(Mn 表面)的自旋相互作用能,第三项是 Co 和 Mn 原子之间的自旋相互作用,该式中 S 和 S_i 是 Co 原子与其最近邻的 Mn 原子的磁矩,J 是交换常数,i 标记最近邻的 Mn 原子求和。对于 Co 单原子层(Mn 表面),$\delta_1(\delta_2)$为负值表明因为自旋作用的存在使体系更加稳定。在这个公式中,$\delta_1+\delta_2$ 决定了磁性吸附能低于非磁性吸附能,如图 10.3 所示;第三项决定着降低的量级。由于磁耦合决定于 Co 与其最近邻的 Mn 原子的相对自旋取向,公式(10.3)中的第三项在路径Ⅰ和路径Ⅲ的后半周期(路径Ⅱ和路径Ⅲ的前半周期)为正(负)。因此,路径Ⅱ的磁性吸附能大于路径Ⅰ,路径Ⅲ的前后两个半周期的吸附能曲线不对称。

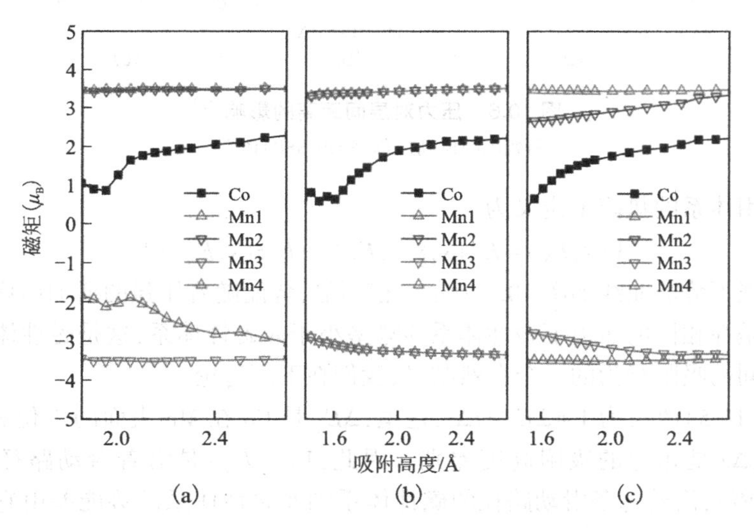

图 10.5　Co 和 Mn 原子的磁矩随着吸附高度的变化[12]

(a)、(b)和(c)分别是 Co 的 Mn 表面的 T1、H 和 B 位的吸附。

10.2.4　磁性体系和非磁性体系的纳米摩擦特点

现在,我们开始计算自旋摩擦的量级。应用不同的压强来定量理解磁性体系和非磁性体系摩擦的不同。对吸附能曲线进行多项式拟合,然后将其对薄膜之间距离求导数可

以给出正压力 F_N 和压强 p

$$F_N = -\partial E(z)/\partial z \quad (p = F_N/S) \tag{10.4}$$

式中，S 是 2×2 的 Mn/W(110) 超胞表面的面积。选取 0~2.5 GPa 的压强研究相互作用物体摩擦的压强效应。在图 10.6 中，我们给出了 0 GPa 和 2.5 GPa 下磁性体系和非磁性体系的吸附高度随压强的变化关系。该图表明，两个体系的吸附高度都随压强的增加而减小，而且在相同的压强下磁性体系的吸附高度要大于非磁性体系，因为自旋增强了 Co 原子和 Mn 表面之间的排斥作用。沿着路径Ⅰ(Ⅲ)从 T1(T2)到 H(B)位，由于 Co 在 Mn 表面的吸附逐渐增强，吸附高度则单调减小。然而，最稳定的吸附在 B_8 位，在路径Ⅱ上其吸附高度最小。最后，我们还发现，从 T 位到 H(B)位，在相同的压强下磁性体系的吸附高度的差别 $\Delta z = z(\mathrm{T}) - z(\mathrm{H}\ or\ \mathrm{B})$ 与非磁性体系几乎相等。

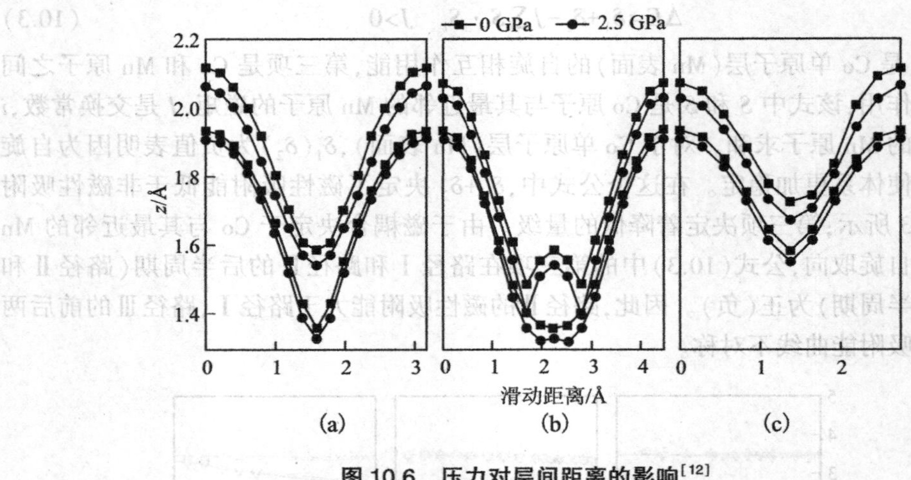

图 10.6　压力对层间距离的影响[12]

每幅图的顶(底)部是 SP(NSP)体系。

相互作用体系的势能 V 定义为

$$V(s,F_N) = E_{ad}(s,z(s,F_N)) + F_N z(s,F_N) - V_0 \tag{10.5}$$

不同压强下势能曲线如图 10.7 所示。很明显，势能随着压强的增加而增加。图中最重要的一点是在相同的压力下磁性体系的势垒小于非磁性体系，这是磁性体系和非磁性体系之间不同的吸附行为的一个自然结果，我们在下面讨论。

把方程(10.5)改写为 $V = \Delta E_{ad} + f\Delta z$，这里，$\Delta E_{ad}$ 是 Co 在 Mn 表面的 T 位和 H(B)位吸附能的差别，Δz 是相应的吸附高度差别。因此，$V(s, F_N)$ 是沿着滑动路径的相对势垒(s 是滑动距离)，沿着每条滑动路径的磁性体系和非磁性体系的势能差由它们的吸附能差(图 10.4)和吸附高度差(图 10.6)所决定。在上面的章节中，我们已经得到相同压力下的磁性体系的吸附高度差 Δz 几乎等于非磁性体系，但磁性体系的吸附能差 ΔE_{ad} 却远远低于非磁性体系。因此，在相同压力下磁性体系中较小的势垒主要是因为磁性体系中的 T 位和 H(B)位吸附能差小于非磁性体系。

在势能的基础上，我们进一步计算系统的摩擦。首先，我们可按照如下公式计算平均摩擦力

$$\langle F_f \rangle = \frac{\Delta V_{max}}{\Delta s} = \frac{V_{max}(F_N) - V_{min}(F_N)}{\Delta s} \tag{10.6}$$

这里 ΔV_{max} 是在压力 F_N 下滑动路径上的势能最大值和最小值的差值；Δs 是两个相邻的势能最大值或最小值位置之间的距离。则平均摩擦系数（COF）μ 可这样得到

$$\mu = \frac{\langle F_f \rangle}{F_N} = \frac{\Delta V_{max}}{F_N \Delta s} \tag{10.7}$$

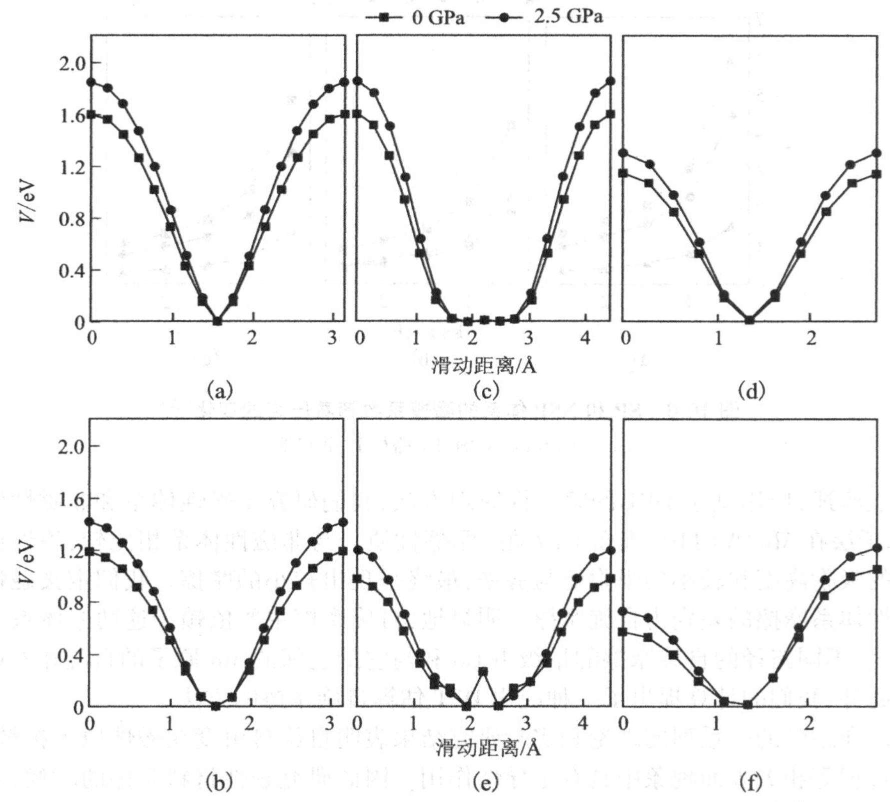

图 10.7　在 0 GPa 和 2.5 GPa 的压强下势能随着滑动距离的变化[12]

(a)、(b)和(c)分别对应 NSP 体系中的路径Ⅰ、Ⅱ和Ⅲ；(d)、(e)和(f)分别对应 SP 体系的路径Ⅰ、Ⅱ和Ⅲ。

利用磁性体系和非磁性体系的摩擦因数 μ_{mag} 和 $\mu_{non-mag}$，我们可以根据方程（10.1）计算得到自旋摩擦的量级 $|\mu_{spins}| = |\mu_{mag} - \mu_{non-mag}|$，不同压强下三种摩擦因数如图 10.8 所示。因为 Co 单原子层和 Mn 表面之间的摩擦属于绝对真空下的理想纯金属-金属接触的干摩擦，所以摩擦系数比较大。

宏观尺度下的摩擦学定律认为，在中等滑动速度时摩擦力线性地依赖于外力（压强）并且与接触面积无关，但是很多研究已经表明宏观定律并不适用于原子尺度[19,20]。在图 10.8 中，所有的 COFs 都随着压强的增加而减小，并且在较大的压强下变化缓慢。造成这种结果有两个潜在因素：第一是 COF 的计算方法，另一个是原子尺度下纳米摩擦的固有性质。在图 10.8 中，除了磁性体系和非磁性体系的摩擦之外，我们还给出了自旋自由度

对摩擦的贡献即自旋摩擦,这在大多数磁性摩擦的研究中没有得到[7,6,8]。最重要的特点是磁性体系的摩擦明显低于非磁性体系的摩擦,而这个降低的部分恰好就是自旋摩擦的量级。由于在 3 条路径中 Co 与其最近邻的 Mn 原子的自旋相对取向不同,对路径Ⅰ,自旋摩擦为非磁性摩擦的 20%~25%,对路径Ⅱ为非磁性摩擦的 40%~50%,对路径Ⅲ为非磁性摩擦的 15%~30%;路径Ⅱ上的自旋摩擦甚至超过了磁性体系的摩擦[图 10.8(b)]。因此,自旋摩擦不应该被忽略,它应当是磁性材料纳米摩擦的又一个耗散机制。

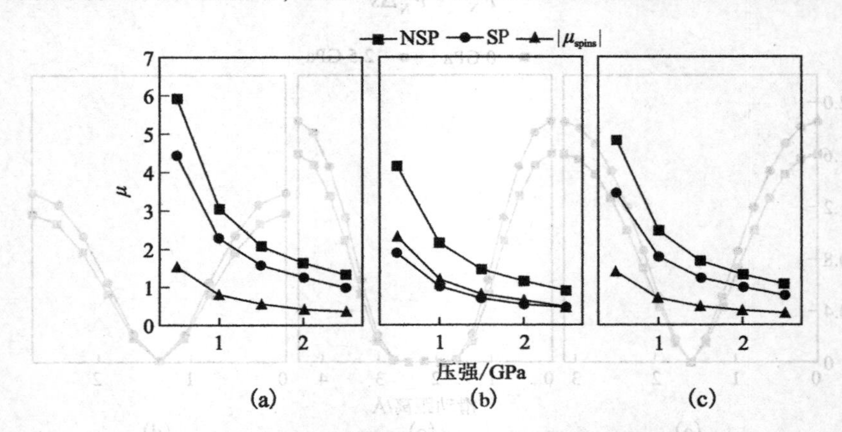

图 10.8 SP 和 NSP 体系的摩擦系数随着压强的变化[12]

(a)、(b)和(c)分别对应路径Ⅰ、Ⅱ和Ⅲ。

综上所述,应用基于 DFT 的第一性原理方法,我们研究了磁性体系和非磁性体系的 Co 单原子层在 Mn/W(110)表面上滑动的摩擦性质。与非磁性体系相比较,磁性体系具有较大的吸附高度和较小的吸附能与势垒,最终呈现出较小的摩擦。我们定义磁性体系和非磁性体系摩擦的差别为自旋摩擦。明显地,自旋摩擦主要依赖于这两个体系的不同吸附行为,不同路径的自旋摩擦的量级由 Co 和与它最近邻的 Mn 原子的自旋相对取向来决定。此外,我们的计算提出了一种应用 DFT 估算自旋摩擦的方法。

本章介绍到的一系列的理论和实验研究结果表明自旋自由度在磁性原子扩散、吸附和摩擦过程等相关表面现象中具有主导性作用。因此研究磁性材料摩擦的时候,不仅要考虑电子和声子对摩擦的贡献,而且还要考虑磁性原子的自旋自由度。对自旋摩擦行为的深入理解,对于理解和丰富摩擦机制具有重要的科学意义;对高性能磁盘和非接触运动控制技术等自旋相关器件和技术的发展具有重要的指导意义。

参考文献

[1] TOMLINSON G A. A molecular theory of friction[J]. The London, Edinburgh, and Dublin Philosophical Magazine and Journal of Science, 1929, 7(46): 905-939.

[2] PENDRY J B. Shearing the vacuum-quantum friction[J]. Journal of Physics Condensed Matter, 1997, 9(47): 10301-10320.

[3] DAYO A, ALNASRALLAH W, KRIM J. Superconductivity-dependent sliding friction [J]. Physical Review Letters, 1998, 80: 1690-1693.

[4] KISIEL M, GNECCO E, GYSIN U, et al. Suppression of electronic friction on Nb films in the superconducting state[J]. Nature Materials, 2011, 10(2): 119-122.
[5] DIAS R A, RAPINI M, COURA P Z, et al. Magnetic friction due to vortex fluctuation [J]. Journal of Applied Physics, 2012, 101: 063915.
[6] FUSCO C, WOLF D E, NOWAK U. Magnetic friction of a nanometer-sized tip scanning a magnetic surface: Dynamics of a classical spin system with direct exchange and dipolar interactions between the spins[J]. Physical Review B, 2008, 77: 174426.
[7] KADAU D, HUCHT A, WOLF D E. Magnetic friction in ising spin systems[J]. Physical Review Letters, 2008, 101: 137205.
[8] SEARCH H, JOURNALS C, CONTACT A, et al. Spin excitations in a monolayer scanned by a magnetic tip[J]. Europhysics Letters, 2009, 87: 26002.
[9] MAGIERA M P, ANGST S, HUCHT A, et al. Magnetic friction: From Stokes to Coulomb behavior[J]. Physical Review B, 2011, 84: 212301.
[10] WOLTER B, YOSHIDA Y, KUBETZKA A, et al. Spin friction observed on the atomic scale[J]. Physical Review Letters, 2012, 109: 116102.
[11] OUAZI S, KUBETZKA A, VON BERGMANN K, et al. Enhanced atomic-scale spin contrast due to spin friction[J]. Physical Review Letters, 2014, 112: 076102.
[12] CAI X, WANG J, LI J, et al. Spin friction between Co monolayer and Mn/W(110) surface: Ab Initio investigations[J]. Tribiology International, 2016, 95: 419-425.
[13] LI Y, GUO W. Spin friction in two-dimensional antiferromagnetic crystals[J]. Physical Review B, 2018, 97(10): 104302.
[14] KRESSE G, FURTHMÜLLER J. Efficient iterative schemes for ab initio total-energy calculations using a plane-wave basis set[J]. Physical Review B, 1996, 54(16): 11169-11186.
[15] BLÖCHL P E. Projector augmented-wave method[J]. Physical Review B, 1994, 50(24): 17953-17979.
[16] PERDEW J P, BURKE K, ERNZERHOF M. Generalized gradient approximation made simple[J]. Physical Review Letters, 1996, 77(3): 3865-3868.
[17] HENDRIK J, MONKHORST, PACK J D. Special points for Brillouin-zone integretions [J]. Physical Review B, 1976, 13(12): 5188-5192.
[18] WOLLOCH M, FELDBAUER G, MOHN P, et al. Ab initio friction forces on the nanoscale: A density functional theory study of fcc Cu(111)[J]. Physical Review B, 2014, 90: 195418.
[19] MANINI N, BRAUN O M, TOSATTI E, et al. Friction and nonlinear dynamics [J]. Journal of Physics Condensed Matter, 2016, 28:293001.
[20] DENG Z, SMOLYANITSKY A, LI Q, et al. Adhesion-dependent negative friction coefficient on chemically modified graphite at the nanoscale[J]. Nature Materials, 2012, 11(12): 1032-1037.

第 11 章　柱/板界面接触的理论解析与分子动力学模拟

理解摩擦的起源是控制摩擦的前提和基础,在摩擦学的研究中始终处于中心地位。我们结合理论解析与分子动力学方法,以最简单的柱/板接触为模型,研究了柱/板界面间接触面积和摩擦性质。该系列研究解决了接触面积与侧向力有无关系这一长期存在争论的问题,也发现了边缘原子钉扎和孤子激发两种摩擦耗散机制,对于理解摩擦的起源具有重要的意义。本章将对这一系列工作进行介绍。

11.1　弹性球(或圆柱体)和刚性平板之间接触问题的研究进展

弹性球(或圆柱体)和平板之间的接触是最简单的接触力学问题,通常用于黏着和摩擦的模型研究。对于固定接触(无滑动),Johnson-Kendall-Roberts (JKR) 理论很好地描述了吸附相互作用,该理论已经过详细测试与证实[1]。JKR 理论基于势能的最小化,该势能由弹性形变能项 U_1 和球-衬底结合能项 $\pi r^2 w$ 组成,其中 r 是圆形接触区域的半径,w 是分离两个由相同材料制成的球和衬底单位表面积的能量。许多应用中,在脱吸附过程中接触滞后往往发生在 w 比绝热值 w_0 大得多的地方,这在极小的拉脱速度情况下会普遍存在。类似地,在球体与平板接近的时候,w 可能远小于绝热值 w_0[2-4]。JKR 理论仅在 $w=w_0$ 时的绝热极限中严格有效。当球受到切向力(例如,滑动的小球)时,弹性球和平板之间的黏着接触已经通过实验进行了详细研究[5-7],但是人们对于这种条件下的接触情况,特别是接触面积对滑动速度的依赖关系仍然没有完整的理解[8]。利用弹性连续介质近似,Savkoor 等人研究了切向力 F_x 不变,接触面积均匀位移(无滑移)的情况,发现切向力 F_x 导致接触面积减小[9]。在这种情况下,人们期望在接触区域有均匀的摩擦应力,而不是在 Savkoor 等人的研究中发现的普遍存在的高度不均匀的应力[9]。Menga 等人最近研究了具有均匀剪切应力的球面-平板接触力学,他们发现接触面积不依赖于剪切应力的大小[10]。这与 Vorvolakos 和 Chaudhury 的实验数据一致[7],因为他们观察到的接触面积的减少发生在相对较高的滑动速度下,并且似乎与一些迄今为止尚未包括在模型研究中的效应有关。

本章内容如下:首先介绍目前基于连续介质力学对这一问题的理论理解,即球体与平板的接触面积如何取决于法向力和切向力,既考虑恒定切向力的无滑动条件,也考虑恒定摩擦剪切的滑动。然后介绍分子动力学对弹性块体和刚性圆柱之间接触的研究结果。我们给出了有无黏着的结果,并对影响接触面积的各种因素进行了定性讨论。

11.2　弹性柱体和刚性平板之间接触问题的理论解析

在这一节中,我们简要地回顾当法向力和切向力施加到球上时,弹性球和平板之间的接触面积变化的理论。我们既考虑接触区域没有滑移的情况,也考虑发生滑移但剪切应力不变的情况。Savkoor 和 Briggs 在一项经典研究中考虑了前一种情况[9],而 Menga 直到最近才研究了后一种情况[10]。

考虑一个弹性球(半径 R)被压力 F_z 挤压在一个刚性平面上。首先假设球和刚性表面之间没有滑动。衬底以切向力(摩擦力)F_x 作用在球上。由于作用在球上的总力为 0,绳索的拉力必须等于 F_x,如图 11.1 所示。总势能为

$$U=U_{\mathrm{el}}-w_0\pi r^2-F_x u-F_z s \tag{11.1}$$

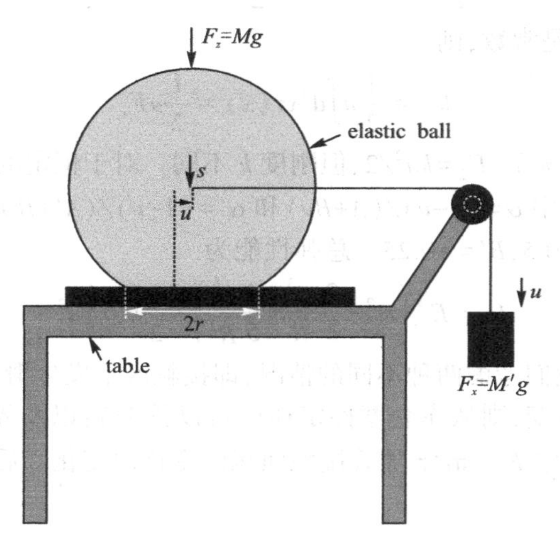

图 11.1　接触模型[11]

将一个弹性球挤压在一个平坦的刚性衬底上。作用在球上的摩擦力 F_x 的大小等于施加在球上的绳索拉力 F_x。球的质心相对于球-衬底接触区域的质心横向位移距离 u。

假设位移 s 和 u 在力 F_x 和 F_z 作用于球之前为零。我们假设能量 $U_{el}=U_1+U_2$ 是法向力和切向力在球中产生的弹性变形能之和。当 F_x 和 F_z 不变时,通过势能在接触半径 r 和垂直和水平位移 s 和 u 的变化中线性阶消失,得到球板接触的平衡构型。定义:$\delta U=U(r+\delta r,s+\delta s,u+\delta u)-U(r,s,u)$,我们得到

$$\mathrm{d}[U_{\mathrm{el}}-w_0 pr^2]-F_x\mathrm{d}u-F_z\mathrm{d}s=0 \tag{11.2}$$

因为

$$F_x\mathrm{d}u-F_z\mathrm{d}s=\delta w \tag{11.3}$$

是作用在球体上的外力场所做的功,我们可以这样写

$$\mathrm{d}[U_{\mathrm{el}}-w_0 pr^2]=\delta w \tag{11.4}$$

这个方程比式(11.2)更通用,因为当外力场不恒定时,它也有效。该方程指出,外力作用在球上所做的功等于系统内能的变化。从 JKR 理论我们知道[1,12]

$$U_1=E^*\left(rs^2-\frac{2}{3}\frac{sr^3}{R}+\frac{1}{5}\frac{r^5}{R^2}\right) \tag{11.5}$$

切向力 F_x 引起球-衬底接触区域的质心和远离接触区域的固体之间的相对位移 u。我们期望位移 u 与 F_x 成正比,因此 $ku=F_x$,其中 k 是切向接触刚度,它取决于接触半径 r

和作用在球上的切向应力分布。刚度 $k=k(r)$ 可以用弹性理论计算。切向应力分布 $\tau(x)$ 对弹性能的贡献可写成

$$U_2 = \frac{1}{2}\int \mathrm{d}^2 x \tau(x) u_x(x)$$

其中 $u_x(x)$ 是接触区域中球上的点 $x=(x,y)$ 相对于远离接触区域的横向位移。如果 $\tau(x)=\tau$ 是常数,我们得到

$$U_2 = \frac{1}{2}\tau \int \mathrm{d}^2 x u_x(x) = \frac{1}{2}\tau(\pi r^2 u) = \frac{1}{2}uF_x$$

如果 $u_x(x)=u$ 也是常数,则

$$U_2 = \frac{1}{2}u\int \mathrm{d}^2 x \tau(x) = \frac{1}{2}uF_x$$

因此,在这两种情况下,$U_2=ku^2/2$,但刚度 k 不同。对于恒定的剪切应力 $k=\alpha E^* r$,非滑动情况 $k=\alpha' E^* r$,其中 $\alpha=(1-\nu)/(A+B\nu)$ 和 $\alpha'=(1-\nu)/(A'+B'\nu)$,其中 ν 是泊松比,$A\approx 0.54$,$B\approx -0.27$,$A'=0.5$,$B'=-0.25$。总弹性能为

$$U_{\mathrm{el}} = E^*\left(rs^2 - \frac{2}{3}\frac{sr^3}{R} + \frac{1}{5}\frac{r^5}{R^2}\right) + \frac{1}{2}k(r)u^2 \tag{11.6}$$

现在计算功 δw,我们考虑两种不同的情况,即接触区不发生滑移且 F_x 不变的“经典”情况(如果法向力 F_z 不变,则从库仑摩擦定律中可以预期);以及界面处的摩擦剪应力 τ 不变的第二种情况,其中 $F_x=\pi r^2\tau$ 随着接触面积的变化而变化。后一种情况适用于滑动接触的光滑软弹固体。

11.2.1 恒定剪切力模式

我们假设在接触区域没有发生滑动,因此 $\delta u_x=\delta u$ 在接触区域各处都是相同的,切向力 F_x 是恒定的。Savkoor 和 Briggs 在一篇经典论文中讨论了这种情况[9]。我们接下来考虑外力场在 (r,s,u) 改变 $(\delta r,\delta s,\delta u)$ 时所做的功。所做的功由式(11.3)给出,由于 F_x 是常数:

$$\delta w_x = F_x \delta u = \delta(F_x u)$$

使用 $ku=F_x$,可得 $\delta w_x=\delta(ku^2)$,把此项带入公式(11.4),可得

$$\delta\left[U_1 + \frac{1}{2}ku^2 - w_0\pi r^2\right] = F_z\delta s + \delta(ku^2)$$

或

$$\delta\left[U_1 - \frac{1}{2}ku^2 - w_0\pi r^2\right] = F_z\delta s \tag{11.7}$$

使用 $u=F_x/k$,得到

$$\delta\left[U_1 - \frac{F_x^2}{2k} - w_0\pi r^2\right] = F_z\delta s \tag{11.8}$$

使用 $k=\alpha' E^* r$,我们得到

$$\delta U_1 - \left[w_0 2\pi r - \frac{F_x^2}{2\alpha' E^* r^2}\right]\delta r = F_z\delta s$$

或

$$\delta U_1 - 2\pi r\left[w_0 - \frac{F_x^2}{4\pi\alpha' E^* r^2}\right]\delta r = F_z \delta s \qquad (11.9)$$

因此,在这种情况下,切向力导致黏附力有效降低。使用公式(11.5)和公式(11.9)我们得到圆形接触区域的半径 $r=r_0$

$$r_0^3 = \frac{3R}{4E^*}\left(2F_a + F_z + 2\left[F_a F_z + F_a^2 - \frac{1}{2\alpha'}F_x^2\right]^{\frac{1}{2}}\right) \qquad (11.10)$$

其中 $F_a = 3\pi Rw/2$,这是 Savkoor 得到的经典结果[9]。当 $F_x = 0$ 时,公式(11.10)简化到标准 JKR 结果。还要注意的是,对于较小的 F_x,接触半径(和接触面积)线性依赖于 F_x^2,正如预期的那样,当 F_x 被 $-F_x$ 取代时,接触面积必须保持不变。在滑动开始之前,也通过实验观察到接触面积对 F_x^2 的线性依赖关系[6]。

11.2.2　恒定剪切应力模式

如上所述,当接触区域没有滑动发生时,剪切应力高度不均匀,在接触区域的边缘有奇点。在 Persson 等人的研究中[8],假设本章 11.2.1 中的推导也适用于接触区域中剪应力均匀的情况,但刚度 $k(r)$ 的计算假设为均匀剪应力,而不是均匀位移。然而,本章 11.2.1 中的推导相当于假设恒定剪切力 F_x 时总能量的最小化。当剪切应力恒定时,这种方法不再有效,因为剪切力 $F_x = \tau A$ 现在取决于接触面积 $A = \pi r^2$,当接触半径 r 变化时,接触面积 $A = \pi r^2$ 将变化。尽管如此,内能(弹性能+界面结合能)U_1 的变化必须等于外力作用在固体上所做的功,Menga 等人利用这一条件获得了接触面积对剪切力依赖性的正确方程[10,13]。我们注意到,这种处理假设摩擦生热可以忽略不计,且这种情况只适用于足够低的滑动速度和足够短的滑动距离。

对于恒定剪切应力模式,我们现在假设绳索连接到固定壁上(见图 11.2),并且接触区域相对于球的质心位移 $u(x)$。我们用 δr 表示接触区域的半径改变,剪切力所做的功将有两个贡献,即一个来自区域 δA(r 和 $r+\delta r$ 之间的环形段)中的剪应力,另一个来自原始区域 A:

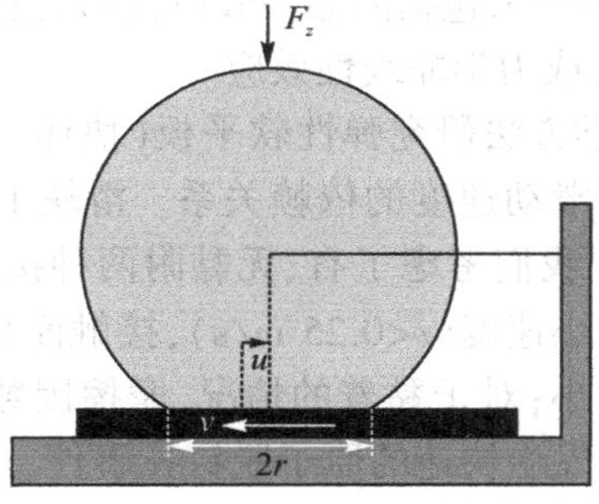

图 11.2　弹性球挤压刚性平板衬底示意图[11]

衬底相对于球以速度 v 移动,在球-板接触区域中产生作用在球底表面上的摩擦剪切应力 τ。球的质心保持固定,球-板接触区域的质心由于剪切应力而位移距离 u。

$$\delta w_x = \tau\int_{\delta A} d^2x\delta u_x(x) + \tau\int_A d^2x\delta u_x(x) \tag{11.11}$$

τ 是常数。这里 $u_x(x)$ 是表面上的点相对于远离接触区域的固体的切向位移。由于 $u_x(x)$ 在区域 δA 中的阶为 δr,因此公式(11.11)中的第一个积分的阶为 $(\delta r)^2$,可以忽略。因此,在 δr 中为线性阶

$$\delta w_x/\tau = \int_A d^2x\delta u_x(x) = \delta\int_A d^2xu_x(x) - 2\pi r dr\bar{u}_x \tag{11.12}$$

这里

$$\bar{u}_x = \frac{1}{2\pi}\int_0^{2\pi} d\varphi u_x(r\cos\varphi, r\sin\varphi) \tag{11.13}$$

使用 $k_x\bar{u}_x = F_x$ 和 $ku = F_x, k = \alpha E^* r$ 和 $k_x = \beta E^* r$,这里 α 和 β 只与泊松比有关。我们可以得到 $F_x = \pi r^2\tau, u = \pi r\tau/\alpha E^*$ 和 $u_x = \pi r\tau/\beta E^*$,把这些等式用于公式(11.11)可以得到

$$\delta w_x = \delta\left(\frac{\pi^2r^3\tau^2}{\alpha E^*}\right) - \frac{2\pi^2r^2\tau^2\delta r}{\beta E^*} = \delta\left(\frac{\pi^2r^3\tau^2}{\alpha E^*}\right) - \delta\left(\frac{2\pi^2r^3\tau^2}{3\beta E^*}\right) = \delta\left(\frac{\pi^2r^3\tau^2}{\alpha E^*}\right)\left(1-\frac{2\alpha}{3\beta}\right)$$
$$= \delta(ku^2)\left(1-\frac{2\alpha}{3\beta}\right) \tag{11.14}$$

使用 $4\alpha = 3\beta$,我们得到 $\delta w_x = \delta\left(\frac{1}{2}ku^2\right)$,使用式(11.4)和式(11.14),得到

$$\delta[U_{el} - w_0\pi r^2] = F_z\delta s + \delta\left(\frac{1}{2}ku^2\right)$$

或者

$$\delta[U_1 - w_0\pi r^2] = F_z\delta s$$

这一结果表明当剪切应力为常数时,接触面积与剪切应力无关。

11.3 弹性柱体和刚性平板之间接触问题的分子动力学模拟

上面考虑的是两个极端理想化模型,在本节中,考虑一个更加实际的模型。我们发现剪应力非常不均匀,但即使在这种情况下,对于足够小的滑动速度,接触面积也与速度无关。我们得出结论:Vorvolakos 及 Krick 等人在实验中观察到的与速度相关的接触面积[7,14]必然是本书研究的模型中未包括的额外效应,例如,黏弹性,或接触界面处的“慢”(热激活)时间相关弛豫过程,或力学非线性效应。

本节主要利用分子动力学方法研究弹性软平板(块体)在表面形貌为 $\sin(q_0x)$ 的刚性衬底上滑动时,接触力学对滑动速度的依赖关系。滑块上的原子通过伦纳德-琼斯势(L-J)与衬底原子相互作用。我们考虑了有、无黏附两种接触情况。虽然接触区域中的剪切应力相当不均匀,但对于小速度($v<0.25$ m/s),接触面积和摩擦力几乎与速度无关。对于无黏附接触,摩擦因数很小;对于黏着的情况,摩擦因数较高,能量主要通过开口裂纹尖端耗散,在滑动过程中会发生快速的原子脱钉扎事件。我们讨论了弹性非线性在接触面积随切向力增加而变化中的作用。

11.3.1 分子动力学模拟的模型和计算参数

在这里,我们对弹性板(厚度为 d)与圆柱形刚性衬底平面之间接触进行了多尺度研

究[15]。计算中考虑了有无黏附两种接触情况。在分子动力学模拟中，只能计算线性尺寸为 10~100 nm 的小系统。对于没有黏附和固定接触的情况，这不是主要的限制，因为在弹性连续介质力学中没有固有的横向长度尺度，弹性变形场的尺度为 LP/E，其中 L 是系统的线性尺寸，而 P/E 是问题中唯一维数较少的量。这里 E 是杨氏模量，$P=F_z/L^2$，其中 F_z 是将固体挤压在一起的力。因此，多尺度模拟的结果可以重新缩放，以符合任何大小的系统。然而，我们注意到，在分子动力学模拟中，作用于固体界面之间的摩擦定律取决于原子之间的相互作用势，但是在宏观系统的数值处理中出现了类似的问题。

对于黏着接触，系统尺寸对接触力学有至关重要的影响。原因在于黏着接触存在一个固有的尺寸长度量，即 γ/E，其中 γ 是界面结合能（或黏着的绝热功 $w_0=\gamma$）。对于橡胶这样的软弹性固体，通常 $E\approx 1$ MPa，$\gamma\approx 0.1$ J/m^2，给出 $\gamma/E\approx 100$ nm。如果两个固体之间的接触区域是线性尺寸为 D 的类圆形，则表面能以 $U_{ad}\sim D^2\gamma$ 缩放，弹性变形能以 $U_{el}\sim ED^3$ 缩放。比率 $U_{ad}/U_{el}\sim\gamma/ED$ 随着系统尺寸的增大而减小。因此，黏附力在微观（比如纳米）长度尺度上比在宏观长度尺度上表现得更强。因此，为了使用分子动力学计算近似描述宏观系统的接触力学，需要在分子动力学模拟中使用比宏观系统更小的界面结合能或更大的弹性模量。在下面的接触力学研究中，块体的弹性模量仅为 10 MPa（典型的橡胶材料），我们使用非常小的黏附功 $w_0=0.0027$ J/m^2，以便在固体之间进行部分接触，而不是完全接触，例如 $w_0=0.1$ J/m^2。

我们考虑弹性板和具有圆柱轮廓的刚性基底之间的接触（见图 11.3），$z=h_0\sin(q_0x)$，这里 $q_0=\pi/L_x$，$0<x<L_x$。我们假设 xy 平面满足周期性边界条件，原胞的尺寸为 $L_x=254$ Å 和 $L_y=14$ Å。为了使接触力学不依赖于块体厚度，必须选择滑块的厚度大于滑块-衬底接触区域直径。在本研究中，除非另有说明，滑块的厚度为 $d\approx 276$ Å。

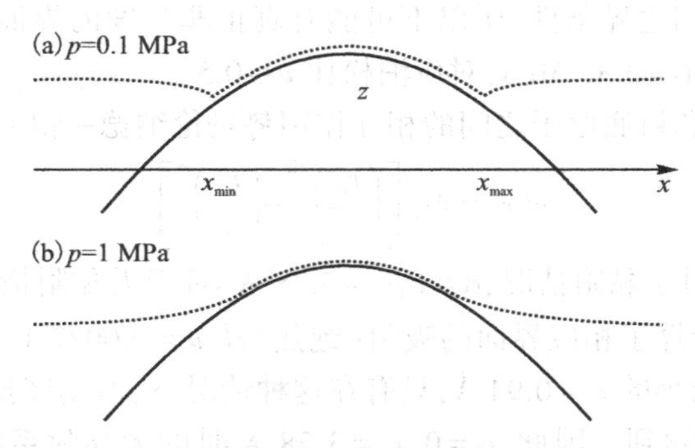

图 11.3　在 $T=0$ K 时，弹性板（块）和刚性柱体之间的接触面积[11]

我们在 xy 平面上使用周期边界条件 $L_x=254$ Å 和 $L_y=14$ Å，块厚度 $L_z\approx 276$ Å。衬底是正弦函数形式的刚性柱体，高度坐标 $z=h_0\sin(q_0x)$。(a) 黏附吸附结构在压强 $p=F_z/L_xL_y=0.1$ MPa 时的名义接触面积，(b) 无黏附吸附结构在 $p=1$ MPa 时的名义接触面积。

使用先前 Yang 等人提出的智能滑块来描述该滑动系统[16]。在大多数计算中，我们在界面处使用 13 层原子。在此之上，我们使用了一个粗糙边界描述，每一步（总共 7 步）中，我们将 x 和 z 方向上的晶格间距加倍（但在 y 方向上保持不变），并且在每一步中将有效原子质量增加 4 倍，因此质量密度不变。有效原子之间的弹簧具有可选择的伸长和弯曲刚度，以再现计算输入的杨氏模量和剪切模量。在大多数模拟中，块体的总厚度为 $d \approx 276$ Å。同时，我们也做了一些测试计算，增加了与第一层晶格间距相同的原子层数。因此，在计算中使用 13+7=20 层结构，我们也使用了 23+7=30 层和 33+7=40 层的模型进行比较。

我们注意到，对于静态接触，智能块描述出了与精确计算基本相同的结果，其中晶格常数处处与表面相同。然而，在滑动期间，晶格振动（声子）从接触区域发出，并且对于没有内部阻尼的有限系统，块体将会变热，并且在足够长的滑动距离之后，热扰动将会影响接触力学和摩擦力。现在，短波长声子不能传播到智能块深处，但当声子波长变得与有效智能块晶格间距相似时，就会被反射。为此，在滑动界面处精确处理相对较厚的原子层是很重要的，即在该层中使用真实的晶格间距。该层越厚，由发射声子引起的热扰动对接触力学的影响就越小。

在本计算中，我们将朗之万型阻尼力（与原子相对速度成比例）应用在滑块滑动之前的初始接触（无滑动）方程中。在获得初始接触结构（在零温度下）后，我们去掉阻尼项，考虑到滑动距离如此之短，摩擦生热可以忽略不计。

11.3.2 柱/板之间的吸附与摩擦

图 11.3 显示了开始滑动之前温度 $T=0$ K 时弹性板（块）和刚性衬底之间的接触。这里只显示了界面处块体的第一层原子和衬底的第一层原子。对于衬底和滑块，x 方向上的原子数 N_x 分别为 128 个和 206 个，y 方向的原子数 N_y 分别为 11 个和 7 个。衬底和滑块的晶格常数分别为：$a_s = L_x/N_x \approx 1.233$ 和 $a_b \approx 1.984$ Å。滑块和衬底的晶格常数之比为 $a_{b/}a_s = 216/128 \approx 1.609$，接近于黄金分割数 $(1+\sqrt{5}) \approx 1.618$，即界面几乎非公度。（注意：由于我们使用的是周期边界条件，所以不可能有真正非公度的界面）弹性板的杨氏模量 $E=10$ MPa，剪切模量 $G=3.33$ MPa，对应泊松比 $\nu \approx 0.5$。

界面处滑块原子和衬底原子之间的相互作用势是伦纳德-琼斯型（L-J）势：

$$v(r) = 4v_0\left[\left(\frac{r_0}{r}\right)^{12} - \left(\frac{r_0}{r}\right)^{6}\right]$$

其中 $v_0 = 0.04$ meV。对于黏附情况，$\alpha=1$，$r_0=3.28$ Å；对于无黏附情况，$\alpha=0$，$r_0=0.94$ Å，利用这些参数，我们计算了相应界面的吸附（绝热）功 $w=0.0027$ J/m^2。对于没有黏附的情况，我们使用了相当小的 $r_0=0.94$ Å，只有在这种情况下，滑动摩擦力才足够大，可以在分子动力学模拟中观测到。因此，$\alpha=0$，$r_0=3.28$ Å 时的无黏附系统会出现摩擦消失的“超润滑”滑动状态。

在图 11.3 中，我们给出了挤压固体接触（无滑动）后的接触图像，其中（a）有黏着时名义接触压力 $p=0.1$ MPa 和（b）无黏着力时 $p=1$ MPa 时的吸附结构。我们将 $x_{max}>0$ 和 $x_{min}<0$ 分别定义为接触区域前缘和后缘的位置，定义为 x 坐标，其中界面分离等于 $x=0$ 时表面分离的 1.2 倍。对于黏着的情况，在滑动期间，我们可以将 x_{max} 和 x_{min} 分别定义为打开和关闭裂纹的位置。

图 11.4 给出了 13+7=20 层，23+7=30 层，33+7=40 层的弹性板的摩擦因数作为位移距离 vt 的函数（$v=0.1$ m/s）。摩擦力在非常短的滑动距离间隔（0.015 nm）内平均，这

是$\mu=F_x(t)/F_z$波动较大的原因。请注意，在所有三种情况下，静摩擦因数或滑动摩擦因数都约为 0.8。如关系式 $F_x=Gu/d$ 所预测，其中 F_x是剪切力，u/d 是剪切应变，摩擦因数与距离的斜率随着块体厚度的增加而略微减小。μ-距离曲线中加载期间观察到的阶梯状变化反映了界面处的原子滑移过程，其中整个接触区域轻微移动，使得接触区域变得不对称($x_{max}>|x_{min}|$)。还要注意，在宏观滑动开始之前，μ-距离曲线表现出非常小的噪声，而在滑动过程中，噪声要大得多，并且随着滑动距离的增加而增加。这是由于从滑动接触处发射的弹性波(声子)在滑块的某处被反射；这些声子扰乱了接触区域中表面原子的运动，并在滑动摩擦力中产生强烈的波动。通过在滑块厚度上增加 10 个和 20 个原子层，摩擦力中的噪声随着板厚度的增加而降低；这是由于随着块体厚度的增加，声子的数密度降低所致。

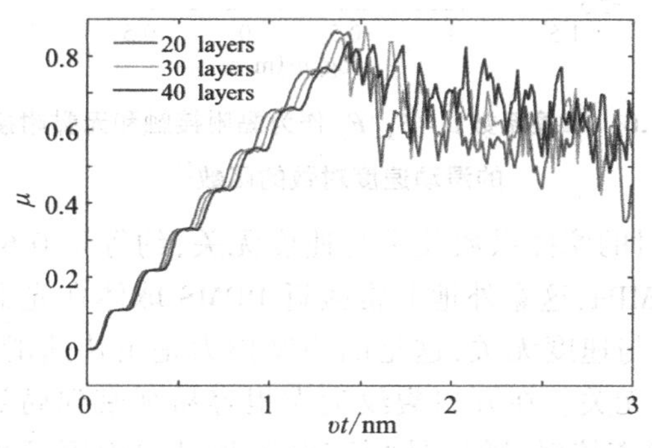

图 11.4　13+7=20，23+7=30，33+7=40 层弹性板的摩擦因数与位移距离的关系[11]

图 11.5 显示了在温度(a)$T=0$ K 和(b)$T=20$ K 下的黏附接触吸附结构。接触在较高的温度下分离，因为温度增加将导致无序度(熵)的增加和系统自由能 $F=U-T-s$ 的降低。因为界面结合能 γ 较低，热分离在 $T=20$ K 时已经发生。这与实验得到的热解结合[17]或由不同结合位点之间振动熵的差异驱动的吸附层中的结构相变非常相似。

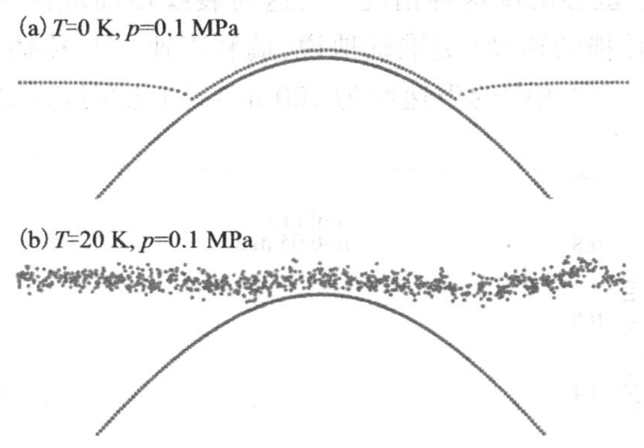

图 11.5　名义接触压强 $p=0.1$ MPa 时的黏附接触[11]

在温度(a)$T=0$ K 和(b)$T=20$ K 时的吸附情况。接触在较高的温度下分离，这由熵增加和系统自由能 $F=U-T-s$ 降低所致。

图 11.6 显示了有黏附力接触和没有黏附力接触的情况下，滑动摩擦系数$\mu=F_x(t)/F_z$作为滑动速度对数的函数。摩擦因数是在给定的滑动速度下滑动 3 nm 后获得的。在最

低滑动速度下,摩擦因数是通过对 0.15 nm 滑动距离上的摩擦力平均获得的。对于黏附接触,作用于块体上表面的名义接触压强为 $p=0.1$ MPa,对于非黏附接触,$p=1$ MPa。

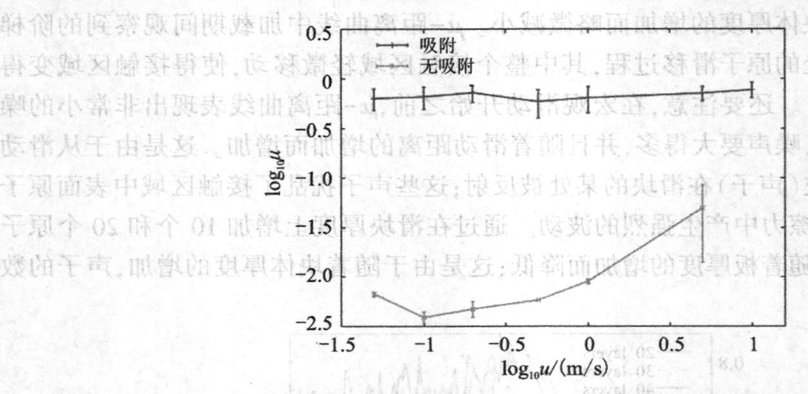

图 11.6　摩擦系数 $\mu=F_x/F_z$ 作为黏附接触和无黏附接触的滑动速度对数的函数[11]

请注意,考虑黏附时的摩擦系数几乎与速度无关,约等于 0.6,对应于平均摩擦剪切应力 $\tau\approx\mu pA_0/A\approx0.15$ MPa,这意外地非常接近 PDMS 球体在光滑玻璃表面上滑动时的剪切应力。摩擦力几乎与速度无关,这是因为摩擦力是由快速滑动事件引起的,其中局部滑动速度与滑动速度无关。在开口裂纹尖端很容易观察到局部滑移事件,在该处,原子快速地跳跃(断裂)脱离接触,随后是"长"时间地被界面原子相互作用钉扎在裂纹尖端。在快速脱离接触期间过程中,弹性波(声子)从开口裂纹尖端发射,这是黏附情况下摩擦力的主要来源[18,19]。这种效应与晶格俘获、速度间隙和固体中裂纹扩展模型研究中观察到的滞后效应密切相关[20-23]。

对于无黏着力的情况,滑动速度超过约 1 m/s 时,摩擦系数会增加。对于滑动速度 $v>$ 10 m/s 时的黏着情况,也会出现这种情况[24],这与裂纹传播理论一致。因此,当裂纹尖端接近固体中弹性波传播的速度(更准确地说,瑞利声速)时,传播开口裂纹所需的能量发散。在目前的情况下,滑块中的声速约为 100 m/s,因此在接近这个速度时,我们预计摩擦力会急剧增加。

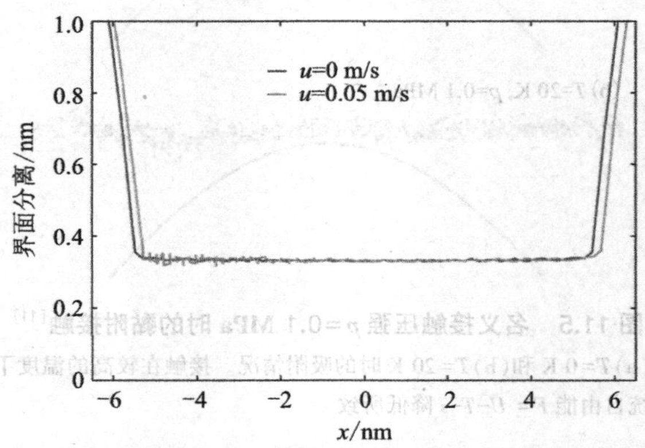

图 11.7　静止接触和滑动接触,黏附系统界面分离随横向坐标 x 的变化关系[11]

在裂纹开口处的裂纹扩展能量大于绝热值，而裂纹闭合处的裂纹扩展能量小于绝热值。这导致不对称接触，其中 $x_{max}>|x_{min}|$。这种不对称性很容易在黏附系统界面分离随横向坐标 x 的变化函数图像中观察到，其中 $x=0$ 位于衬底圆柱体的顶部。图 11.7 示出了作为静态接触($v=0$)(红色曲线)和滑动接触[$u=0.05$ m/s(绿色)]的横向坐标 x 的函数的界面分离(包括黏附)。注意，对于滑动接触，接触变得稍微不对称(如图 11.9 所示)。

在没有黏附的情况下，我们观察到在所研究的速度区间内接触的不对称可以忽略，如图 11.8 所示，图 11.8 显示出了没有黏附时，静态接触($v=0$)和滑动接触($v=0.05$ m/s)条件下，界面距离随横向坐标 x 的变化函数。在这种低滑动速度下，摩擦力非常小，$\mu=F_x/F_z\approx0.01$，并且在噪声水平内接触是对称的。在非常高的滑动速度 $u>10$ m/s 时，摩擦因数 $\mu=F_x/F_z>0.1$，并且接触是不对称的，即与黏附的情况相反。

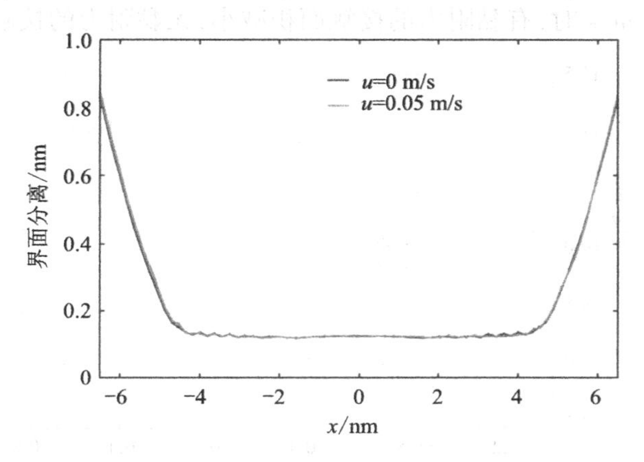

图 11.8　没有黏附时，静态接触和滑动接触条件下，界面距离随横向坐标 x 的变化函数

在这种低滑动速度下，摩擦力非常小 $\mu=F_x/F_z\approx0.01$，并且在噪声水平内接触是对称的。

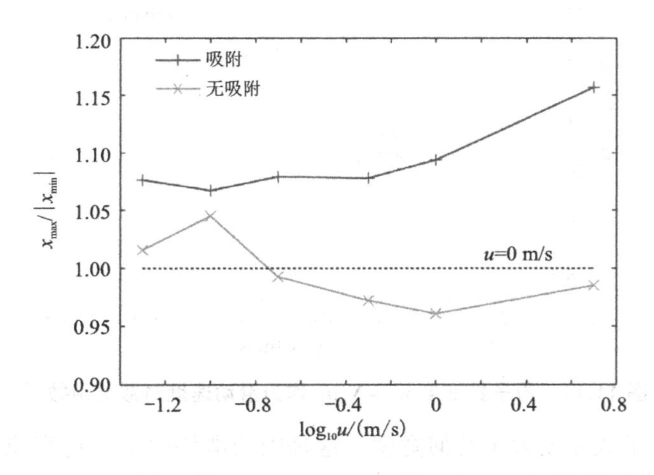

图 11.9　接触不对称因子 $x_{max}/|x_{min}|$ 作为滑动速度对数的函数[11]

图 11.9 显示了接触面积不对称因子 $x_{max}/|x_{min}|$ 作为滑动速度对数的函数关系(具有和不具有黏附作用)。我们选择了衬底顶部 $x=0$,$x_{max}>0$ 和 $x_{min}<0$ 分别是接触区域的前缘和后缘的位置,定义为 x 坐标。如果接触距离等于或者大于 $x=0$ 时表面距离的 1.2 倍时定义为界面分离。对于黏附的情况,我们可以将 x 最大值和 x 最小值分别解释为打开和关闭裂纹边缘的位置。

我们现在研究接触面积对滑动速度的依赖性。接触面积有两种定义方法。图 11.10 显示了几何宽度(投影接触宽度)$w_x=x_{max}-x_{min}$ 作为滑动速度对数的函数关系,而图 11.11 给出了原子数宽度 $w_n=N_b a_b$ 作为滑动速度对数的函数关系。这里 N_b 是与衬底接触的滑块原子的数量(沿 x 轴的一行),其中当表面间距小于 $x=0$ 的表面间距的 1.2 倍时,原子被定义为与衬底接触。请注意,在低滑动速度下滑动时的接触面积几乎与 $v=0$ 时相同。在滑动速度 $v>0.25$ m/s 时,有黏附力的接触面积减小,无黏附力的接触面积增大。

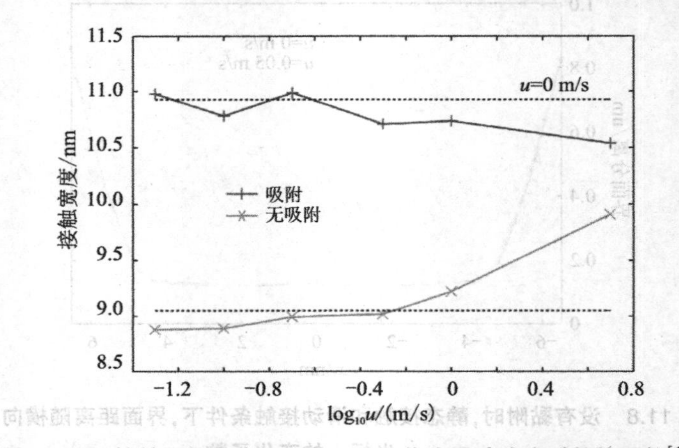

图 11.10 接触几何宽度 $w_x=x_{max}-x_{min}$ 作为滑动速度对数的函数[11]

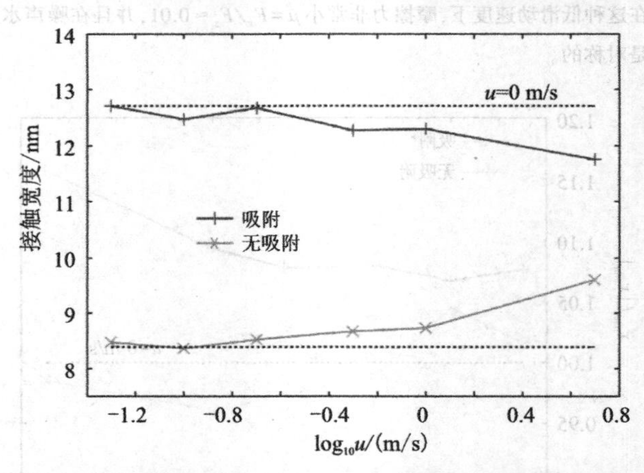

图 11.11 原子数宽度 $w_n=N_b a_b$ 作为滑动速度对数的函数[11]

注意,接触原子数宽度大于几何宽度。这是因为滑块原子和衬底原子之间的结合能倾向于在接触区域积累原子,虽然这需要一些额外的弹性能量,但会被增加的结合能所补偿。

滑动摩擦力是切向应力 $\tau=\sigma_{xz}$ 在 $x=0$ 到 $x=L_x$ 的表面面积上积分。在图 11.12 中，我们显示了作用于块体的(a)垂直应力 $\tau=\sigma_{zz}$ 和(b)切向应力 $\tau=\sigma_{xz}$ 作为空间坐标 x 的函数，名义接触压力 $p=0.1$ MPa，滑动速度 $v=0$。所示数值是沿 x 轴 0.2 nm 区域的平均值。请注意，应力 $\sigma(x)$ 类似于 JKR 理论，但由于上述晶格钉扎效应，开口裂纹处的应力大于闭合裂纹处的应力。

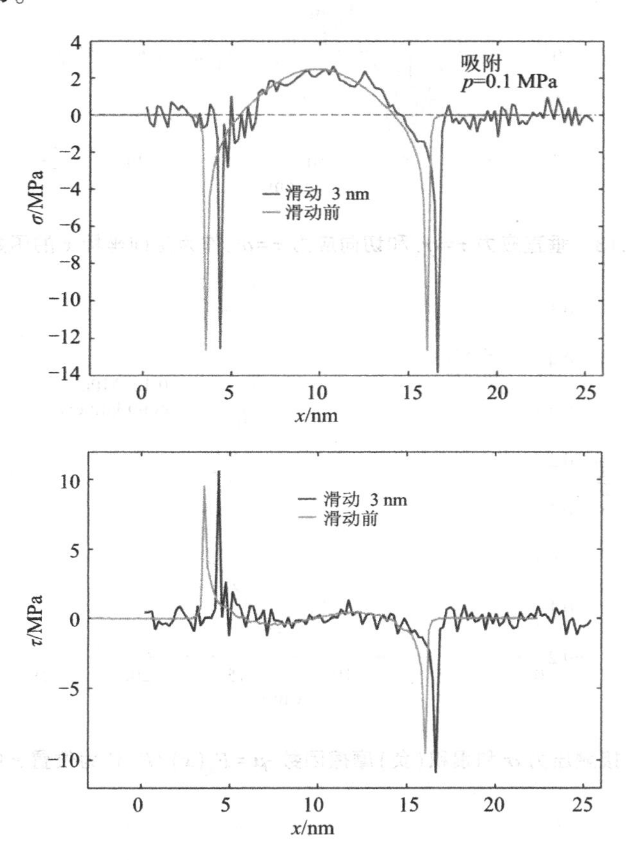

图 11.12　作用于块体的垂直应力 $\tau=\sigma_{zz}$ 和切向应力 $\tau=\sigma_{xz}$ 作为空间坐标 x 的函数关系[11]

对于没有黏附的接触，我们在图 11.13 中显示了作用于块体的(a)垂直应力 $\tau=\sigma_{zz}$ 和(b)切向应力 $\tau=\sigma_{xz}$ 作为空间坐标 x 的函数，名义接触压力 $p=0.1$ MPa，滑动速度 $v=0$。请注意，垂直应力 $\sigma(x)$ 类似赫兹型接触，切向应力高度不均匀。

图 11.14 显示了接触压力 σ(以 MPa 为单位，按因子 0.1 缩放)和累积(负)摩擦系数 $-\mu=F_x(x)/F_z$ 作为位置 x 的函数。这里 $F_x(x_1)$ 是衬底作用在滑块上的力，仅包括区域 $0<x<x_1$ 中的切向应力。该结果没有考虑黏附，挤压固体接触后也没有横向滑动。图 11.15 显示了在 6 nm 横向滑动后没有黏附的类似结果。

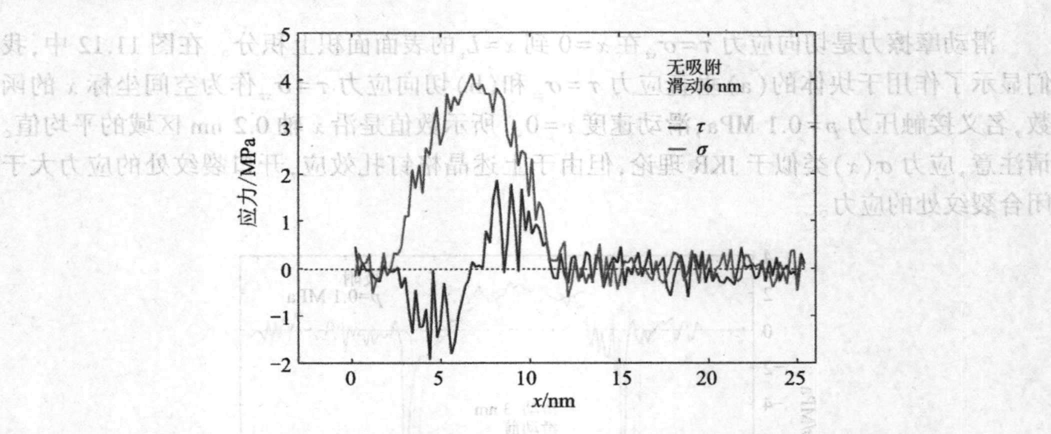

图 11.13　垂直应力 $\tau=\sigma_{zz}$ 和切向应力 $\tau=\sigma_{xz}$ 作为空间坐标 x 的函数[11]

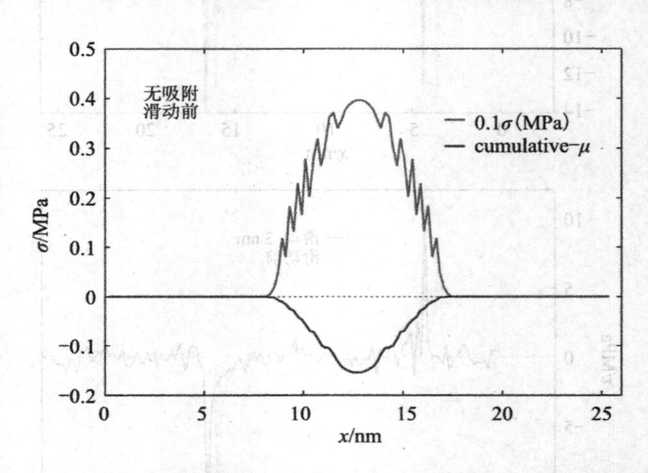

图 11.14　接触压力 σ 和累积(负)摩擦因数 $-\mu=F_x(x)/F_z$ 作为位置 x 的函数[11]

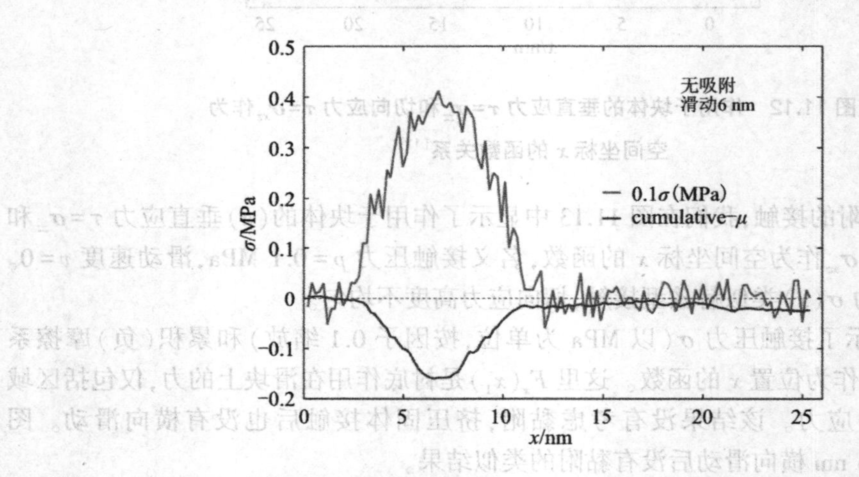

图 11.15　接触压力 σ 和累积(负)摩擦因数 $-\mu=F_x(x)/F_z$ 作为位置 x 的函数[11]

图 11.16 和图 11.17 分别给出了在挤压固体接触但没有横向滑动之前以及在 3 nm 横向滑动之后的考虑黏附情况的结果。注意，只有靠近开口裂纹尖端，累积 $\mu = F_x(x)/F_z$ 才变为负值，即摩擦剪切力完全是在靠近开口裂纹尖端处产生的。

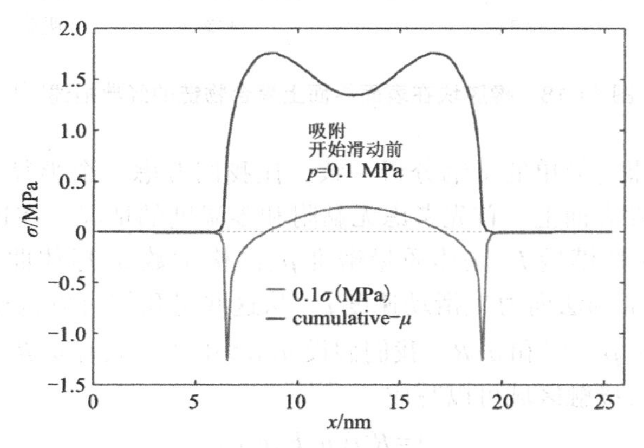

图 11.16　接触压力 σ 和累积(负)摩擦系数 $-\mu = F_x(x)/F_z$ 作为位置 x 的函数[11]

图中所示的是在挤压固体接触后有黏附，但没有横向滑动的结果。

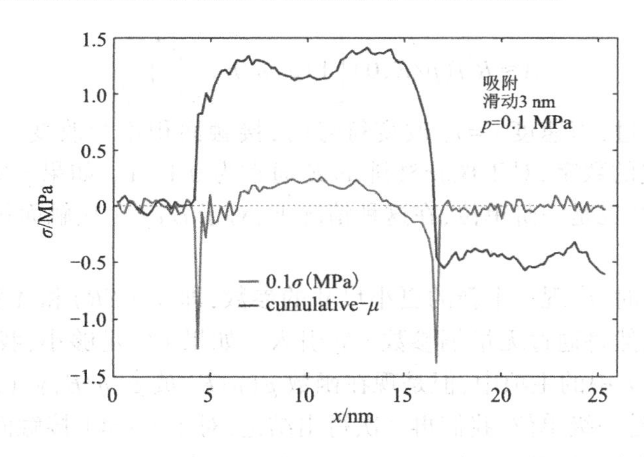

图 11.17　接触压力 σ 和累积(负)摩擦系数 $-\mu = F_x(x)/F_z$ 作为位置 x 的函数[11]

11.3.3　弹性球(或圆柱体)和刚性平板之间接触摩擦问题的讨论

上述研究的最重要结果是，尽管接触区的剪应力相当不均匀，但对于小速度(v<0.25 m/s)，接触面积和摩擦力几乎与速度无关。对于没有黏附的情况，摩擦力非常小，因为剪应力为负的表面区域对摩擦力的贡献几乎完全被剪应力为正的区域的贡献所补偿。对于黏附的情况，摩擦力较高，主要是由于开口处的裂纹尖端耗散能量，在滑动过程中会发生快速的晶格断裂事件。这种“边缘主导摩擦”与宏观橡胶球在衬底上滑动时预期的摩擦过程非常不同。在后一种情况下，人们期望一种“接触面积主导的摩擦”，其中接触区域内的剪切应力是均匀的。在这种情况下，摩擦力来自接触区域内各处纳米尺寸区域的黏滑型运动[25,26]，如图 11.18 所示。

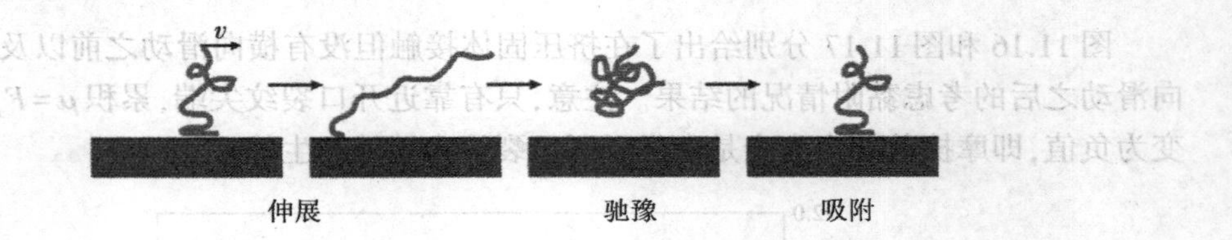

图 11.18　橡胶块在表面界面上聚合物链的经典描述[11]

上面给出的结果与简单的量纲分析一致。让我们考虑一个半径为 R 的弹性球体挤压在一个平坦的刚性表面上。首先考虑无黏附和零温度的情况。在这种情况下，问题中只有以下几个量：弹性模量 E、块体质量密度 ρ、晶格常数 a、球体曲率半径 R、压强 $p=F_z/R^2$（其中 F_z 为施加的法向力）、滑动速度 v。从这些量我们可以构造出以下无量纲量：p/E、v/c［其中 $c=(E/\rho)^{1/2}$］和 a/R。我们假设 $a/R \gg 1$ 所以只有 $a/R \to 0$ 的情况让我们感兴趣，a/R 忽略之后，接触区域可以写成

$$A=R^2 f(p/E, v/c)$$

摩擦系数也只是 p/E、v/c 的函数。对于足够小的 v/c，我们可以将接触面积 A 扩展得到

$$A \approx R^2 f(p/E, 0)\left[1+g(p/E)\left(\frac{v}{c}\right)^2\right]$$

我们曾经讨论过，当速度 $v=v_x$ 改变符号时，接触面积不会改变。对于给定的法向力，p/E 是一个固定的数字，对于橡胶材料，p/E 通常为 0.1～1。如果 p/E 是一阶单位，我们期望函数 $g(p/E)$ 也是一阶单位，在这种情况下，对于 $v/c \ll 1$ 接触面积对滑动速度的依赖性可以忽略不计。

当包含黏附力时，出现一个新的更小尺寸的参数，即 $\gamma/(ER)$ 和 A 将取决于这个量，但是速度相关性仍然将通过无量纲参数 v/c 引入。如果 v/c 足够小，我们仍然可以将接触面积 A 扩展到 v/c 中的主项中，但是现在函数 $g(p/E)$ 被 $g[p/E, \gamma/(ER)]$ 代替。如果 p/E 和 $\gamma/(ER)$ 都是一级单位，我们再一次得出结论，对于 $v/c \ll 1$ 接触面积对滑动速度的依赖性可以忽略不计。但是，如果 $\gamma/(ER) \ll 1$ 那么只有当 $g[p/E, \gamma/(ER)](v/c)^2 \ll 1$，$v/c$ 中主导项的扩展才成立。但是如果 $v/c \ll 1$，p/E 对于接触面积不是很重要。所以在典型情况下我们得出结论，如果 p/E 是一阶单位，且 $v/c \ll 1$，当发生黏附时，接触面积对滑动速度的依赖性可以忽略不计。

在非零温度下，接触面积的表达式中多了一个无量纲参数，即 $k_B T/ER^3$。对于宏观系统，这个量非常小。因此，如果 $E \approx 10$ MPa，$R=1$ cm，我们在室温下得到 $k_B T/ER^3 \approx 10^{-21}$。在这种情况下，不再可能假设 $a/R=0$，但我们需要在分析中包括晶格常数 a。参数 $[k_B T/(ER^3)][(R/a)^3]=k_B T/(Ea^3)$ 是一阶单位，例如，使用 $E=10$ MPa 和 $a=1$ nm，在室温下给出 $k_B T/(Ea^3) \approx 0.4$。因此，如果 p/E 和 $\gamma/(ER)$ 是一阶单位，且 $v/c \ll 1$，我们期望存在一个与速度无关的接触面积，即使温度不为零。然而，请注意，当包括热效应时，当横向驱动力较小时，将发生缓慢蠕变运动，摩擦力将随着滑动速度以 $v \to 0$ 线性消失。

上面介绍的吸附力和温度参数可能不是物理上最相关的参数。因此，当包括黏附力

时，我们认为热效应对于断裂裂纹尖端的键是重要的，因此更具物理的尺寸更小的温度参数是 $[k_BT/(Ea^3)][(\gamma/ER)]^{-1}=k_BTR/(\gamma a^3)$。类似地，根据 JKR 理论，我们期望接触面积取决于参数 $[\gamma/(ER)](E/p)=\gamma/pR$。

如果上述问题中出现一些新的能量耗散或弛豫过程，上述情况将完全改变。例如，对于类似橡胶的材料，广泛存在的链的弛豫时间将引入问题中。在最简单的情况下（但对于橡胶材料来说不现实），如 Maxwell 和 Kelvin-Voigt 流变模型中那样，引入单个弛豫时间 t^*。在这种情况下，除了上面提到的维数较少的量之外，还形成一个新的"速度" $v^*=a/t^*$。因为 v^* 可能比声速 c 小得多，所以在低滑动速度下，μ 和 A 对滑动速度的依赖性可能已经出现。

我们注意到橡胶聚合物链段与衬底的结合相互作用可能引入另一个弛豫时间。因此，橡胶表面的聚合物链段需要一些时间 t' 以适应波纹状衬底的势能，在每次局部滑动后尽可能牢固地黏合到衬底上。这就定义了速度 $v'=b/t'$，其中 b 是原子距离，例如衬底晶格常数或聚合物链段的长度。以滑动速度 $v'=v$ 的速度滑动，黏附力对摩擦力的贡献最大。橡胶摩擦研究表明，通常 $v'=0.001\sim0.1$ m/s。因此 $v'=0.001\sim0.1$ m/s 适用于在不同表面上滑动的苯乙烯-丁二烯化合物（可能被橡胶化合物本身的分子污染）[27]，以及 $v'=0.001\sim0.1$ m/s 也在 PDMS 在钝化玻璃表面上滑动时观察到[7]。稍微大一点的速度 v' 可能是由 PDMS 分子的惰性和实验中使用的钝化玻璃表面造成的。

我们相信与衬底势场中链重排相关的弛豫过程可能是在惰性表面（甲基功能自组装单层和聚苯乙烯）上滑动 PDMS 球时观察到的接触面积的速度依赖性的来源[7]。然而，一个相反的论点是，（纳米大小的）橡胶片从吸附的公度状态到非公度状态构型的转变，在下一次附着之前很容易滑动，可能只涉及局部表面距离的少量增加。由于表面距离仅略微增加，在非公度状态下，橡胶-衬底结合能仅略微降低（但滑动的横向势垒强烈降低）[25]。然而，在分离状态下，热扰动可能导致熵斥力，如图 11.5 所示，这可能导致比预期更大的平均表面距离，并且在分离状态下黏附能量可以忽略不计。事实上，就在分离之前存储在细长接触区域中的弹性能量可以转换成橡胶的局部加热，这可能有利于分离熵排斥状态。当局部温度由于热扩散而降低时，排斥熵效应消失，橡胶片恢复到钉扎的、公度的状态。这可以解释 Vorvolakos 实验上观察到的随着滑动速度的增加接触面积减少的现象[7]。

在最近一项有趣的研究中，Lengiewicz 等人发现，对于与玻璃表面接触的 PDMS 橡胶球，接触面积的减少可以用基于非线性的弹性理论解释，而无须黏附[28]。他们发现，使用新胡克超弹性模型，在没有可调参数的情况下，与 Sahli 等人最近关于球面-平面弹性体接触的实验结果定量一致[6,29]。

在本章中我们使用分子动力学方法研究了具有平坦表面的弹性板和刚性圆柱衬底之间的接触。我们考虑了有无黏附两种情况。最重要的结论如下：

(1) 对于低滑动速度，接触宽度几乎与速度无关，而对于高滑动速度，当包括黏附力时，接触宽度减小，而没有黏附力时，接触宽度增大。

(2) 当包括黏附时，接触是非对称的，开口裂纹侧比闭合裂纹侧延伸得更远。我们将此归因于晶格钉扎：在开口裂纹侧，裂纹尖端执行黏滑运动，其中原子在快速事件中脱离接触,随后是裂纹尖端被钉扎的时间段。在快速滑移事件中,弹性波(声子)从裂纹尖端发出,导致裂纹扩展能量大于绝热值。

(3)我们研究的模型没有包括在橡胶(例如PDMS)材料中发现的任何固有弛豫过程,并且在固体中或在滑动界面处,在滑动所涉及的时间尺度 τ 上不存在弛豫过程。这样,$\tau \sim d/v$,其中 d 是原子距离,$v/c \ll 1$(其中 c 是最低声速),我们预计摩擦力几乎与速度无关。

参考文献

[1] DAVIES D K. Surface energy and the contact of elastic solids[J]. Proceedings of the Royal Society A, 1971, 324: 301-313.

[2] DOROGIN L, TIWARI A, ROTELLA C, et al. Role of preload in adhesion of rough surfaces[J]. Physical Review Letters, 2017, 118: 238001.

[3] DOROGIN L, TIWARI A, ROTELLA C, et al. Adhesion between rubber and glass in dry and lubricated condition[J]. Journal of Chemical Physics, 2018, 148: 234702.

[4] TIWARI A, DOROGIN L, BENNETT A I, et al. The effect of surface roughness and viscoelasticity on rubber adhesion[J]. Soft Matter, 2017, 13(19): 3602-3621.

[5] CHATEAUMINOIS A, FRETIGNY C. Local friction at a sliding interface between an elastomer and a rigid spherical probe[J]. European Physical Journal E, 2008, 27(2): 221-227.

[6] SAHLI R, PALLARES G, DUCOTTET C, et al. Evolution of real contact area under shear and the value of static friction of soft materials[J]. Proceedings of the National Academy of Sciences, 2018, 115(3): 471-476.

[7] VORVOLAKOS K, CHAUDHURY M K. The effects of molecular weight and temperature on the kinetic friction of silicone rubbers[J]. Langmuir, 2003, 19(17): 6778-6787.

[8] PERSSON B N J, SIVEBAEK I M, SAMOILOV V N, et al. On the origin of Amonton's friction law[J]. Journal of Physics: Condensed Matter, 2008, 20(39): 395006.

[9] SAVKOOR A R, BRIGGS G A D. Effect of tangential force on the contact of elastic solids in adhesion.[J]. Proc R Soc London Ser A, 1977, 356: 103-114.

[10] MENGA N, CARBONE G, DINI D. Do uniform tangential interfacial stresses enhance adhesion? [J]. Journal of the Mechanics and Physics of Solids, 2018, 112: 145-156.

[11] WANG J, TIWARI A, SIVEBAEK I M, et al. Sphere and cylinder contact mechanics during slip[J]. Journal of the Mechanics and Physics of Solids, 2020, 143: 104094.

[12] PERSSON B N J, TOSATTI E. The effect of surface roughness on the adhesion of elastic solids[J]. Journal of Chemical Physics, 2001, 115(12): 5597-5610.

[13] MCMEEKING R M, CIAVARELLA M, CRICRÌ G, et al. The interaction of frictional slip and adhesion for a stiff sphere on a compliant substrate[J]. Journal of Applied Mechanics, 2020, 87: 031016.

[14] KRICK B A, VAIL J R, PERSSON B N J, et al. Optical in situ micro tribometer for a-

nalysis of real contact area for contact mechanics, adhesion, and sliding experiments [J]. Tribology Letters, 2012, 45: 185-194.

[15] DE BEER S, KENMOÉ G D, MÜSER M H. On the friction and adhesion hysteresis between polymer brushes attached to curved surfaces: Rate and solvation effects[J]. Friction, 2015, 3(2): 148-160.

[16] YANG C, TARTAGLINO U, PERSSON B N J. A multiscale molecular dynamics approach to contact mechanics. [J]. The European Physical Journal E, 2006, 19: 47-58.

[17] VOGEL M, MÜNSTER C, FENZL W, et al. Thermal unbinding of highly oriented phospholipid membranes[J]. Physical Review Letters, 2000, 84(2): 390-393.

[18] HU R, KRYLOV S Y, FRENKEN J W M. On the origin of frictional energy dissipation [J]. Tribology Letters, 2020, 68: 8.

[19] PERSSON B N J. Comment on "On the origin of frictional energy dissipation"[J]. Tribology Letters, 2020, 68(1): 28.

[20] AQUINOSTRAAT T Van. Molecular dynamics of cracks[J]. Computing in Science & Engineering, 1999, 1: 48-55.

[21] PERSSON B N J. Fracture of polymers[J]. Journal of Chemical Physics, 1999, 110 (19): 9713-9724.

[22] PERSSON B N J. On the role of inertia and temperature in continuum and atomistic models of brittle fracture[J]. Journal of Physics Condensed Matter, 1998, 10(47): 10529-10538.

[23] PERSSON B N J. Sliding friction[J]. Surface Science Reports, 1999, 33(3):85-119.

[24] WANG J, TIWARI A, SIVEBAEK I M, et al. Role of lattice trapping for sliding friction [J]. Europhysics Letters, 2020, 131(2): 24006.

[25] PERSSON B N J, VOLOKITIN A I. Rubber friction on smooth surfaces[J]. The European Physical Journal. E, 2006, 21(1): 69-80.

[26] SCARAGGI M, PERSSON B N J. Theory of viscoelastic lubrication[J]. Tribology International, 2014, 72: 118-130.

[27] TIWARI A, MIYASHITA N, ESPALLARGAS N, et al. Rubber friction: The contribution from the area of real contact[J]. Journal of Chemical Physics, 2018, 148:22.

[28] LENGIEWICZ J, DE SOUZA M, LAHMAR M A, et al. Finite deformations govern the anisotropic shear-induced area reduction of soft elastic contacts[J]. Journal of the Mechanics and Physics of Solids, 2020, 143: 104056.

[29] SAHLI R, PALLARES G, PAPANGELO A, et al. Shear-induced anisotropy in rough elastomer contact[J]. Physical Review Letters, 2019, 122(21): 214301.

第 12 章　柱/板界面摩擦机制的分子动力学模拟

作用在滑块与衬底之间的摩擦力通常几乎与速度无关,除非滑动速度低到热激活非常重要,或高到摩擦生热变得非常重要。滑动界面处发生的局部滑移速度与宏观驱动速度无关的的快速过程是产生与速度无关摩擦力的必要条件。因此,摩擦学的一个重要课题便是理解产生滑动摩擦力的快速过程的起源和性质。我们采用分子动力学方法研究了柱板模型中的接触与摩擦现象,发现了摩擦的两种快速能量耗散过程:在刚性柱/弹性板模型中,我们提出了接触边缘晶格钉扎的摩擦机制;在刚性板/弹性柱模型中我们提出了接触内部孤子激发的摩擦机制,这些研究丰富了人们对摩擦机制的认识。本章将结合这些研究结果,详细向大家介绍这些摩擦机制。

12.1　刚性柱/弹性板模型中摩擦的晶格钉扎机制

本节我们利用分子动力学方法研究了弹性板(块)在具有 $\sin(q_0x)$ 表面高度剖面的刚性衬底上滑动时摩擦力对滑动速度的依赖关系。研究发现摩擦力几乎与速度无关,这是由在接触边缘的闭合和开口处发生的快速物理过程决定的。接触边缘处的原子长时间地被晶格钉扎在衬底上,当能量积累到一定程度时边缘处的原子以很快的速度跳出钉扎区域,期间能量以弹性波(声子)的形式耗散出去,这一快速过程与宏观滑动速度没有关系,与裂缝传播理论中的晶格钉扎机制相似[1-5]。这表明,该系统的摩擦力是由接触区域边缘所主导的。

12.1.1　分子动力学计算模型与方法

我们考虑弹性板和具有圆柱形刚性衬底之间的接触(见图 12.1),刚性柱的表面高度剖面为 $z=h_0\sin(q_0x)$,这里 $q_0=\pi/L_x$,$0<x<L_x$。我们假设 xy 平面满足周期性边界条件,原胞的尺寸为 $L_x=254$ Å 和 $L_y=14$ Å,最大高度值 $h_0=100$ Å。为了使接触力学不依赖于块体厚度,必须选择滑块的厚度大于滑块-衬底接触区域直径。在本研究中,滑块的厚度为 $d\approx276$ Å。

对于衬底和滑块,x 方向上的原子数 N_x 分别为 128 个和 206 个,y 方向的原子数 N_y 分别为 11 个和 7 个。衬底和滑块的晶格常数分别为:$a_s=L_x/N_x\approx1.233$ 和 $a_b\approx1.984$ Å。滑块和衬底的晶格常数之比为 $a_b/a_s=216/128\approx1.609$,接近于黄金分割数 $(1+\sqrt{5})/2\approx1.618$,即界面是近非公度的。(注意:由于我们使用的是周期边界条件,所以不可能有真

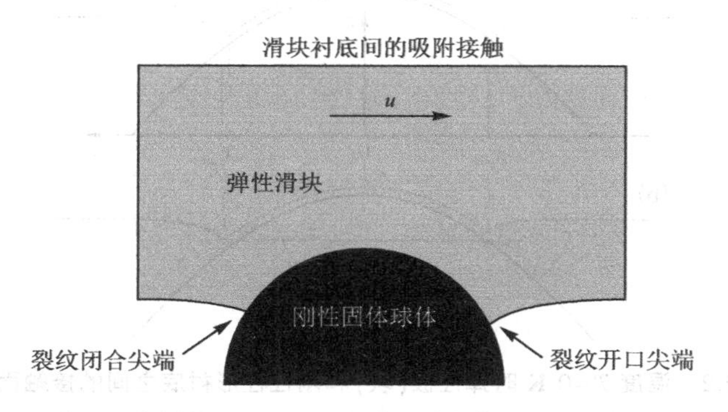

图 12.1　弹性块(绿色)在刚性衬底(黑色)上滑动[6]

在裂纹的开口和闭合尖端发生了快速的原子挤入、挤出过程,这是该系统中观察到的滑动摩擦的来源。

正非公度的界面)。这里弹性板的杨氏模量 $E=10$ MPa,剪切模量 $G=3.33$ MPa,对应泊松比 $\nu\approx0.5$。

界面处滑块原子和衬底原子之间的相互作用势是伦纳德-琼斯型(L-J)势:

$$v(r)=4v_0\left[\left(\frac{r_0}{r}\right)^{12}-\left(\frac{r_0}{r}\right)^{6}\right]$$

其中 $v_0=0.04$ meV。对于黏附情况,$\alpha=1$,$r_0=3.28$ Å;对于无黏附情况,$\alpha=0$,$r_0=0.94$ Å,利用这种相互作用势,我们计算了相应界面的吸附(绝热)功 $w=0.0027\ \mathrm{J/m^2}$。对于没有黏附的情况,我们使用了相当小的 $r_0=0.94$ Å,只有在这种情况下,滑动摩擦力才足够大,可以在分子动力学模拟中观测到。因此,$\alpha=0$,$r_0=3.28$ Å 时的无黏附系统会出现摩擦消失的“超润滑”滑动状态。

在滑动点阵振动过程中,接触区域会发出声子,对于没有内部阻尼的有限系统,块体会升温,在足够长的滑动距离后,热扰动会影响接触力学和摩擦力。为此,选择比较大的滑块厚度就显得尤为重要。这一层越厚,对热波动的影响就越小,由此产生由发射声子引起的热扰动对接触界面力学行为的影响就越小。在本计算中,我们将朗之万型阻尼力(与原子相对速度成比例)应用在滑块滑动之前的初始接触(无滑动)中。在获得稳定的初始接触结构(在零温度下)后去掉阻尼项,考虑到模拟的滑动距离比较短,摩擦生热可以忽略不计。

图 12.2(a)给出了 $p=F_z/L_xL_y=0.1$ MPa 压强下开始滑动前的接触图像。图 12.2(b)显示了以 0.1 m/s 的速度滑动 3 nm 后的接触图像。由图可知,在开始滑动前,接触区域的两个边缘是对称的,但当滑动开始后,左边闭合边缘开始向右收缩,右边开口边缘下降,呈现出了明显的非对称性。

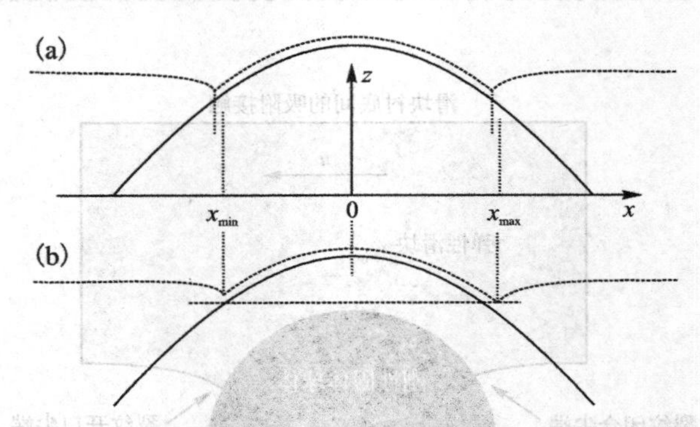

图 12.2　温度 $T=0$ K 时弹性板(块)和刚性柱形衬底之间的接触面积[6]

在 xy 平面上使用周期边界条件 $L_x=254$ Å 和 $L_y=14$ Å,块厚度 $L_z\approx276$ Å。衬底是正弦函数状的,高度坐标 $z=h_0\sin(q_0x)$。(a)压强为 $p=F_z/L_xL_y=0.1$ MPa 时开始滑动前的名义接触面积和(b)以 $v=0.1$ m/s 滑动 3 nm 之后的名义接触面积。

12.1.2　模拟结果及分析

图 12.3 显示了滑动摩擦因数 $\mu=F_x(t)/F_z$ 作为滑动速度对数的函数关系。在给定的滑动速度下,滑动 3 nm 后得到的摩擦因数。作用在系统上表面的名义接触压力为 $p=0.1$ MPa。注意当 $v<10$ m/s 时,摩擦因数几乎与速度无关,约等于 0.6。摩擦力的近速度独立性是由快速事件引起的,而局部滑移速度与驱动速度无关。在开口裂纹尖端很容易观察到局部滑移事件,在那里原子以非常快的速度跳出接触限阈,随后尖端被长时间的钉扎到尖端处。弹性波(声子)在快速断裂过程中从裂纹开口尖端发射出来,这就是摩擦力的来源[7,8]。这种效应与在固体中裂纹传播模型研究中观察到的晶格限阈效应密切相关[1-5]。

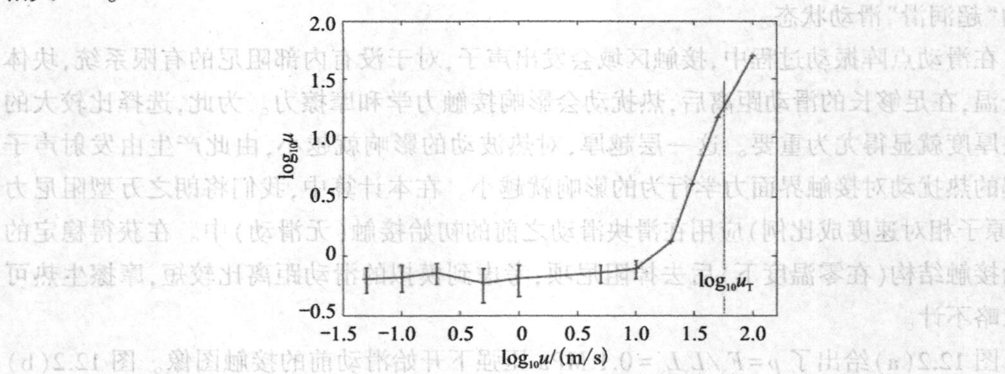

图 12.3　摩擦因数与滑动速度之间的关系

垂直虚线为 $v=c_T$,其中横向声速 $c_T=56$ m/s[6]。

若 F_x 表示摩擦力,则在距离 L 滑动过程中耗散的能量为 F_xL,若摩擦完全是由开闭裂纹尖端的能量耗散引起的,则 $F_xL=(w_{open}-w_{close})LL_y$,其中 $w_{open}>w_0$,$w_{close}<w_0$,w_0 为单位表面积裂纹扩展所需要的能量。法向力 $F_z=L_xL_yp$ 时,摩擦系数 $\mu=F_x/F_z$。因此

$$\mu=(w_{\text{open}}-w_{\text{close}})/pL_x \tag{12.1}$$

当 $L_x=254$ Å 和 $L_y=14$ Å，$p=0.1$ MPa，$\mu\approx0.6$ 时，$w_{\text{open}}-w_{\text{close}}\approx0.0015$ J/m^2。裂纹扩展迟滞因子 $Q=(w_{\text{open}}-w_{\text{close}})/w_0\approx0.56$ 与原子 MD 裂纹扩展计算中观察到的迟滞(由于晶格限阈)非常相似[1,5]，Persson 等人计算的零温度下一维模型的 $Q=0.45$，接近于该系统的研究结果[3]。

由于 w_{open} 和 w_{close} 与施加的压力 p 无关，公式(12.1)预测了摩擦系数 $\mu\sim1/p$，即摩擦力与施加的法向力无关。为了证实这种关系，我们计算了 $p=0.05$、0.1、0.2、0.4 MPa 下的摩擦性质，结果如图 12.4 所示。图 12.4 清楚地显示出摩擦因数 $\mu\sim1/p$，则名义剪切应力 $\tau=\mu p$ 与压强无关，如图 12.5 所示。这些结果进一步证实了摩擦完全是由裂纹尖端撕开和闭合时声子发射所致。

上述计算是在 $T=0$ K 时进行的，当温度增加的时候，裂纹扩展迟滞因子 $Q(T)$ 减小[3]。因此，裂纹尖端声子发射对滑动摩擦的贡献随温度的升高而减小。更一般地说，由于热扰动，人们能够经常观察到摩擦力随温度的升高(或滑动速度的降低)而减小的现象。在零温度下，外部切向力必须将系统拉过沿滑动路径遇到的能量势垒，而对于非零温度，热扰动可以减少克服能量势垒所需的力。因此，滑动摩擦力随着温度的增加而减小。

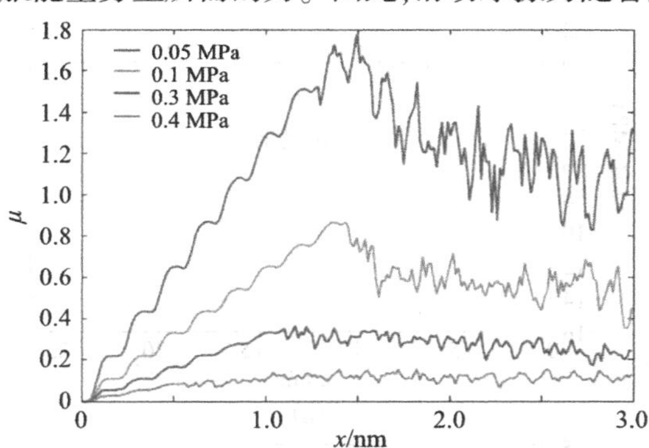

图 12.4　黏附系统在 $v=0.1$ m/s 速度下摩擦因数作为滑动距离和名义接触压强的函数[6]

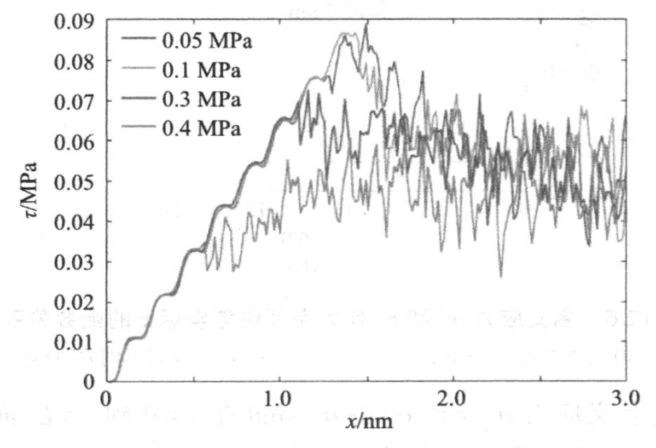

图 12.5　黏附系统在 $v=0.1$ m/s 速度下剪切应力 $\tau=\mu p$ 作为滑动距离和名义接触压强的函数关系[6]

由裂纹连续介质力学理论可知,裂纹传播产生单位表面积能量在裂纹尖端速度接近固体中弹性波传播速度(更准确地说是瑞利声速)时发生发散。这是由于弹性波(声子)在裂纹尖端的发射[9]。在这种情况下,横向声速 $c_T=(G/\rho)^{1/2}\approx 56$ m/s(瑞利声速 $c_R\approx 0.95C_T$),因此,当驱动速度 v 接近 c_T时,摩擦会急剧增加(见图 12.3)。

从裂纹开口端发射的声波使裂纹的传播能量大于绝热值,而裂纹闭合端的传播能量小于绝热值。这导致接触区域两端不对称接触,其中 $x_{max}>|x_{min}|$。这种不对称性在界面分开距离作为侧坐标 x 的函数的图像中很容易观察到,参见图 12.6(b)和参考文献[10]。

现在我们研究作用于刚性衬底法向和切向的应力。我们把这两种应力定义为 σ^* 和 τ^*,它们可以通过 $\sigma=\sigma_{zz}$ 和 $\tau=\sigma_{xz}$ 线性组合得到 $\sigma^*=\sigma\cos\theta-\tau\sin\theta$ 和 $\tau^*=\sigma\sin\theta+\tau\cos\theta$,这里 $\tan\theta=z'(x)=q_0h_0\cos(q_0x)$ 是衬底的斜率。在图 12.6 中我们给出了 σ^* 和 τ^* 作为空间位置坐标 x 的函数关系。名义接触压力 $p=0.1$ MPa,滑动速度 $v=0.1$ m/s。我们展示了(a)固体挤压接触(零滑动距离)和(b)滑动 3 nm 后的结果。注意在接触区域的边缘(裂纹尖端)有很大的粘接应力。如果 r 表示到裂纹尖端的距离,根据黏附连续体理论(静止接触的 JKR 理论),当接近裂纹尖端时,可以预期应力在 $r^{1/2}$ 处发散[9]。

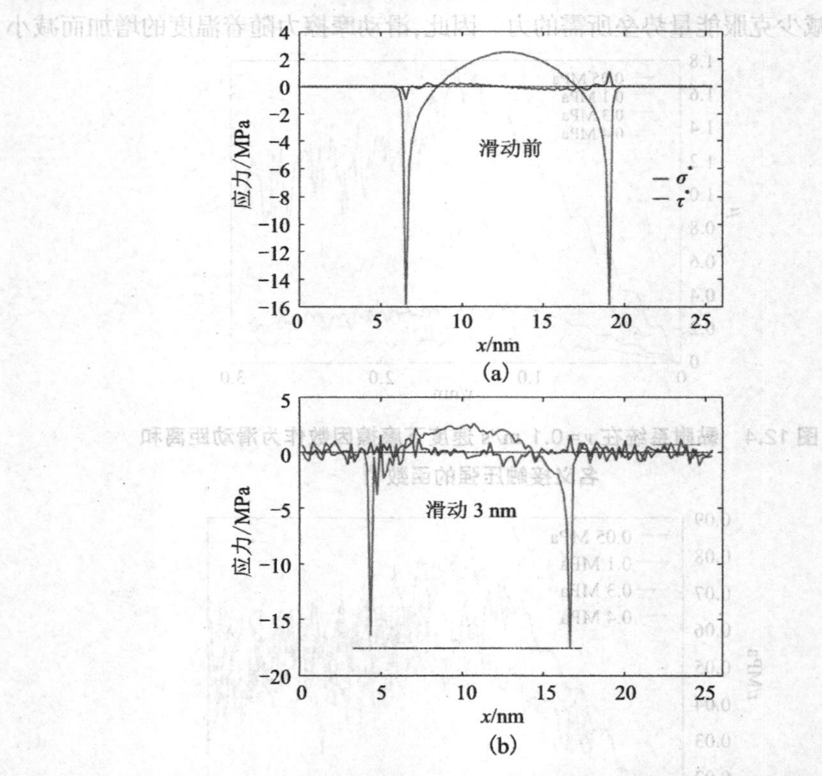

图 12.6 名义应力 σ^* 和 τ^* 作为空间位置坐标 x 的函数关系[6]

名义接触压力 $p=0.1$ MPa,滑动速度 $v=0.1$ m/s。(a)滑动前结果;(b)固体挤压接触滑动 3 nm 后的结果。

注意:摩擦力是名义应力 $\sigma_{xz}=\tau^*\cos\theta-\sigma^*\sin\theta$ 在 $x=0$ 到 $x=L_x$ 面积区间内的积分,τ^* 在接触区间内既可以取正值,也能取负值,因此在整个积分区间内 $\tau^*\cos\theta$ 的积分几乎为 0。所以对摩擦的最大贡献来源于垂直于衬底的应力 σ^*。对于滑动状态图 12.6(b),

在整个积分区间内 $\sigma^* \sin\theta$ 的积分很大,这是因为 σ^* 在尖端的裂纹开口端的值明显大于裂纹闭合端的值所致。

12.1.3　结果与讨论

我们已经证明,对于 $v \gg c_T$,摩擦力几乎与速度无关,其中 c_T 是物体中横向声波的速度。摩擦力主要由裂纹尖端的能量耗散,而裂纹尖端在滑动过程中发生快速的原子从接触区域挤出事件。

上面研究的是一个(几乎)非公度的界面系统,如果在接触边缘没有失稳性,那么摩擦将非常小。事实上,在另一项研究中,我们研究了另外一个类似的系统[一个轮廓 $\sin(qx)$ 弹性柱体在一个刚性平面衬底滑动],我们没有发现裂纹的打开和关闭对摩擦的贡献,时间平均后的摩擦也因为太小不能在模拟中被检测到。然而,对于一个公度的界面,我们发现摩擦很大,几乎与速度无关,这是由于畴壁激励(孤子)在滑动界面以接近声速的速度传播所致[11]。这一结果我们将在下一节中详细介绍。

上述研究的边缘主导摩擦过程与宏观硅橡胶球在衬底上滑动时的摩擦过程有很大的不同。在后一种情况下,人们观察到一个区域主导的摩擦,其中剪应力在接触区域内几乎是均匀的[12,13]。在这种情况下,摩擦力产生于接触区域内各处纳米区域的黏滑运动(见图 12.7)[14,15]。

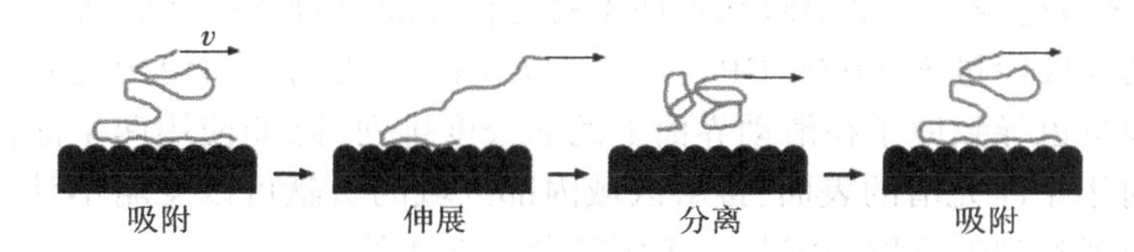

图 12.7　橡胶表面聚合物链的经典描述[6]

在橡胶块的横向运动过程中,链条伸展、分离、弛豫,然后重新附着在衬底表面,重复这个循环。这幅图是示意图,实际上并不期望在垂直方向上完全分离,而只是平行于表面的分子片段(纳米大小的域)从钉扎(类似公度)畴域重新排列到钉扎(非公度)域。

本研究的晶体弹性块和硅橡胶之间的区别是,橡胶材料具有纳米薄的表面层,其中聚合物链具有大的(类液体)流动性。在这种情况下,界面处的橡胶链会在衬底上重新排列,形成类似于公度(纳米大小)的区域,将两个表面钉扎在一起。在滑动过程中,钉扎区域发生黏滑运动,摩擦剪应力在接触区域几乎是均匀的。在我们上面研究的情况下,衬底和块体都组成了几乎晶型的非公度结构。在这种情况下,接触区域内部对摩擦的贡献是微不足道的。然而,我们注意到,对于强吸附和软弹性材料,在较大的接触面积情况下,也会形成纳米级公度性畴域(应力域)[16],在这种情况下,我们预计摩擦也在接触区域内部发生。

与裂纹尖端的开口和闭合相关的声子发射过程可能对滑块-衬底接触区域的线性大小不敏感。对于像橡胶这样的黏弹性固体,裂纹张开能量有黏弹性的贡献,它可能涉及固体中远离裂纹尖端的区域。对于足够高的裂纹尖端速度,可能以非常大的因子提高裂纹扩展能量,增强因子由玻璃状区域和橡胶状区域的杨氏模量之比给出(增强系数通常为 100~1000 量级)[17]。因此,对于足够高的滑动速度,裂纹尖端区域可以对黏弹性固体的滑动摩擦力作出非常重要的贡献。然而,我们注意到,滑动速度越高,离裂纹尖端越远,就会出现主要的黏弹性能量耗散,这将导致有限尺寸效应:如果粗糙面接触区域很小,黏弹性对裂纹扩展能量的贡献可能会大大减少。

大多数真实的表面都有一层弱吸附的分子,例如碳氢化合物。在这种情况下,我们也期望接触区域的内部区域对摩擦力有重要贡献。因此,当弱结合的污染分子位于两个固体之间时,它们将调整两个表面的电势能,并将表面固定在一起。这将导致一个非零的静态摩擦力。在滑动失稳发生时,分子以与滑块驱动速度(宏观)无关的速度迅速滑动。在每次滑移事件之后,都会发生局部振动运动,振动运动被声子发射所抑制[7,8],这与我们模型中的裂纹尖端开口处发生的过程非常相似。在低温下,这通常会产生一个几乎与滑动速度无关的摩擦力,但在非常低的滑动速度时,热激活变得非常重要,摩擦力与滑动速度呈对数或线性关系[18]。

最后,我们注意到像金刚石这样具有弹性的坚硬材料通常表现出极低的滑动摩擦。这可能是由于金刚石的弹性模量大,表面能相对较小(在正常大气中的悬垂键被氢原子或氧原子钝化)所致。一般来说,当 $E_a/w_0 \gg 1$ 时,晶格限阈可以忽略不计,其中 a 是晶格常数。在该研究中晶格常数为 0.3 nm,此时 $E_a/w_0 \approx 1$,因 MD 计算中表现出了晶格钉扎效应。但随着杨氏模量 E 增加到 1 GPa(聚合物的典型情况),摩擦变得非常小,以至于无法在模拟的噪声水平内检测到。但是,典型聚合物体系的黏附功 $w_0 \approx 0.1\ \mathrm{J/m^2}$,在这种情况下,接触区域边缘的晶格限阈和弹性不稳定性可能会对摩擦有贡献。

金刚石的杨氏模量 $E \approx 1000$ GPa,其比值 E_a/w_0 比我们上面使用的要大得多。金刚石的大杨氏模量也导致原子在滑动界面上的非公度排列(除非使用两个晶体方向对齐的单晶),因此对于干净光滑的表面,接触区域内部区域的贡献可以忽略不计。所以可以推测实际应用中观察到的摩擦一定是由于污染分子造成的。

12.2 弹性柱/刚性板模型中摩擦的孤子能量耗散机制

上节介绍了弹性板在具有 $\sin(q_0x)$ 表面高度的刚性衬底上滑动时摩擦力与滑动速度无关的摩擦现象,并提出了接触边缘原子的晶格钉扎摩擦机制。在本节中我们将阐述表面高度轮廓为 $\cos(q_0x)$ 的弹性圆柱体在刚性平板衬底上以黏着接触方式滑动时,摩擦力对滑动速度的依赖性。考虑了公度和非公度的两种界面接触情况,对于非公度系统,摩擦力在正值和负值之间波动,其幅度与滑动速度成正比,但平均值接近于零。对于公度的系统,摩擦力要大得多,几乎与速度无关。对于这两种类型的系统,接触面积与速度无关。在公度情况下,滑动摩擦应力从零(滑动前)增加到约 0.1 MPa,摩擦能量以孤子的形式发散出去。由此我们得出结论,在一些实验中观察到的随切向力增加接触面积减少的现象应归因于黏弹性或弹性非线性效应。

12.2.1 计算模型与计算方法

球形(或圆柱形)物体和平面之间的接触可能是最简单的接触力学问题,通常用于黏附和摩擦的模型研究[19-21]。对于施加的切向力 $f_x = 0$ 的固定接触,Johnson-Kendall-Roberts(JKR)理论很好地描述了黏附接触情况,该理论已经过详细测试[22]。然而,当切

向力 f_x 不为零时,问题变得十分复杂,至今仍没有被完全理解[6,10,23-26]。这里,考虑高度轮廓为 $z=h_0\cos(q_0x)$ 的圆柱形弹性块体和刚性平面固体之间的接触。我们简称这个系统为曲平系统。在先前的文献中,我们研究了具有平坦表面的弹性块体与高度轮廓为 $z=h_0\cos(q_0x)$ 的刚性固体接触的相反情况,我们将这个系统称为平曲系统[6,10]。当 $f_x=0$ 时,曲平系统和平曲系统都可以用 JKR 理论描述。然而,在滑动过程中,这两个系统表现出截然不同的特性。

弯曲的弹性柱体可以通过将弹性板"黏合"到刚性表面轮廓上而获得。这里,我们使用一个厚度为 $L_z=86$ Å、轮廓为 $z=h_0\cos(q_0x)$ 的平板,附着在一个刚性表面上实现计算模拟,其中 $h_0=100$ Å,$q_0=2\pi/L_x$。在滑动过程中,我们以恒定的法向力和恒定速度 v 在 x 方向上移动滑块(见图 12.8)。我们在 xy 平面上使用周期边界条件,$L_x=254$ Å 和 $L_y=14$ Å。对于块体,x 方向上的原子数为 $N_x\approx128$,对于衬底,我们考虑 $N_x\approx128$(公度界面)和 $N_x\approx206$(非公度界面)两种情况。在后一种情况下,滑块和衬底的晶格常数之比为 $a_b/a_s=216/128\approx1.609$,接近于黄金分割数 $(1+\sqrt{5})/2\approx1.618$,即界面近非公度的。图 12.8 显示了接触前界面上的原子分布。

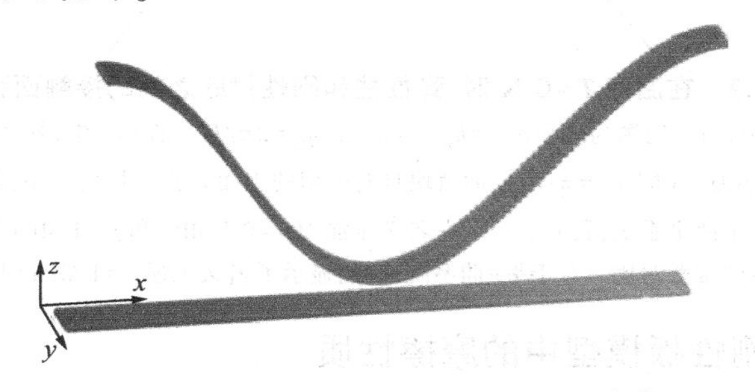

图 12.8　弹性柱与刚性板的接触模型[11]

使用参考文献中讨论的智能滑块来描述弹性块[10]。杨氏模量和泊松比分别为 $E=10$ MPa 和 $v=0.5$。界面处滑块原子和衬底原子之间的相互作用势是伦纳德-琼斯型(L-J)势:

$$v(r)=4v_0\left[\left(\frac{r_0}{r}\right)^{12}-\left(\frac{r_0}{r}\right)^{6}\right]$$

其中,$v_0=0.04$ meV,$r_0=3.28$ Å。利用这种相互作用势,我们计算了相应界面的黏着(绝热)功 $w=0.0023$ J/m^2,非公度界面的黏着功 $w=0.0023$ J/m^2。我们注意到,在本系统中,当去除黏附力($w\sim0$)时,在名义压强 $p=0.1$ MPa 下,接触宽度从 85.3 Å 减小到 25.8 Å,在 $p=1$ MPa 下,接触宽度从 101.1 Å 减小到至 61.5 Å。因此,尽管黏附功很小,但黏附相互作用非常重要,这是由于系统的尺寸很小所致[在 JKR 理论中,接触区域的宽度取决于(无量纲)参数 $w/(pR)$,其中 R 表征系统的尺寸长度,$w/(pR)$ 在本节中是有序统一的]。

图 12.9 为非公度系统压力下的接触情况。图 12.9(a)表示接触前的结果,图 12.9(b)为名义接触压强 $p=F_z/(L_xL_y)=0.1$ MPa,$p=1$ MPa 下的吸附结构。为了比较,我们还给出了先前研究采用的平曲接触模型[6,10]。

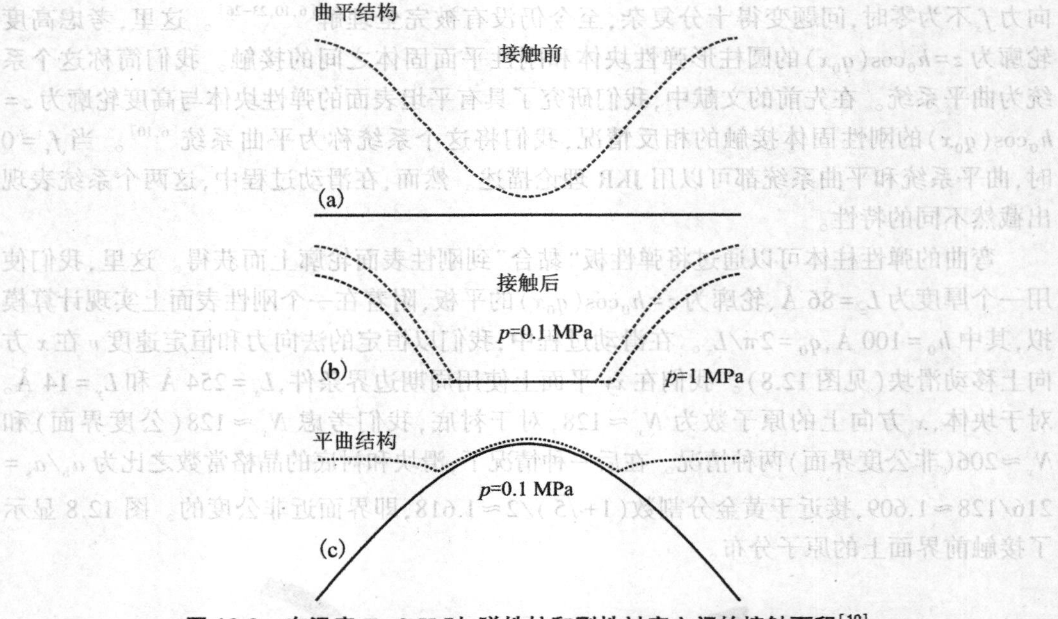

图 12.9　在温度 $T=0$ K 时，弹性柱和刚性衬底之间的接触面积[10]

在(a)和(b)中，滑块轮廓高度坐标 $z=h_0\cos(q_0x)$，$q_0=2\pi/L_x$。在(c)中，衬底具有相同的波动振幅，但是具有双倍波长(即，$q_0=\pi/L_x$)，而滑块具有平坦的表面。我们把两个不同的系统表示为曲平和平曲系统。对于曲平系统，我们显示了在名义压强为 $p=0.1$ MPa 和 $p=1$ MPa 的情况下，将块体挤压到衬底上前后的接触对比。对于平-曲系统，我们显示了名义压强 $p=1$ MPa 时的接触宽度。

12.2.2　弹性柱/刚性板模型中的摩擦性质

图 12.10 给出了非公度[12.10(a)]和公度[12.10(b)]系统的摩擦系数 $\mu=F_x/F_z$ 及其(局部)平均值随滑动距离 $s=vt$ 变化的函数关系。滑动速度 $v=0.1$ m/s，名义接触压强 $p=0.1$ MPa。对于非公度系统，平均摩擦系数几乎为 0($\mu>10^{-4}$)，而对于公度系统，平均摩擦系数为 1($\mu\approx0.9$)。请注意，在开始滑动时摩擦力几乎没有下降，即静态和动态摩擦系数几乎相等，这也是我们在其他滑动速度下观察到的。

非公度系统 $\mu=F_x/F_z$ 的振荡是由于上表面在时间 $t=0$ 时以速度 $v=0.1$ m/s 突然开始移动引起，这导致弹性波[以横向声速 $c_T=(G/\rho)^{1/2}\approx56$ m/s]向界面传播，因此只有在时间 $t=d/C_T$ 之后，界面处的原子才会开始移动。切向力 F_x 振动的周期由弹性波在两个表面之间来回传播所需要的时间给出，即给出时间的距离 $\Delta t=2d/c_T$ 或者滑动距离 $\Delta s=v\Delta t=2dv/c_T$，使用 $v=0.1$ m/s，$c_T=56$ m/s，$d=86$ nm，可以得到 $s=0.031$ nm。数值计算表明，F_x 振动的周期(时间)与滑动速度 v 和接触压力 p 无关，而振动的幅度与 v 成正比。对于公度的界面，摩擦力要大得多，几乎与速度无关(见图 12.11)。这是在滑动界面上发生快速滑动事件的预期结果，孤子以高速传播(瑞利声速的数量级，见图 12.12)，且与滑动速度 v 无关，同时能量传播到滑块中，引起很高摩擦力。对于公度系统和非公度系统，在研究的速度范围($v<1$ m/s)内，接触宽度不随滑动速度而变化。对于非公度系统，这是可以预期的，因为摩擦力几乎消失。对于公度系统，摩擦力很大，但是接触宽度仍然

与滑动速度无关。特别地，在 $v=0$ 和 $F_x=0$ 时的接触宽度没有变化，并且在有限速度下滑动，其中摩擦剪切应力为 0.1 MPa 的量级时接触宽度依然没有变化。

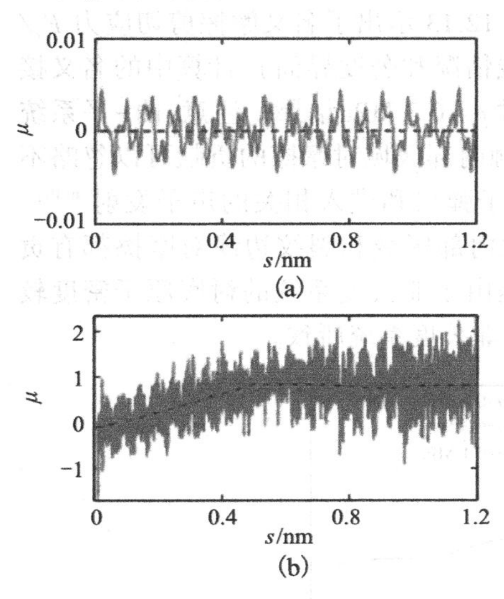

图 12.10　摩擦系数 $\mu=F_x/F_z$ 随滑动距离的函数关系 [11]

(a)非公度和(b)公度的界面。名义接触压强为 $p=0.1$ MPa，速度 $v=0.1$ m/s。

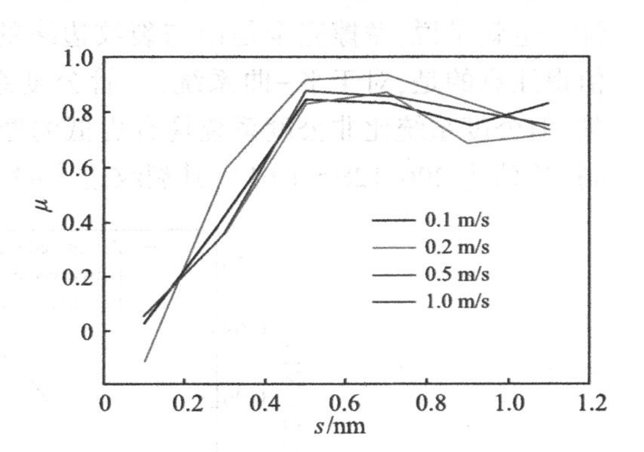

图 12.11　摩擦系数 $\mu=F_x/F_z$ 随滑动距离变化的函数关系 [11]

滑动速度 $v=0.1,0.2,0.5,1$ m/s，名义接触压强为 $p=0.1$ MPa。

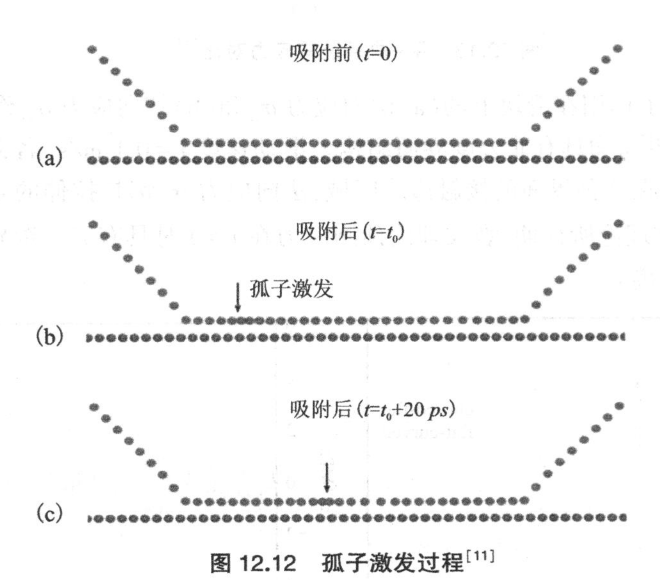

图 12.12　孤子激发过程 [11]

具有相同界面的曲−平系统，滑动运动包括“长”时间的无滑动，随后是快速滑动事件，其中块体向前移动一个衬底晶格间距。快速运动孤子激发形成，其传播速度（$\approx$43 m/s）接近瑞利声速（$\approx 0.95\ c_T \approx 53$ m/s）。在这种快速运动过程中，弹性波（声子）辐射到块体中，这是观察到的摩擦力的来源。

早前，我们已经研究了平−曲模型系统的接触滑动摩擦，其中具有光滑表面的弹性块在高度轮廓为 $z=h_0\sin(q_0x)$ 的刚性表面上滑动。这种情况不同于本工作研究的曲−平构型，因为对于平-曲系统，接触边缘的打开和关闭伴随着裂纹尖端的声子发射对摩擦有着重要贡献。事实上，对于平-曲情况，在我们所研究的系统尺寸，甚至对于公度的界面，接触边缘对摩擦的贡献大于接触内部区域的贡献。图 12.13 示出了名义摩擦剪切应力 $F_x/(L_xL_y)$ 作为滑动距离的函数（非公度界面的平-曲线情况和公度界面），计算中的名义接触压强 $p=0.1$ MPa。该图还显示了接触压力较高时 $p=0.3$ MPa结果。注意，曲-平系统的非公度界面产生的摩擦力最大。对于该系统，接触内部区域对摩擦的贡献可以忽略不计。也就是说，摩擦完全是由与裂纹边缘的快速原子弹出和进入相关的声子发射[6,10]。值得注意的是，对于平-曲系统，尽管公度系统接触内部区域和裂纹边缘对摩擦都有贡献，但公度系统比非公度系统具有更低的摩擦，这是由于非公度系统的衬底原子密度较高（比值为 206/128≈1.61），其裂纹边缘的贡献小于非公度系统所致。

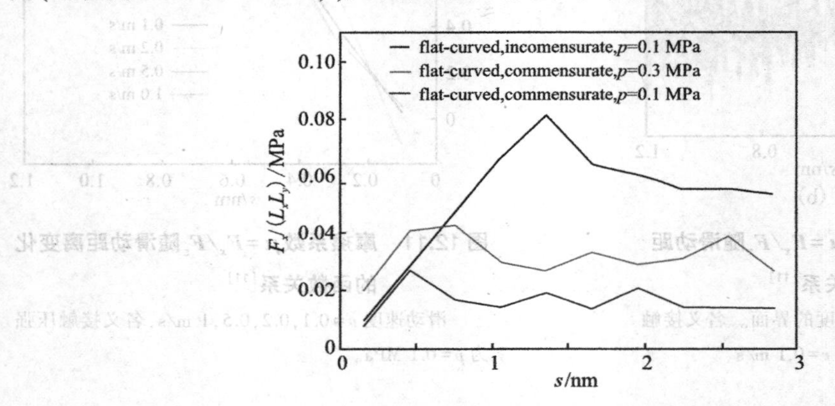

图 12.13　平-曲系统剪应力对比[11]

图 12.14 显示了作用在滑块上的（a）法向应力 σ_{zz} 和（b）切向应力 σ_{zx} 作为空间坐标 x 的函数关系，两种界面均具有非公度界面结构。滑动速度 $v=0.1$ m/s，名义接触压强 $p=0.1$ MPa。请注意，在两种界面的接触边缘区域，法向应力 σ_{zz} 都是拉伸的和最大的，这正如 JKR 理论和裂纹理论所预期，裂纹理论预测应力在 $r=0$ 时具有 $r^{-1/2}$ 奇异性（其中 r 是距离裂纹尖端的距离）。

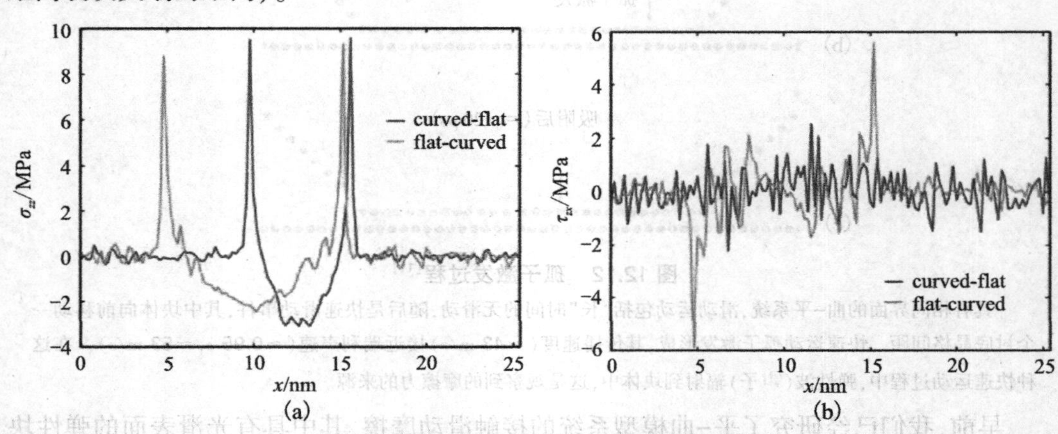

图 12.14　应力与空间坐标 x 的函数关系[11]

滑动速度 $v=0.1$ m/s，名义接触压强 $p=0.1$ MPa。

12.2.3　弹性柱/刚性板模型摩擦性质的讨论

先前我们的研究已经表明,在线性弹性理论中,弹性圆柱体和刚性平面之间的接触面积与所施加的切向力无关。这与 PDMS 球体在光滑玻璃表面上滑动的一些实验发现的接触面积随切向力增加而减少结果不同[27-30]。这可能是由于我们模型研究中没有考虑到某些因素,如材料黏弹性、弹性非线性或与接触时间相关的黏附功等所致。在一项有趣的研究中,Lengiewicz 等人发现,PDMS 橡胶球与玻璃表面接触时观察到的接触面积减少可以用基于非线性的弹性理论来解释[31]。他们发现,使用胡克超弹性模型,在没有可调参数的情况下与 Sahli 等人最近关于球面-平面弹性体接触的实验结果定量一致[28,29]。一些早期的论文中也已经提出弹性非线性对于解释接触面积减少的重要性[32]。在另一篇论文中,我们观察到,对于干燥、干净的人的手指来说,没有肉眼可见的对平板玻璃的黏附,因此在这种情况下,当施加切向力时接触面积减小的事实显然是非线性弹性效应[10]。Menga 等人也从理论上证明了当施加切向力时,接触区的黏附作用不可能会导致接触面积的减小[25]。最后,我们注意到,在至少一项研究中,发现橡胶-玻璃接触面积随着滑动而增加,这表明其他机制可能有助于解释接触面积对切向力的依赖性[33]。

如果切向力作用下接触面积的减小可以解释为切向形变对橡胶弹性性能的有效加强,那么我们也可以预期,切向力的增加会降低渗透率,这可以解释参考文献中的实验结果[32]。在给定法向力的情况下,额外施加切向力时,橡胶表面上锯齿状的尖端会向上移动。在线性弹性理论中,这个结果是不可能的,因为当泊松比等于 0.5(不可压缩固体)时,平行和垂直变形之间没有耦合,橡胶材料的胶状区域就是这种情况。

本书和以前的研究中[10,6],我们采用的是晶体材料。橡胶材料是具有长链分子的更复杂的材料,并且可以具有纳米厚的表面层,该表面层的聚合物链段具有类似液体的迁移性,其可以在衬底表面中重新排列并且形成被衬底钉扎的小畴域。在橡胶横向运动期间,链拉伸、分离、弛豫并重新附着到曲面上以重复循环。这里,“分离”代表平行于表面的分子片段(在小结构域中)从被钉扎的(类公度)畴域到去钉扎的(类非公度)畴域的重排。这导致了一种“面积主导的摩擦”,在这种摩擦中,根据实验观察,接触区域内的剪应力是均匀的[12]。在这种情况下,摩擦力来自接触区域内纳米尺寸区域的黏滑型运动。该过程的理论模型研究见参考文献[14][15]。

如上所述,具有非公度界面的系统表现出比具有公度界面的系统更小的摩擦,但是在实践中却很复杂。因为即使界面不公度,正常大气中的可移动的吸附分子将始终存在,它们将调整界面的位置并将表面钉在一起,可能导致大得几乎与速度无关的摩擦力[34,35]。然而,即使不存在严格非公度的系统,界面越接近完美非公度系统,摩擦力越小。举个例子,如果两种聚合物,比如说 A 和 B,具有非常不同的结构性质,在彼此相对滑动时,相对较小的摩擦系数可能占优势,而对于 A 在 A 上滑动,或者 B 在 B 上滑动,由于高度公度的接触,摩擦可能高得多[13]。在后一种情况下,假设滑动速度不是高到摩擦生热变得重要,或者低到热激活变得重要,那么预计摩擦因数也几乎与速度无关。在图 12.15 中,我们给出了聚甲醛(POM)聚合物在 POM 衬底上滑动时摩擦因数与速度依赖性的实验结果。注意摩擦因数很大($\mu \approx 0.4$),但几乎与速度无关。

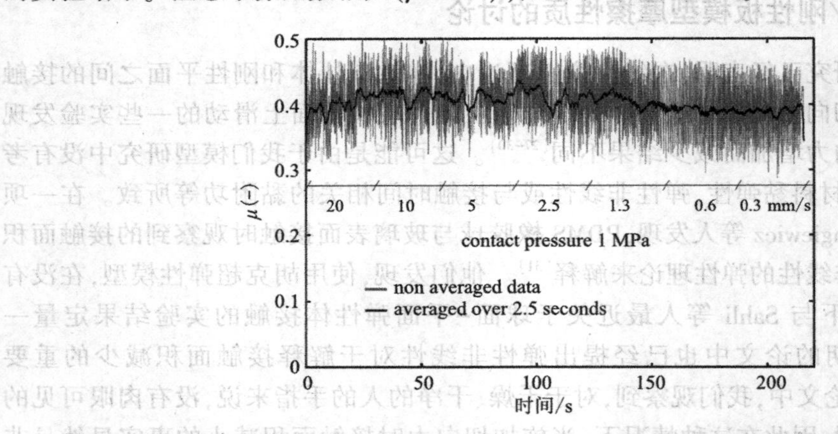

图 12.15 聚甲醛聚合物在 POM 衬底上滑动时摩擦因数与速度依赖性的实验结果[11]

名义接触压强为 1 MPa,温度 T=20 ℃。

在本章中,结合柱/板模型,我们阐述了弯曲-平坦和平坦-弯曲两个系统的摩擦性质。基于对这两个系统的研究,我们提出在弹性力学范围内,接触面积不随侧向力的增加而变化,实验上观测到的接触面积随侧向力变化的现象应该归因于非线性、黏弹性等效应。摩擦方面,对于弹性圆柱体在刚性平板上滑动的系统,在公度的时候,涉及孤子激发的快速滑移事件,摩擦很大且几乎与速度无关,孤子激发以声速量级的速度在界面处传播,向块体辐射能量,引起观察到的高摩擦力。对于弯曲-平坦模型,摩擦力主要是由于接触区域内发生的力学过程。而对刚性圆柱体在弹性平板上滑动的系统,摩擦力主要是由于接触边缘处的声子发射,这些声子发射与快速原子弹出(在开口裂纹处)和进入(在闭合裂纹处)事件相关联,这与裂纹扩散与传播机制相类似。该研究对于理解摩擦的起源具有重要意义。

参考文献

[1] AQUINOSTRAAT T. Molecular dynamics of cracks[J]. Computing in Science & Engineering, 1999, 1: 48-55.

[2] PERSSON B N J. Sliding friction[J]. Surface Science Reports, 1999, 33(3): 85-119.

[3] PERSSON B N J. On the role of inertia and temperature in continuum and atomistic models of brittle fracture[J]. Journal of Physics Condensed Matter, 1998, 10(47): 10529-10538.

[4] PERSSON B N J. Model study of brittle fracture of polymers[J]. Physical Review Letters, 1998, 81(16): 3439-3442.

[5] PERSSON B N J. Fracture of polymers[J]. Journal of Chemical Physics, 1999, 110(19): 9713-9724.

[6] WANG J, TIWARI A, SIVEBAEK I M, et al. Role of lattice trapping for sliding friction

[J]. Europhysics Letters, 2020, 131(2): 24006.
[7] HU R, KRYLOV S Y, FRENKEN J W M. On the origin of frictional energy dissipation [J]. Tribology Letters, 2020, 68: 8.
[8] PERSSON B N J. Comment on "On the origin of frictional energy dissipation" [J]. Tribology Letters, 2020, 68(1): 28.
[9] B. F L. Dynamic Fracture Mechanics[M]. New York: Cambridge University Press, 1990.
[10] WANG J, TIWARI A, SIVEBAEK I M, et al. Sphere and cylinder contact mechanics during slip[J]. Journal of the Mechanics and Physics of Solids, 2020, 143: 104094.
[11] WANG J, TIWARI A, PERSSON B N J, et al. Cylinder-flat-surface contact mechanics during sliding[J]. Physical Review E, 2020, 102(4): 1-6.
[12] CHATEAUMINOIS A, FRETIGNY C. Local friction at a sliding interface between an elastomer and a rigid spherical probe[J]. The European Physical Journal E, 2008, 27(2): 221-227.
[13] SIVEBAEK I M, SAMOILOV V N, PERSSON B N J. Frictional properties of confined polymers[J]. The European Physical Journal. E, 2008, 27(1): 37-46.
[14] SCHALLAMACH A. A theory of dynamic rubber friction[J]. Wear, 1963, 6(5): 375-382.
[15] PERSSON B N J, VOLOKITIN A I. Rubber friction on smooth surfaces[J]. The European Physical Journal. E, 2006, 21(1): 69-80.
[16] PERSSON B. Theory of friction: Stress domains, relaxation, and creep[J]. Physical Review. B, 1995, 51(19): 13568.
[17] PERSSON B N J, BRENER E A. Crack propagation in viscoelastic solids[J]. Physical Review E, 2005, 71: 036123.
[18] MOHAMMADI H, MÜSER M H. Friction of wrinkles[J]. Physical Review Letters, 2010, 105: 224301.
[19] TIWARI A, DOROGIN L, BENNETT A I, et al. The effect of surface roughness and viscoelasticity on rubber adhesion[J]. Soft Matter, 2017, 13(19): 3602-3621.
[20] DOROGIN L, TIWARI A, ROTELLA C, et al. Role of preload in adhesion of rough surfaces[J]. Physical Review Letters, 2017, 118: 238001.
[21] DOROGIN L, TIWARI A, ROTELLA C, et al. Adhesion between rubber and glass in dry and lubricated condition[J]. Journal of Chemical Physics, 2018, 148: 234702.
[22] DAVIES D K. Surface energy and the contact of elastic solids[J]. Proceedings of the Royal Society A, 1971, 324: 301-313.
[23] SAVKOOR A R, BRIGGS G A D. Effect of tangential force on the contact of elastic solids in adhesion[J]. Proc R Soc London Ser A, 1977, 356: 103-114.
[24] JOHNSON K L. Adhesion and friction between a smooth elastic spherical asperity and a plane surface[J]. Proceedings of the Royal Society A, 1997, 453: 163-179.
[25] MENGA N, CARBONE G, DINI D. Do uniform tangential interfacial stresses enhance

adhesion? [J]. Journal of the Mechanics and Physics of Solids, 2018, 112: 145-156.
[26] MCMEEKING R M, CIAVARELLA M, CRICRÌ G, et al. The interaction of frictional slip and adhesion for a stiff sphere on a compliant substrate[J]. Journal of Applied Mechanics, 2020, 87: 031016.
[27] VORVOLAKOS K, CHAUDHURY M K. The effects of molecular weight and temperature on the kinetic friction of silicone rubbers[J]. Langmuir, 2003, 19(17): 6778-6787.
[28] SAHLI R, PALLARES G, DUCOTTET C, et al. Evolution of real contact area under shear and the value of static friction of soft materials[J]. Proceedings of the National Academy of Sciences, 2018, 115(3): 471-476.
[29] SAHLI R, PALLARES G, PAPANGELO A, et al. Shear-induced anisotropy in rough elastomer contact[J]. Physical Review Letters, 2019, 122(21): 214301.
[30] PAPANGELO A, SCHEIBERT J, SAHLI R, et al. Shear-induced contact area anisotropy explained by a fracture mechanics model[J]. Physical Review E, 2019, 99(5): 1-9.
[31] LENGIEWICZ J, DE SOUZA M, LAHMAR M A, et al. Finite deformations govern the anisotropic shear-induced area reduction of soft elastic contacts[J]. Journal of the Mechanics and Physics of Solids, 2020, 143: 104056.
[32] PERSSON J S, TIWARI A, VALBAHS E, et al. On the use of silicon rubber replica for surface topography studies[J]. Tribology Letters, 2018, 66: 140.
[33] KRICK B A, VAIL J R, PERSSON B N J, et al. Optical in situ micro tribometer for analysis of real contact area for contact mechanics, adhesion, and sliding experiments [J]. Tribology Letters, 2012, 45: 185-194.
[34] HE G, ROBBINS M O. Simulations of the kinetic friction due to adsorbed surface layers [J]. Tribology Letters, 2001, 10(1-2): 7-14.
[35] MÜSER M H. Nature of mechanical instabilities and their effect on kinetic friction [J]. Physical Review Letters, 2002, 89(22): 224301.